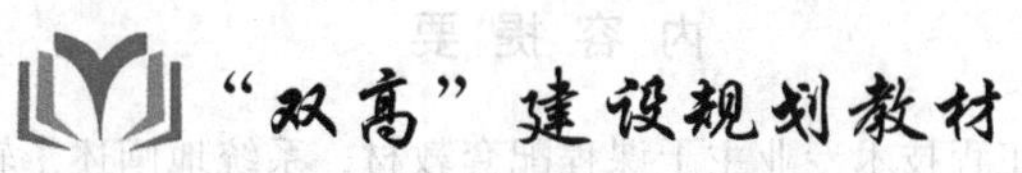

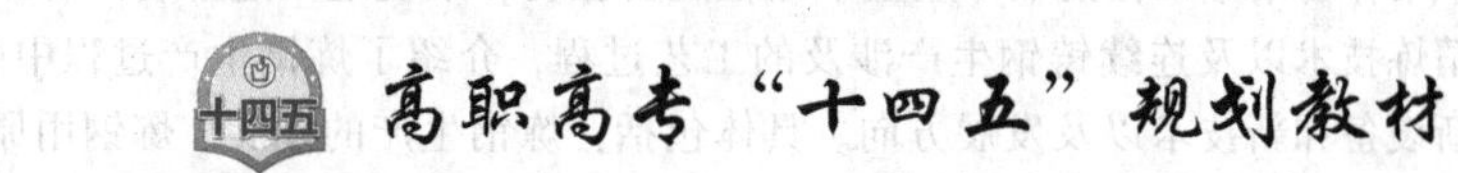

冶金工业出版社

炼钢生产技术

主　编　韩立浩　黄伟青　李跃华
副主编　刘燕霞　曹　磊　石永亮

扫一扫获取全书
数字资源

北　京
冶　金　工　业　出　版　社
2024

内 容 提 要

本书作为冶金工程技术专业主干课程配套教材，系统地阐述了转炉炼钢生产、炉外精炼技术以及连续铸钢生产涉及的工艺过程，介绍了炼钢生产过程中的新工艺、新设备和新技术以及发展方向。具体包括：炼钢生产的发展、炼钢用原材料、铁水预处理、转炉炼钢生产的工艺技术、典型的炉外精炼技术、连续铸钢的操作工艺及注意事项，并附有炼钢生产过程中常见问题及处理方法等。各章均附有课后复习题以及融媒体资源。本书内容突出了理论与实践相结合的特点，着力反映了现代炼钢生产技术。

本书可作为高等院校钢铁冶金和金属材料质量检测专业的教材，也可作为钢铁企业职工的培训教材，还可供从事钢铁生产的技术人员、管理人员以及相关专业的师生参考。

图书在版编目(CIP)数据

炼钢生产技术/韩立浩，黄伟青，李跃华主编．—北京：冶金工业出版社，2021.3（2024.6 重印）

“双高”建设规划教材

ISBN 978-7-5024-8761-4

Ⅰ.①炼… Ⅱ.①韩… ②黄… ③李… Ⅲ.①炼钢—高等职业教育—教材 Ⅳ.①TF7

中国版本图书馆 CIP 数据核字（2021）第 046906 号

炼钢生产技术

出版发行 冶金工业出版社　**电　话** (010)64027926
地　址 北京市东城区嵩祝院北巷 39 号　**邮　编** 100009
网　址 www.mip1953.com　**电子信箱** service@mip1953.com

责任编辑 卢 敏　美术编辑 吕欣童　版式设计 禹 蕊
责任校对 李 娜　责任印制 禹 蕊

唐山玺诚印务有限公司印刷
2021 年 3 月第 1 版，2024 年 6 月第 3 次印刷
787mm×1092mm 1/16；10.75 印张；240 千字；162 页

定价 42.00 元

投稿电话 (010)64027932　投稿信箱 tougao@cnmip.com.cn
营销中心电话 (010)64044283
冶金工业出版社天猫旗舰店 yjgycbs.tmall.com
（本书如有印装质量问题，本社营销中心负责退换）

“双高”建设规划教材

编　委　会

前言

近年来，我国钢铁工业迅速发展，尤其是炼钢技术不断进步，取得了举世瞩目的成就。炼钢生产技术已经达到或超过国际先进水平，并且我国的钢铁工业正向着技术升级、结构优化、淘汰落后、环境友好的方向发展。

为了适应炼钢生产技术的发展需求，更好地满足教学与生产实践的需要，增强教材的时代感，我们编写了本书。

本书内容主要包括炼钢生产技术概述、炼钢用原材料、铁水预处理、转炉炼钢生产技术、炉外精炼技术、连续铸钢等。从炼钢生产整个工艺流程系统阐述了铁水预处理工艺特点和技术、转炉炼钢生产的工艺制度及新技术、典型炉外精炼技术、不锈钢冶炼常用方法、连铸生产工艺制度、炼钢生产中常见问题与处理。

本书内容突出了综合性和应用性的特点，力求内容全面、实用，注重理论与生产实践的结合，着力反映炼钢生产新技术。本书还融入了21个微课视频，以辅助读者阅读。

本书由河北工业职业技术学院韩立浩、具有多年丰富教学经验的黄伟青及李跃华担任主编，河北工业职业技术学院刘燕霞、石永亮和有多年炼钢生产一线工作经验的高级工程师曹磊担任副主编，参加编写的还有安阳钢铁集团有限责任公司韩立宁、王璨，北京科技大学周恒，鞍钢股份有限公司技术中心刘炳楠，河北工业职业技术学院李建朝、高云飞、时彦林、齐素慈、关昕、赵秀娟、付菁媛、刘浩、王素平等。同时，本书在编写过程中得到冶金同行的大力支持和帮助，参阅和引用了一些文献资料，特此向有关作者致谢。

由于编者水平所限，书中不足之处恳请同行和读者批评指正。

编　者

2020年9月

目 录

1 炼钢生产技术概述

1.1 炼钢生产的发展历程

1.1.1 转炉炼钢生产的发展历程

19 世纪 40 年代末，威廉·凯利在自己开办的工厂里发现，冶炼生铁时，如果添加少许木炭，并向炉内多鼓入一些空气，就可以把铁冶炼成钢。1851 年，他建成了新的炼钢炉，并在实际生产中得到了应用。

1856 年，英国人贝塞麦发明了底吹酸性空气转炉炼钢法。此法是将空气吹入铁水，使铁水中硅、锰、碳高速氧化，依靠这些元素氧化放出的热量将液体金属加热到能顺利地进行浇注所需要的温度，从此开创了大规模炼钢的新时代。但此法由于采用酸性炉衬和酸性渣操作，吹炼过程中不能有效地去除磷、硫等有害元素，同时为了保证有足够的热量来源，要求铁水有较高的含硅量。

1879 年，英国人西德尼·托马斯发明了碱性底吹空气转炉炼钢法，改用碱性耐火材料砌筑炉衬，在吹炼过程中加入石灰造碱性渣，并通过将液体金属中的碳氧化到低于 0.06%的“后吹”操作，集中化渣脱磷。在托马斯法中，磷取代硅成为主要的发热元素，因而此法适合于处理高磷铁水，并可得到优质磷肥。西欧各国一直使用此法到 20 世纪 60 年代。

1891 年，法国人特罗佩纳发明了侧面吹风的酸性侧吹转炉炼钢法，曾在铸钢厂得到较好应用。空气底吹和侧吹转炉炼钢解决了不用外来热源和提高生产效率的问题。但是，铁水适应炼钢钢种范围很窄，热效率不高，不能大量加入合金和废钢，而且钢中氮、氧、磷元素含量高，这种炼钢方法的发展受到了一定限制。

早在 1856 年贝塞麦就提出了利用纯氧炼钢的设想，但由于当时工业制氧技术水平较低，成本太高，氧气炼钢未能实现。直到 1924~1925 年间，德国在空气转炉上开始进行富氧鼓风炼钢的试验。试验证明，随着鼓入空气中氧含量的增加，钢的质量有明显的改善。但当鼓入空气中富氧的浓度超过 40%时，炉底的风眼砖损坏严重，因此又开展了用 CO_2+O_2 或 $CO_2+O_2+H_2O$（水蒸气）等混合气体的吹炼试验，但效果都不够理想，未能投入工业生产。

20 世纪 40 年代初，制氧技术得到了迅速发展，给氧气炼钢提供了必要的原料条件。1948 年德国人杜雷尔在瑞士采用水冷氧枪垂直插入炉内吹炼铁水炼钢并获得成功。1952 年林茨（Linz）城、1953 年多纳维茨（Donawitz）城先后建成了 30t 氧气顶吹转炉车间并投入生产，称为 LD 法。由于氧气顶吹转炉反应速度快，生产率及热效率很高，可使用 20%~30%的废钢以便于自动化控制，且克服了空气吹炼时钢质量差、品种少的缺点，LD 法成为冶金史上发展最迅速的新技术。

1968 年，德国马克希米利安钢铁公司与加拿大液化气公司合作，试验成功底吹转炉炼钢的 OBM 法。该方法在转炉底部由铜管通入氧气，以碳氢化合物气体作为保护性气体保护氧气喷嘴。由于从炉底吹入氧气，冶炼过程更加平稳，脱碳能力强，有利于冶炼超低碳钢种，铁和锰的氧化损失较氧气顶吹转炉小，也适用于冶炼高磷铁水炼钢。这一工艺的出现受到炼钢界的普遍关注。1971 年，美国钢铁公司引进 OBM 法试验成功了 Q-BOP 法，它采用喷石灰粉冶炼低磷铁水，取得了很好的冶炼效果。

1973 年，奥地利人试验开发转炉顶底复合吹氧炼钢后，先后出现了各种类型的复合吹炼法。1975 年法国和卢森堡合作在 65t 转炉上试验成功顶底复合吹炼转炉炼钢。试验结果证明它兼有顶吹和底吹转炉炼钢的优点，可促进金属与渣、气体间的平衡，吹炼过程平稳，渣中氧化铁含量少，减少金属和铁合金的消耗，可以吹炼含碳很低的钢种，目前已在世界范围内迅速推广。日本的京滨制铁所于 1977 年开发出了氧枪回旋法，即 LD-CL 法。它是在纯氧顶吹时一边使氧枪回旋一边进行吹炼的方法，减少了钢中锰和铁的氧化，促进了作为造渣剂加入炉中的生石灰的熔化造渣，并提高了脱磷能力。

1989 年，世界复吹转炉钢产量占氧气转炉钢总产量的 54.3%。1992 年，俄罗斯的西西伯利亚钢铁公司开发出了 Z-BOP 转炉炼钢技术，使用废钢的比例可以达到 30%~100%，克服了一般转炉炼钢废钢比例低的缺点，为转炉炼钢开辟了一条新的途径。

1997 年，出现了一种新的炼钢工艺即 Arcon（Converter DC Arc Furnace）工艺。它是一种将转炉和直流电弧炉结合起来的新的炼钢方法。该方法将两座炉子组合成一个炼钢单元，炉子与一般的转炉非常相似，每座炉子有单独的氧枪，两座炉子共用一个电极。一炉钢的前半段时间作为转炉使用，后半段时间则作为直流电弧炉使用。在正常冶炼时，两座炉子是交替进行冶炼的，也就是说，当一座炉子作为转炉进行吹炼时，另一座炉子作为电弧炉进行冶炼。

我国转炉炼钢的出现归功于晚清张之洞创办的湖北汉阳铁厂。湖北汉阳铁厂是 1890 年由湖广总督张之洞主持在湖北大别山下动工兴建，1893 年 9 月建成投产，它是中国近代最早最大的官办钢铁联合企业，也是当时远东第一流的钢铁联合企业。1908 年，汉阳铁厂、大冶铁矿和萍乡煤矿联合组成汉冶萍煤铁厂矿公司。

继湖北汉阳铁厂后，本溪、鞍山、上海、阳泉、太原、武汉和石景山等地的钢铁工厂也先后起步。1916 年，鞍钢建成投产，1919 年，首钢（当时称为石景山钢铁厂）和宣化铁厂建成，1934 年，太钢（西北钢铁厂）建成投产。由于日本帝国主义的侵略战争和内战的破坏，1949 年生产钢铁的企业仅有 19 个，并且仅有 7 座勉强能够修复生产的高炉、12 座小平炉和 22 座小电炉，几乎没有转炉炼钢。直到新中国成立后我国的转炉炼钢才开始起步和发展。

1951 年碱性空气侧吹转炉炼钢法首先在我国唐山钢厂试验成功，并于 1952 年投入工业化生产。我国于 1954 年开始小型氧气顶吹转炉炼钢的试验研究工作，1962 年将首钢试验厂空气侧吹转炉改建成 3t 的氧气顶吹转炉，开始工业性试验。

在试验取得成功的基础上，我国第一个氧气顶吹转炉炼钢车间（2×30t）在首钢建成，并于1964年12月26日投入生产。此后，唐山、上海、杭州等地改建了一批3.5~5t的小型氧气顶吹转炉。

1966年上海第一钢铁有限公司将原有的一个空气侧吹转炉炼钢车间，改建成3座30t的氧气顶吹转炉炼钢车间，并首次采用了先进的烟气净化回收系统，于当年8月投入生产，还建设了弧形连铸机与之相配套，试验和扩大了氧气顶吹转炉炼钢的品种。这些都为我国以后的氧气顶吹转炉炼钢技术的发展提供了宝贵经验。此后，我国原有的一些空气侧吹转炉车间逐渐改建成中小型氧气顶吹转炉炼钢车间，并新建了一批小、中型氧气顶吹转炉车间。小型顶吹转炉有天津钢厂20t转炉、济南钢厂13t转炉、邯郸钢厂14t转炉、太原钢铁公司引进的40t转炉、包头钢铁公司40t转炉、武钢40t转炉、马鞍山钢厂40t转炉等；中型顶吹转炉有鞍钢140t和180t转炉、攀枝花钢铁公司120t转炉、本溪钢铁公司120t转炉等。

20世纪80年代宝钢从日本引进建成具有70年代末技术水平的300t大型转炉3座、首钢购入二手设备建成210t转炉车间；20世纪90年代宝钢又建成250t转炉车间，武钢引进250t转炉，唐钢建成150t转炉车间，重钢和首钢又建成80t转炉炼钢车间；许多平炉车间改建成氧气顶吹转炉车间等。到2003年我国转炉座数共有275座，其中100t以下的转炉有232座（40~90t的转炉有24座），100~180t的转炉有32座，210t以上的转炉有11座，最大公称吨位为300t。宝钢湛江2019年3月开工新建一座350t转炉，拟于2021年3月建成投产。转炉钢产量占年总钢产量的85.2%以上。

随着用户对钢材性能和质量的要求越来越高，钢材的应用范围越来越广，同时钢铁生产企业也对提高产品产量和质量、扩大品种、节约能源和降低成本越来越重视。在这种情况下，转炉生产工艺流程发生了很大变化。铁水预处理、复吹转炉、炉外精炼、连续铸钢技术的发展，打破了传统的转炉炼钢模式，已由单纯用转炉冶炼发展为“铁水预处理→顶底复吹转炉吹炼→炉外精炼→连铸”这一新的工艺流程。这一流程以设备大型化、现代化和连续化为特点。氧气转炉由原来的主导地位变为新流程的一个环节，主要承担了钢水脱碳和升温的任务。

1.1.2 炉外精炼技术的发展历程

炉外精炼技术的发展从1933年Perrin用高碱度合成渣炉外脱硫和20世纪50年代的钢水真空处理技术开始，紧接着，在低真空度条件下，对钢水进行脱气处理和真空浇注用于模铸生产。随着高真空、大抽气能力蒸汽喷射泵的问世，1956~1959年间研究成功DH法（提升脱气法）和RH法（真空循环脱气法）。20世纪60年代研究成功VAD法（真空电弧炉加热脱气法）、VOD法（真空吹氧脱碳法）和AOD法（氩氧脱碳法）。20世纪70年代以来又有LF法（钢包炉精炼法）、CLU法（类似AOD法，但其使用水蒸气代替昂贵的氩气稀释生成的CO）和钢包喷粉与喂丝技术。到20世纪80年代又相继出现RH-OB法、CAS法、CAS-OB法、IR-UT法等新技术。

现在，各种不同功能的炉外处理方法，或单独使用，或组合为多功能精炼方法使用，在冶金生产中发挥着重要作用。

据不完全统计，1990 年为止，世界各主要工业国家已拥有 1000 余台（套）炉外精炼装置，钢水精炼比例也迅速提高。以日本为例，1973 年转炉钢水的炉外精炼处理比例仅为 4.4%，而 1983 年增长到 48%，10 年时间增长了 10 倍之多。1985 年进一步增长到 65.9%，1989 年已达 73.4%。而日本转炉钢水的真空处理比例在 1989 年竟高达 54.6%，某些厂（如大分钢厂）的真空处理比例高达 80%以上。

自从 1973 年第一次世界能源危机以来，各工业国家钢铁工业对连铸和炉外精炼技术的投入均成为重点。它推动了冷、热连轧水平的提高，也推动了 20 世纪 80 年代以质量为中心的钢铁工艺和产品结构全面优化的进程。

过去，特殊钢的生产主要由电弧炉进行，转炉主要用来生产普通钢。但随着炉外精炼技术的发展，特殊钢品种趋向于多样化，普通钢种的性能要求也更高，普通钢和特殊钢之间的界线正在打破。随着废钢的重复使用，钢中有害元素不断积累增多，由废钢冶炼的电炉钢的化学成分不能满足一些特殊钢种的物理性能要求。随着高功率、超高功率电炉的发展，电炉出钢钢水与转炉出钢钢水也日渐趋同，合金化与温度调整、脱气、脱氧、脱硫、去夹杂的操作都在精炼炉中完成，这样便有可能用转炉炼出更合乎要求的特殊钢种。例如，日本的神户钢厂就是通过“高炉→铁水预处理→转炉→ASEA-SKF→连铸”工艺生产轴承钢，其氧含量全部小于 0.0009%，平均在 0.00063%。现在日本由转炉生产的特殊钢占特殊钢总产量的 58%以上。

20 世纪 80 年代连铸技术迅速发展。为了适应高速浇注及多炉连浇的工艺要求，除连铸本身必须采取必要的技术措施之外（如优质保护渣技术、压缩铸造、电磁搅拌、漏钢预报、液面自动控制、大容量中间包等技术），对浇注钢液也提出了十分严格的要求。概括地说，这些要求是：

（1）严格的温度控制；

（2）严格的时间管理；

（3）严格的成分控制。

显然，上述三项任务单靠常规炼钢炉是很难完成的。鉴于此，世界各国都采用了各种炉外精炼技术。例如日本，几乎 100%的连铸钢水都需要经过炉外精炼处理。

近年来，国外炉外精炼设备发展很快，主要的炉外精炼设备数量逐年增长。目前世界炉外精炼设备的总数已超过 1000 座，其中 LF 炉约 220 多座，AOD 炉和 VOD 炉近 200 座，DH 和 RH（含 RH-OB 和 RH-PB）装置约 150 多座，VD 真空脱气装置 130 多座，ASEA-SKF 和 VAD 炉近 100 座，其他精炼设备 200 座。每种炉外精炼方法的总精炼能力：RH 及其改进的 RH-OB、RH-PB 设备的能力最大，粗略估算年生产能力为 1.5×10^8t，其中日本约 7.0×10^7t，美国 2.0×10^7t 以上，德国 1.0×10^7t 左右，其他国家约 5.0×10^7t。随着对超低碳钢和超低硫、磷钢的需求量越来越大，RH 或 RH-OB、RH-PB 真空精炼设备数量将继续增加，现代化的转炉炼钢车间都将采用这些精炼方法。AOD、VOD 等主要用于精炼不锈钢的炉外精炼设备，其生产能力已完全可以满足生产不锈钢的需要。

从美国和加拿大发展情况看，一个是 LF 法发展快，在三种具有电弧加热功能的精炼炉中占有绝对优势；另一个是钢包精炼站发展很快。在炉外精炼设备发展中，连铸发展和要求钢水洁净度起了决定作用，由于美国和加拿大连铸比仍较低，其炉外精炼设备的发展在很大程度上是为连铸配套，因此带有加热功能的炉外精炼设备发展就占很大比重，而投资较少的LF炉相应也占较大比重。从RH法与VD法设备的发展来看，尽管RH法投资高，但其由于精炼质量优势，在各种具有真空功能的设备中仍占优势。LF法也朝着可配套真空功能这一方向发展。

从有关数据来看，不同种类炉外精炼设备的发展是不同的，其中发展速度最快的是LF法、RH法。以Thyssen许可证生产的RH设备在1988年以前就达100台。

现在，世界上约有AOD设备140台（根据太原钢铁公司资料），主要的不锈钢生产国是西欧国家、美国和日本，生产的不锈钢占世界产量的93%。日本的11个主要电炉钢公司每年生产7.62×10^5t不锈钢，其中有84.6%经AOD精炼，14.8%经VOD精炼，0.6%经LF精炼。现在，不锈钢生产方法很多，基本上均是用氧气加真空的办法。

日本的11个主要的电炉生产厂家生产的4.694×10^6t钢中，53.9%经过LF+RH精炼，16.6%经过ASEA-SKF精炼，6.6%经过RH单一精炼，6.1%经过VOD或AOD精炼，其他方法精炼的占3.6%，未精炼的占7.1%，精炼比达92.9%。由此可见，LF+RH双重精炼工艺在日本占统治地位。

在20世纪80年代以前，炉外精炼设备主要是用于处理特殊钢，炉外精炼比很低。随着连铸技术的发展，人们发现炉外精炼是实现高效率浇注和获得优质铸坯的重要手段，所以炉外精炼与连铸的发展密切相关。20世纪70年代以来，日本的炉外精炼比和连铸比保持同步增长。日本发展连铸采取了许多措施，而重视炉外精炼技术，特别是广泛采用真空处理，对提高连铸坯质量和连铸机的生产效率起到了重要作用。另外，日本转炉钢的炉外精炼比到1981年已大于电炉钢，到1986年时转炉钢的炉外精炼比高达70.8%。由表1-1可以看出，到1990年日本电炉钢中特殊钢的炉外精炼比已高达94%以上，几乎全部特殊钢都经炉外精炼；转炉钢的炉外精炼主要是真空处理，真空精炼比达54%以上。表1-2列出了苏联的炉外精炼比及连铸比，其真空处理的钢很少，真空精炼比最高（1988年）仅达到2.5%，主要是精炼特殊钢，一般连铸的钢水仅经吹氩或喷粉处理。1988年国外生产的1051万吨不锈钢中，AOD炉精炼的占65.4%，VOD炉精炼的占19.6%，CLU炉的占5.1%，RH-OB设备精炼的占2.1%，ASEA-SKF炉的占1.0%，其他精炼设备的及未经炉外精炼的占6.8%。

表1-1 日本电炉钢和转炉钢的炉外精炼比 %

	年 份	1985	1986	1987	1988	1989	1990
电炉钢	炉外精炼比	41.9	51.4	53.4	53.5	56.0	58.0
	特殊钢精炼比	88.0	93.5	94.2	94.3	94.4	94.5
	普通钢	28.0	30.3	31.0	30.3	35.1	48.3
转炉钢	炉外精炼比	65.9	70.8	71.7	71.7	73.2	78.8
	真空精炼比	53.3	53.3	52.9	51.4	54.6	—

表 1-2 苏联炉外精炼钢的产量和炉外精炼比

年 份	1970	1975	1980	1985	1986	1987	1988	1990
炉外精炼处理产量/kt	300	600	1000	1300	3200	3700	4100	36800
炉外精炼比/%	0.3	0.4	0.6	0.9	2.0	2.3	2.5	2.3
钢包吹氩或喷粉产量/kt	100	1000	14400	36700	48300	55900	64000	72480
炉外精炼比/%	0.1	0.7	9.7	23.7	30.1	34.6	39.2	45.9
连铸比/%	—	6.9	10.7	13.6	15.0	16.1	16.6	17.3

目前，国外许多公司的炉外精炼比已达到100%。例如，美国内陆钢铁公司的板带产品每年为公司的全连续式带钢冷轧机提供80万吨超低碳钢，碳和氮含量都要求不高于0.003%，他们生产这种钢全部经RH-OB设备处理。

各国的炉外精炼一般都经历了从初级到高级的发展阶段。用户对钢材质量的要求不同，炉外精炼方法也不同。

首先，应用简单的钢包处理方法为主的阶段（例如钢包吹氩、喂丝、钢包喷粉等），以达到降低钢中的总氧含量、去除大颗粒（≥40μm）夹杂物、通过钙处理来改变夹杂物的形态等目的。这对于改善钢的质量和后步工序的操作都有明显作用，同时这些方法还具有设备简单、投资少、便于维护等优点。

其次，应用钢包精炼炉为主的阶段（例如VAD、ASEA-SKF、AOD、LF等）。利用各种钢包炉可实现以下精炼功能：

(1) 钢水升温和保温；
(2) 为连铸机多炉连浇储存钢水；
(3) 实现大量添加合金料进行合金化；
(4) 均匀成分和温度；
(5) 延长吹气搅拌时间来生产更纯净的钢；
(6) 脱硫，必要时还可加合成渣脱磷；
(7) 真空脱气。

这样不仅可以提高初炼炉的生产率，而且可以更有效地改善钢的质量。这些精炼方法的设备投资和操作费用都比较高，主要用于精炼特殊钢。

第三，应用真空处理方法的阶段，主要是采用RH和改进的RH-OB、RH-PB。在20世纪70年代以前，真空处理主要是脱氢，而目前采用真空处理主要是生产超低碳（$w[C]\leqslant 0.003\%$）钢和通过降低［H］、［N］来改善产品的性能。这一阶段的发展是由于钢铁联合企业大规模生产的产品对碳、氧、氮、氢、硫、磷等含量的规定越来越严格。例如，IF钢要求碳和氮质量分数都低于0.003%；某些中厚板钢要求$w[H]\leqslant 0.00015\%$、$w[S]\leqslant 0.001\%$、$w[N]\leqslant 0.004\%$；为改善薄板成型性能，也要求$w[C]\leqslant 0.003\%$、$w[P]\leqslant 0.002\%$。为此，20世纪80年代以来，国外一些主要钢铁联合企业都安装了真空处理设备。

由于炉外精炼设备的完善和工艺的改进，大大提高了生产纯净钢的水平，目前炉外精炼达到的钢水纯净度水平以10^{-6}（ppm）计，碳为10×10^{-6}、硫为4×10^{-6}、磷为25×10^{-6}、氮为15×10^{-6}、氢为1×10^{-6}、氧为5×10^{-6}。铁水预处理、炉外精炼技术以及一些新的炼钢生产的最佳工艺流程的出现，改善了钢的性能，降低了钢中杂质元素的含量。不久的将来，各元素含量可以达到的水平如下：

（1）[C] 和 [N] 将低于 $10×10^{-6}$。在强搅拌条件下增大气-液接触面积，并在后续工序中力求降低 p_{CO} 和 p_{N_2} 以防止 [C] 和 [N] 回升。

（2）[O] 将小于 $5×10^{-6}$。采用强湍流搅拌并选用合适的渣系以利于吸收钢中的脱氧产物。采用挡渣或其他除渣措施以除掉氧化渣是非常重要的。然而，更为廉价的除渣方法仍有待研究解决。对于这样低 [O] 水平的钢水来说，采用碱性耐火材料和保护气氛就更为重要了。

（3）[P] 将小于 $20×10^{-6}$。在较低温度和大渣量下吹炼经过处理的铁水是一个好方法。能够中间除渣并进行再加热的设备将是很必要的。对于个别钢种，需采用有效的还原脱磷措施。

（4）[S] 将控制在 $(2\sim3)×10^{-6}$。目前，[S] 含量控制水平已经很高。

综上所述，在不久的将来我们即可获得 $w([C]+[N]+[O]+[P]+[S]) \leqslant 50\times10^{-6}$ 水平的钢水，无疑地在凝固过程中还应防止杂质元素的偏析。炉外精炼技术的应用是提高钢质量的重要手段。

我国早在20世纪50年代末期到60年代中期，就在炼钢生产中开发了炉外精炼技术。如采用高碱度合成渣在出钢过程脱硫，冶炼轴承钢；钢包静态脱气和采用DH真空处理装置精炼电工硅钢、混合炼钢等。20世纪60年代中期至70年代，特钢系统和机电行业的炼钢车间开始引进一批真空精炼装置（如大冶、武钢的RH，北重的ASEA-SKF）。20世纪80年代初期开始，一批自行设计和制造的炉外精炼装置（包括真空精炼装置）陆续投入生产，尤其是随着连铸生产的发展和扩大品种的需要，钢水吹氩处理和喷射冶金用于铁水预处理及二次冶金得到了迅速的发展；国产LF炉成功地应用于一些重点电炉生产厂的特殊钢生产之中。1985年宝钢投产后，引进的RH法、CAS法、KIP法正常投入生产，在线作业对提高产品的质量、开发高水平的品种等方面起到了良好的示范作用。20世纪80年代后期，国产喂线机与包芯线喂线技术已在钢厂广泛应用。与之相对应的耐材，挡渣、扒渣等相关技术也得到了发展。

我国于1957年开始研制钢水真空处理技术，由于多种原因，这项技术没有得到推广应用。我国的真空装置水平大大低于世界平均水平，真空处理钢水比例约占2%，为日本的1/25。目前，我国已有VD、RH、ASEA-SKF、VOD、AOD、LF、CAS（CAS-OB）、钢包喷粉和喂线等多种炉外精炼装置。虽然钢的质量水平与发达国家相比差距是巨大的，但是炉外精炼技术在我国发展速度很快，我国炉外精炼技术的发展已有了相当优势的基础。

据不完全统计，自20世纪70年代末期起，连铸用钢水基本上都经过吹氩处理。到20世纪90年代末，我国已拥有不包括吹氩装置在内的各种炉外精炼处理设备132台，其中冶金系统115台，机电系统17台。冶金系统中，各类具有真空脱气能力的装置28台，喷射冶金设备53台。冶金系统的吹氩精炼设备有近200台。到21世纪初，国内大中型钢铁厂二次精炼比已迅速增长至60%以上，精炼设备470多台，其中RH精炼设备61台，AOD精炼设备43台，VOD精炼设备27台，LF精炼设备295台，VD精炼设备32台，CAS-OB精炼设备16台。

国内大型钢铁厂都已形成了“高炉→铁水预处理→顶底复吹转炉→炉外精炼→连续铸钢生产”或“超高功率电弧炉→炉外精炼→连续铸钢生产”的现代化典型工艺流程。

1.1.3 连续铸钢生产的发展历程

1950年容汉斯和曼内斯曼（Mannesmann）公司合作，建成世界上第一台能浇注5t钢水的连铸机。

从20世纪50年代起，连铸技术开始用于钢铁工业生产。到20世纪50年代末，世界各地建成的连铸机不到30台，连铸比仅约为0.34%。

20世纪60年代，连铸技术进入稳步发展时期。至20世纪60年代末，全世界连铸机已达200余台，连铸比达5.6%，增长了16倍之多。

20世纪70年代，连铸技术进入迅猛发展时期。至20世纪70年代末，连铸坯产量已逾2亿吨，连铸比上升为25.8%。

20世纪80年代，连铸技术进入完全成熟的全盛时期。世界连铸比由1981年的33.8%上升到1990年的64.1%。连铸技术的进步主要表现在其对铸坯质量设计和质量控制方面达到了一个新水平。

20世纪80年代末，近终形连铸技术出现并投入生产。诸如德国西马克的CSP技术和德马克的ISP技术、奥钢联的CONROLL技术、意大利达涅利的FTSRQ技术、美国蒂平斯和韩国三星的TSP技术等。

近年来，传统连铸的高效化生产（高拉速、高作业率、高质量）在各工业发达国家取得了长足的进步，特别是高拉速技术已引起人们的高度重视。通过采用新型结晶器及新的结晶器冷却方式、新型保护渣、结晶器非正弦振动、结晶器内电磁制动及液面高精度检测和控制等一系列技术措施，使得目前常规大板坯的拉速已由0.8~1.5m/min提高到2.0~2.5m/min，最高可达3m/min，小方坯最高拉速可达5.0m/min，连铸机的生产能力大幅度提高，生产成本降低，给企业带来了极大的经济效益。高速连铸技术在今后仍会继续发展。

我国是研究和应用连铸技术较早的国家之一，早在20世纪50年代就已开始进行探索性的工作。改革开放以来，为了学习国外先进的技术和经验，加速我国连铸技术的发展，从20世纪70年代末开始一些企业引进了一批连铸技术和设备。例如1978年和1979年武钢二炼钢从联邦德国引进了3台单流板坯弧形连铸机，在消化国外技术的基础上，围绕设备、操作、品种开发、管理等方面进行了大量的开发与完善工作，于1985年实现了全连铸生产，产量突破了设计能力。首钢在1987年和1988年相继从瑞士康卡斯特公司引进投产了两台八流小方坯连铸机，宝钢、武钢、太钢和鞍钢等大型钢铁公司也先后从国外引进了先进的板坯连铸机，这些连铸技术设备的引进都促进了我国连铸技术的发展。

进入21世纪后，我国连铸技术也跨入了快速发展的时期。利用以高质量铸坯为基础、高拉速为核心、实现高连浇率、高作业率的高效连铸技术对现有连铸机的技术改造取得了很大进展，采用国产技术的第一台高效板坯连铸机已在攀钢投产。

据统计，2007 年底，我国在生产的连铸机连铸比达 97%，已基本实现了全连铸。

1.2 炼钢的基本任务和流程

所谓炼钢，就是通过冶炼降低生铁中的碳和去除有害杂质，再根据钢的性能要求，加入适量的合金元素，使其成为具有高的强度、韧性或其他特殊性能的钢。铁和钢都是以铁元素为基础成分的铁碳合金。通常把碳含量（质量分数）小于 2.11% 的铁碳合金称为钢，而把碳含量大于 2.11% 的铁碳合金称为生铁。工业纯铁的密度是 $7.87g/cm^3$。

炼钢的基本任务是脱碳、脱磷、脱硫、脱氧、去除有害气体和非金属夹杂物，调整钢液成分和温度，把钢液浇注成质量合格的钢坯。通过供氧、造渣、搅拌、加合金、炉外精炼等手段完成炼钢任务。炼钢生产常见的工艺流程有：

（1）铁水→混铁炉→铁水预处理→转炉→炉外精炼→连续铸钢；

（2）铁水→混铁炉→转炉→炉外精炼→连续铸钢；

（3）铁水→电炉+废钢→炉外精炼→模铸或连续铸钢；

（4）废钢→电炉→炉外精炼→模铸或连续铸钢。

1.3 钢中元素及其对钢性能的影响

钢中五大元素一般是指碳（C）、硅（Si）、锰（Mn）、磷（P）、硫（S），其中磷和硫是钢中的有害元素，是炼钢过程中需要去除的元素。为了满足钢的性能要求还要向钢中加入一种或两种以上的其他合金元素。

碳（C）主要以碳化物（Fe_3C）形式存在于钢中，是决定钢强度的主要元素。当钢中碳含量升高时，其硬度、强度均有提高，冷脆倾向性和时效倾向性也有提高，而塑性、韧性和冲击韧性降低，焊接性能显著下降，因此焊接用钢的碳质量分数一般不超过 0.22%。

硅（Si）是有益元素，它能提高钢的屈服强度、抗拉强度，能显著提高钢的弹性极限，但降低塑性、韧性。

锰（Mn）是有益元素。锰是强韧性元素，能增加钢的强度、淬透性、耐磨性；锰能与硫形成化合物 MnS，减轻硫的“热脆”有害作用。

磷（P）是有害元素，在钢中以 Fe_3P 或 Fe_2P 形式存在，在低温时能使钢的塑性、韧性急剧降低，钢变脆，称为“冷脆”。磷是炼钢过程中需要去除的有害元素。

硫（S）是有害元素，以 FeS 和 MnS 形式存在，硫含量高的钢会产生“热脆”。硫会降低连铸坯的高温塑性，增加连铸坯的内裂倾向。硫是炼钢过程中需要去除的有害元素。

氧（O）是有害元素，主要以氧化物夹杂的形式存在。非金属夹杂物是钢的主要破坏源，对钢材的疲劳强度、加工性能、塑性、韧性等均有显著的不良影响。氧含量高，连铸坯还会产生皮下气泡等缺陷，恶化连铸坯表面质量。氧是炼钢过程中需要严格控制的元素。

氢（H）是有害元素，对钢的性能危害较大，降低钢的塑性和韧性，称为“氢脆”。当氢在钢的缺陷处（空隙、夹杂物）析出形成分子氢，造成内部微裂纹称为“白点”。应采用相应措施降低钢中的氢含量。

氮（N）在一般条件下，主要危害表现在：（1）由于 Fe_4N 析出，提高钢的强度、硬度，但会降低钢的韧性，称为“蓝脆”或时效脆性；（2）降低钢的冷加工性能；（3）造成焊接热影响区脆化。但当钢中存在钒、铝、钛、铌等元素时，它们与氮可形成稳定的氮化物，提高钢的强度，对钢性能有利。

铬（Cr）是有益的合金元素，它能显著提高钢的抗氧化性，提高钢的抗腐蚀能力、强度和耐磨性，改善钢的力学性能及物化性能。各种用途的合金钢中普遍含有不同数量的铬。

钼（Mo）是贵重的合金元素，它能提高钢的淬透性和热强性，防止回火脆性，提高钢的抗蚀性与防止点蚀倾向等。

钒（V）能细化钢的晶粒，提高钢的强度、屈强比和低温韧性，增加钢的热强性和蠕变的抗力。钒对碳有很好的固定作用，还可提高钢在高温下的抗氢侵蚀。钒总是和锰、铬、钨、钼等配合使用。

钛（Ti）是一种良好的脱氧去气剂和固定氮、碳的有效元素，能使钢的内部组织致密，提高钢的强度。钛还能提高钢的抗腐蚀性能。

硼（B）在钢中的突出作用是微量（0.001%）的硼可以成倍的增加钢的淬透性，从而可以节约其他贵重的合金元素用量，如镍、钼等。

1.4 钢的分类

1.4.1 按化学成分分类

钢根据其化学成分不同，分为非合金钢、低合金钢和合金钢三类。

（1）非合金钢按照质量等级又可分为普通质量非合金钢、优质非合金钢和特殊质量非合金钢。

（2）低合金钢按照质量等级可分为普通质量低合金钢、优质低合金钢和特殊质量低合金钢。

（3）合金钢按照质量等级可分为优质合金钢和特殊质量合金钢。

1.4.2 按特性及用途分类

钢在按照其化学成分分为非合金钢、低合金钢和合金钢三大类的基础上，根据其本身的特性及其用途，一般还可进一步细分。

（1）非合金钢包括一般碳素结构钢、优质碳素结构钢、碳素工具钢、碳素弹簧钢、电工纯铁、其他非合金钢。

（2）低合金钢包括低合金结构钢、低合金钢筋钢、低合金铁道用钢、低合金耐大气腐蚀钢、其他低合金钢。

（3）合金钢（含特殊合金）包括合金结构钢、合金工具钢、高速工具钢、轴承钢、合金弹簧钢、不锈钢和耐蚀钢、耐热钢、电工用硅钢、高温合金、精密合金、电热合金、耐蚀合金、其他合金钢。

1.4.3 按冶炼方法分类

钢按照冶炼方法的不同，分为转炉钢、电弧炉钢、感应炉钢和重熔钢四类。

(1) 转炉钢。转炉钢是利用向炉内吹入的空气或氧气与铁水中的碳、硅、锰、磷反应放出的热量进行冶炼而得到的钢。根据空气或氧气的吹入方式不同，转炉又分为顶吹、底吹、复合吹炼三种。

(2) 电弧炉钢。电弧炉钢是利用电弧的热效应加热炉料进行熔炼而得到的钢。交流电通过3个石墨电极输入炉内，在电极下端与金属料之间产生电弧，利用电弧的高温直接加热炉料，使炼钢过程得以进行。电弧炉炼钢以废钢为主要原料，根据炉衬材质和造渣材料不同，有碱性法和酸性法之分，最常用的是碱性法。电弧炉炼钢以电能作热源，避免了气体热源所含硫元素对钢的污染；操作工艺灵活，炉渣和炉气均可调控成氧化性或还原性；强还原性可使炉料中所含的贵重元素铬、镍、钨、钼、钒、钛等极少烧损；炉温高、易控制；产品质量高。

(3) 感应炉钢。感应炉钢是通过电磁感应产生的热能炼成的钢。

(4) 重熔钢。重熔钢是在电渣炉、真空自耗炉、电子轰击炉等冶金炉中，利用经初次冶炼并浇注出的锭、坯再次重熔提纯得到的钢。这种重熔钢一般不改变原钢种的化学成分，或只进行微调整。

1.4.4 按脱氧方法分类

钢按照脱氧程度，可分为镇静钢、沸腾钢和半镇静钢三类。

(1) 镇静钢。镇静钢又称为全脱氧钢，是指在浇注前采用沉淀脱氧和扩散脱氧等方法，将脱氧剂（如铝、硅）加入钢水中进行充分脱氧，使钢中的氧含量降低到在凝固过程中不会与钢中的碳发生反应生成一氧化碳气泡的钢。这种钢在浇注时钢液镇静，不呈现沸腾现象，所以叫镇静钢。这类钢成分偏析少，质量均匀，但钢的收得率低，成本比较高。优质钢和合金钢一般都是镇静钢。

(2) 沸腾钢。沸腾钢又称为未脱氧钢，是指在冶炼后期不加脱氧剂，浇注前没有经过充分脱氧的钢。这种未脱氧的钢，钢水中还剩有相当量的氧，碳和氧起化学反应，放出一氧化碳气体，因此钢水在锭模内呈现沸腾现象，所以叫沸腾钢。钢锭凝固后，蜂窝气泡分布钢锭中，加热轧制后，气泡焊合。这种钢含硅量低、收得率高、加工性能好、成本低，但成分偏析大、杂质多、质量不均匀、机械强度较差。这类钢主要用于普通质量低碳钢。

(3) 半镇静钢。半镇静钢为半脱氧钢，是指脱氧程度介于镇静钢和沸腾钢两者之间的钢。钢锭结构、成本和收得率也介于沸腾钢和镇静钢之间。这种钢浇注时有沸腾现象，但较沸腾钢弱。这类钢在冶炼操作上难于掌握。半镇静钢主要用于中碳钢和普通质量结构钢。

1.5　炼钢技术经济指标

1.5.1　转炉炼钢技术经济指标

（1）钢坯合格率。转炉钢坯合格率是指合格转炉钢锭量占检验量的百分比，其计算公式为：

$$\text{钢坯合格率}(\%)=\frac{\text{钢坯合格量}(t)}{\text{钢坯检验量}(t)}\times 100\%$$

（2）钢铁料消耗。钢铁料消耗是指每吨合格钢消耗的钢铁料量，其计算公式为：

$$\text{钢铁料消耗}(kg/t)=\frac{\text{入炉金属料量}(kg)}{\text{合格钢生产量}(t)}$$

（3）转炉日历利用系数。转炉日历利用系数是指转炉在日历工作时间内每公称吨容积每日生产的合格钢产量，其计算公式为：

$$\text{转炉日历利用系数}(t/(t\cdot d))=\frac{\text{合格钢生产量}(t)}{\text{转炉公称}(t)\times\text{日历时间}(d)}$$

（4）转炉作业率。转炉作业率是指转炉炼钢作业时间占日历作业时间的百分比，其计算公式为：

$$\text{转炉日历作业率}(\%)=\frac{\text{炼钢作业时间}(d)}{\text{炉座数}\times\text{日历时间}(d)}\times 100\%$$

（5）转炉冶炼周期。转炉冶炼周期是指转炉平均每冶炼一炉钢所需要的全部时间，其计算公式为：

$$\text{转炉冶炼周期}(min)=\frac{\text{炼钢作业时间}(min)}{\text{出钢炉数}}$$

（6）转炉炉龄。转炉炉龄是指自转炉炉衬投入使用起到更换新炉衬止，一个炉役期间炼钢的炉数，其计算公式为：

$$\text{转炉炉龄}(\text{炉})=\frac{\text{出钢炉数}(\text{炉})}{\text{更换炉衬次数}}$$

（7）转炉氧气喷枪头寿命。转炉氧气喷枪头寿命是指吹氧转炉炼钢每更换一次喷枪头所能炼钢的炉数。其计算公式为：

$$\text{转炉氧气喷枪头寿命}(\text{炉})=\frac{\text{出钢炉数}(\text{炉})}{\text{更换喷枪头次数}}$$

（8）转炉吹损率。转炉吹损率是指转炉在炼钢过程中喷溅和烧损掉的金属量占入炉金属料量的百分比，其计算公式为：

$$\text{转炉吹损率}(\%)=\frac{\text{入炉金属料量}(t)-\text{出炉钢水量}(t)}{\text{入炉金属料量}(t)}\times 100\%$$

（9）铁水预处理比。铁水预处理比是指经过预处理的铁水量占加入转炉（或其他炼钢容器）铁水量的比例，其计算公式为：

$$铁水预处理比(\%)=\frac{预处理铁水量(t)}{入转炉铁水量(t)}\times100\%$$

（10）炼钢工序单位能耗。炼钢工序能耗包括从铁水（原料）进厂到钢坯出厂全部工艺过程所消耗的能源，其计算公式为：

$$炼钢工序单位能耗折标煤量(kg/t)=\frac{炼钢燃料消耗量(标煤,kg)+动力消耗量(标煤,kg)-转炉煤气等余热回收外供量(标煤,kg)}{合格钢产量(t)}$$

1.5.2 精炼炉技术经济指标

（1）精炼钢水合格率。

$$精炼钢水合格率(\%)=\frac{合格量(t)}{精炼钢坯检验量(t)}\times100\%$$

（2）精炼炉某种物料消耗。

$$精炼炉某种物料消耗量(计量单位/t)=\frac{某种物料消耗量(计量单位)}{精炼炉合格钢生产量(t)}$$

（3）精炼炉作业率。精炼炉作业率是指精炼炉炼钢作业时间占日历时间的百分比，其计算公式为：

$$精炼炉作业率(\%)=\frac{精炼炉作业时间(d)}{日历时间(d)}\times100\%$$

（4）每炉钢处理时间。

$$每炉钢处理时间(min)=\frac{处理总时间(min)}{处理炉数}$$

（5）炉外精炼比。炉外精炼比是指经过炉外精炼工艺生产的合格钢产量占总产量的比例，其计算公式为：

$$炉外精炼比(\%)=\frac{精炼合格钢产量(t)}{总产量(t)}\times100\%$$

1.5.3 连铸技术经济指标

（1）连铸坯产量。连铸坯产量是指在某一规定的时间内（一般以月、季、年为时间计算单位）合格铸坯的产量，其计算公式为：

$$连铸坯产量(t)=生产铸坯总量(t)-检验废品量(t)-用户或轧后退废量(t)$$

连铸坯必须按照国家标准或部颁标准生产，或按供货合同规定标准、技术协议生产。

（2）连铸比。连铸比指的是全年生产合格连铸坯产量占总合格钢产量的百分比。连铸比是衡量一个国家或一个钢铁厂生产发展水平的重要标志，是连铸设备、工艺、管理以及和连铸有关的各生产环节发展水平的综合体现，其计算公式为：

$$连铸比(\%)=\frac{合格连铸坯产量(t)}{总合格钢产量(t)}\times100\%$$

上式中总合格钢产量也是合格连铸坯产量与合格钢锭产量之和，其是按入库合格量计算的。

（3）合格率。连铸坯合格率是一台铸机年产合格铸坯量占全年铸坯产量的百分数，其计算公式为：

$$连铸坯合格率(\%) = \frac{合格铸坯产量(t)}{合格铸坯产量(t) + 检验废品量(t) + 用户或轧后退废量(t)} \times 100\%$$

连铸坯合格率可按年统计，也可按季度或月统计，也有按车间所有铸机之和统计的。

（4）连铸坯收得率。连铸坯收得率是指合格连铸坯产量占连铸浇注钢水总量的百分比。

$$连铸坯收得率(\%) = \frac{合格连铸坯产量(t)}{连铸浇注钢液总量(t)} \times 100\%$$

连铸浇注钢液总量=合格连铸坯产量+废品量（现场+退废）+中间包换接头总量+中间包余钢总量+钢包开浇后回炉钢液总量+钢包注余钢液总量+引流损失钢液总量+中间包粘钢总量+切头切尾总量+浇注过程及火焰切割时连铸坯氧化损失钢的总量

连铸坯收得率与断面大小有关。连铸坯断面小则收得率低些。

（5）连铸坯成材率。

$$连铸坯成材率(\%) = \frac{合格钢材产量(t)}{连铸坯消耗总量(t)} \times 100\%$$

如果连铸坯是两火成材时，可用分步成材率的乘积作为全过程的成材率。

（6）连铸机作业率。连铸机作业率是指铸机实际作业时间占总日历时间的百分比（一般可按月、季、年统计计算）。它反映了连铸机的开动作业及生产能力，计算公式为：

$$连铸机作业率(\%) = \frac{连铸机实际作业时间(h)}{日历时间(h)} \times 100\%$$

连铸机实际作业时间=钢包开浇起至切割（剪切）完毕为止的时间+上引锭杆时间+正常开浇准备等待的时间（小于10min）

增加连浇炉数、开发快速更换中间包技术和异钢种的连浇技术、缩短准备时间、提高设备诊断技术、减少连铸事故、缩短排除故障时间、加强备品备件供应等均可提高连铸机的作业率。

（7）连铸机达产率。连铸机达产率是指在某一时间段内（一般以年统计），连铸机实际产量占该台连铸机设计产量的百分比。它反映了这台连铸机的设备发挥水平，计算公式为：

$$连铸机达产率(\%) = \frac{连铸机实际产量(万吨)}{连铸机设计产量(万吨)} \times 100\%$$

（8）平均连浇炉数。平均连浇炉数是指浇注钢液的炉数与连铸机开浇次数之比。它反映了连铸机连续作业的能力，计算公式为：

$$平均连浇炉数(炉/次) = \frac{浇注钢液炉数}{连铸机开浇次数}$$

(9) 平均连浇时间。平均连浇时间是指连铸机实际作业时间与连铸机开浇次数之比。它同样反映了连铸机连续作业的状况，计算公式为：

$$平均连浇时间(h/次) = \frac{连铸机实际作业时间(h)}{连铸机开浇次数}$$

(10) 连铸机溢漏率。连铸机溢漏率指的是在某一时间段内连铸机发生溢漏钢的流数占该段时间内该连铸机浇注总流数的百分比，计算公式为：

$$连铸机溢漏率(\%) = \frac{溢漏钢流数总和}{浇注总炉数 \times 连铸机拥有流数} \times 100\%$$

在连铸生产过程中，溢钢和漏钢均属恶性事故，它不仅会损坏连铸机，打乱正常的生产秩序，影响产量，还会降低连铸机作业率、达产率和连浇炉数。因此，连铸机溢漏率直接反映了铸机的设备、操作、工艺及管理水平，是衡量连铸机效益的关键性指标之一。

(11) 连铸浇成率。连铸浇成率是指浇注成功的炉数占浇注总炉数的百分比，计算公式为：

$$连铸浇成率(\%) = \frac{浇注成功的炉数}{浇注总炉数} \times 100\%$$

对于浇注成功的炉数，一般一炉钢水至少有 2/3 以上浇成铸坯，方能算作该炉钢浇注成功。

课后复习题

1-1 名词解释

转炉炉龄；转炉冶炼周期；精炼炉作业率；炉外精炼比；连铸比；连铸机溢漏率。

1-2 填空题

(1) 通常把碳质量分数小于 2.11%的铁碳合金称为________，而把碳质量分数大于 2.11%的铁碳合金称为________。

(2) 钢中五大元素一般是指________、________、________、________、________。

(3) 钢按照脱氧程度，可分为________、________和________三类。

1-3 判断题

(1) 碳 (C) 主要以碳化物 (Fe_3C) 形式存在于钢中，是决定钢强度的主要元素。 (　　)

(2) 硫 (S) 是有害元素，以 FeS 和 MnS 形式存在，硫含量高的钢会产生“冷脆”。(　　)

(3) 底吹酸性空气转炉炼钢法是英国人托马斯发明的。 (　　)

1-4 选择题

(1) 硅是有益元素，硅能提高钢的 (　　) 和抗拉强度，能显著提高钢的弹性极限，但降低塑性、韧性。

A. 淬透性　　B. 耐磨性　　C. 屈服强度　　D. 硬度

(2) 磷是有害元素，在钢中以 Fe_3P 或 Fe_2P 形式存在，在低温时能使钢的塑性、韧性急剧降低，钢变脆，称为 (　　)。

A. 热脆　　B. 冷脆　　C. 蓝脆　　D. 白点

(3) (　　) 是利用向炉内吹入的空气或氧气与铁水中的碳、硅、锰、磷反应放出的热量进行冶炼而得到的钢。

A. 转炉钢　B. 电弧炉钢　C. 感应炉钢　D. 重熔钢

1-5　简答题

（1）炼钢的基本任务包括哪些？

（2）氢、氮两元素在钢中存在的主要危害有哪些？

2　炼钢用原材料

炼钢用原材料分为金属料、非金属料和其他辅助材料等。

氧气顶吹转炉炼钢用金属料为铁水、废钢、冷铁、铁合金（锰铁、硅铁、硅锰合金等）；炼钢用非金属料主要有石灰、白云石、萤石等造渣剂，铁矿石、氧化铁皮、烧结矿、球团矿等冷却剂，此外还有增碳剂，保温剂，氧气、氮气、氩气等常用气体，其他辅助材料包括耐火材料、保护渣等。

原材料是炼钢的物质基础，原材料质量的好坏对钢的质量有直接影响。国内外大量生产实践证明，采用精料以及原料标准化，是实现冶炼过程自动化、改善各项技术经济指标、提高经济效益的重要途径。根据所炼钢种、操作工艺及装备水平合理地选用和搭配原材料可达到低费用投入、高质量产出的目的。

转炉炼钢入炉原料结构是炼钢工艺制度的基础，主要包括三方面内容：一是钢铁料结构，即铁水和废钢及废钢种类的合理配比；二是造渣料结构，即石灰、白云石、萤石、铁矿石等的配比制度；三是充分发挥各种炼钢原料的功能使用效果，即钢铁料和造渣料的科学利用。炉料结构的优化调整，代表了炼钢生产经营方向，是最大程度稳定工序质量、降低各种物料消耗、提高生产能力的基本保证。

2.1　金　属　料

2.1.1　铁水

铁水是转炉炼钢的主要金属料，占金属料装入量的70%~100%，铁水必须满足冶炼要求。

2.1.1.1　铁水温度

温度是铁水带入炉内物理热多少的标志，这部分热量是转炉热量的重要来源之一。对于转炉来讲，铁水温度过低将造成炉内热量不足，影响熔池升温和元素氧化进程，同时不利于化渣和去除杂质，还容易导致喷溅。因此，转炉通常要求入炉铁水温度必须大于1250℃，并且要相对稳定。

2.1.1.2　铁水成分

我国炼钢生铁规格有L04、L08、L10。合适的铁水成分是根据冶炼过程需要、钢种、经济效果等多方面因素确定的。

(1) 硅。硅是铁水中主要发热元素之一，生成的SiO_2是渣中主要的酸性成分，其是决定炉渣碱度和石灰消耗量的关键因素。通常，转炉铁水不经深度预处理时，铁水硅含量以0.3%~0.8%为宜，前后炉波动不超过±0.15%。通常，大中型转炉铁水硅含量可以偏下限，而对于热量不富余的小型转炉铁水硅含量可偏上限。转炉吹炼高硅铁水可采用双渣操作。

（2）锰。锰是钢中的有益元素，铁水锰含量高对炼钢有好处。但是，冶炼高锰生铁将导致高炉焦比提高，生产率下降。锰在炼钢中的有益作用是：加速石灰熔化，促进成渣并减少萤石用量；有利于减少顶枪、粘枪和提高炉龄；有利于提高终点钢水残锰量和提高脱硫效果。由于锰矿资源缺乏，我国铁水锰含量不高，通常控制在0.5%左右。

（3）磷。磷是大多数钢种中的有害元素，因此铁水中磷越低越好。铁水中磷含量主要取决于矿石条件，因此转炉对其未作要求，但希望磷含量尽可能低和稳定。铁水磷含量高时，可采用双渣或双渣留渣操作，或采用铁水预处理。

（4）硫。硫在大多数钢种中是有害元素，在氧化性气氛下，虽然高温、高碱度炉渣及采用多渣法操作可以脱除较多的硫，但这样会增加原材料消耗，降低生产率。高炉终渣硫含量高，因此转炉要求铁水带渣量小于0.5%，氧气转炉单渣操作的脱硫效率只有30%~40%。我国炼钢技术规范要求入炉铁水硫含量不高于0.05%。冶炼优质低硫钢的铁水硫含量则要求更低，纯净钢甚至要求铁水硫含量低于0.005%。因此，转炉希望铁水硫含量越低越好。

（5）碳。铁水中碳含量一般不高于3.5%~4.5%，碳同样是转炉炼钢的主要发热元素。

2.1.2　废钢

废钢是转炉炼钢的主要金属料之一，也是良好的冷却剂，增加转炉废钢用量可以降低转炉炼钢成本、能耗和炼钢辅助材料消耗。

废钢的来源有：本厂的返回料，如废钢坯、轧钢切头等；本厂的回收料如加工废料、报废设备、废轧辊等；外购的社会废钢。

废钢质量对转炉冶炼技术经济指标有明显影响，从合理使用和冶炼工艺出发，对废钢的要求是：

（1）不同性质废钢应分类存放，以避免贵重元素损失和熔炼出废品。

（2）废钢入炉前应仔细检查，严防混入封闭器皿、爆炸物；严防混入钢种成分限制的元素和铅、锌、铜等有色金属。

（3）废钢应清洁干燥、少锈，应尽量避免带入泥土沙石、油污、耐火材料和炉渣等杂质。

（4）废钢应具有合适的外形尺寸和单重。轻薄料应打包或压块使用，重废钢应加工、切割，以便顺利装料并保证在吹炼期全部熔化。

2.1.3　冷铁

冷铁是生铁块、渣包底铁、出铁沟废铁和废铸件等的统称。与铁水相比，冷铁没有显热，但成分与生铁相似。一般情况下很少用大量冷铁作炉料，因为这将延长转炉冶炼时间。优质冷铁还可在转炉冶炼终点前用于增碳和预脱氧。

2.1.4 铁合金

为了满足钢的化学成分和质量要求，在钢的脱氧合金化过程中广泛使用多种铁合金，如锰铁、硅铁、硅锰合金、铬铁、钼铁等，各种铁合金的加入数量及种类依据不同钢种而定。

通常，硅铁及锰铁既是合金化元素，又是脱氧剂。有些合金只是作为脱氧剂使用，如硅钙合金、硅铝合金及铝等。冶炼含铝的钢种，铝也是合金化元素。另外有一些合金只用于合金化，如铬铁、钒铁、钼铁等。转炉对铁合金的要求：

(1) 使用块状铁合金时，块度应合适，并要数量准、成分明、干燥纯净、不混料。

(2) 在保证钢质量的前提下，选用适当牌号铁合金，以降低钢的成本。

(3) 在冶炼含氢量要求严格的钢种时，铁合金使用前应经过烘烤，以减少带入钢中的气体。对熔点较低和易氧化的合金，可在低温（200℃）下烘烤，熔点高而且不易氧化的合金应在高温（大于800℃）下烘烤并要保证足够的烘烤时间。

(4) 铁合金成分应符合技术标准规定，以避免炼钢操作失误。

2.2 非 金 属 料

2.2.1 石灰

石灰是转炉炼钢用量最大的廉价造渣材料，其同样也大量应用于炉外精炼中。它具有很强的脱磷、脱硫能力，不损害炉衬

石灰中 CaO 含量要高（≥85%），SiO_2(≤2.5%)、S(<0.2%)、P(≤0.04%)含量要低。SiO_2降低石灰中有效 CaO 含量，S 降低 CaO 的有效脱硫能力，甚至进入钢液中。石灰中杂质越多越降低其使用效率，增加渣量，恶化转炉和炉外精炼技术经济指标。

炼钢用石灰应具有合适的块度，以 5~50mm 为宜。块度过大，熔解缓慢，影响成渣速度，有的甚至到吹炼终点还未熔化；块度过小，石灰颗粒易被炉气带走。

烧减应控制在合适的范围内，烧减大则石灰生烧率高，会使热效率显著降低。此外，石灰应保证清洁、干燥和新鲜，运输和储存时必须防雨防潮。石灰容易吸水粉化，变成 $Ca(OH)_2$。所以应尽量使用新烧石灰，石灰存放时间一般不超过 3 天。

石灰的活性度要高（盐酸滴定需不小于 300mL）。活性度表征石灰反应能力的大小，活性度大则石灰熔解快，成渣迅速，反应能力强。

2.2.2 轻烧白云石

轻烧白云石由白云石经焙烧而成，是调渣剂，其主要成分为 CaO(≥45%)、MgO(≥30%)。根据转炉溅渣护炉技术的需要，加入适量的轻烧白云石保持渣中的(MgO) 含量达到饱和或过饱和，以减轻初期酸性渣对炉衬的侵蚀，使终渣能够做黏，出钢后达到溅渣的要求。轻烧白云石要求清洁、干燥、无杂物，块度10~50mm。

2.2.3 萤石

萤石是助熔剂，其主要成分是 CaF_2，加入炉内后能与高熔点的 $2CaO \cdot SiO_2$（熔点为 2130℃）反应，生成低熔点化合物 $3CaO \cdot CaF_2 \cdot 2SiO_2$（熔点为 1362℃），也可以与 MgO 生成低熔点化合物（熔点为 1350℃），从而改善炉渣的流动性。萤石助熔作用快、时间短。但过多使用萤石会形成严重的泡沫渣，导致喷溅，同时也加剧炉衬的侵蚀，并污染环境。因此应严格控制吨钢萤石加入量。

转炉用萤石 $w(CaF_2) \geq 80\%$，$w(SiO_2) \leq 5.0\%$，$w(S) \leq 0.10\%$，$w(P) \leq 0.08\%$，要求萤石清洁、干燥、块度 10~50mm。

近年来，由于萤石供应不足，试用了多种萤石代用品，均为以氧化锰或氧化铁为主的助熔剂，如铁锰矿石、氧化铁皮、转炉烟尘等。

2.2.4 合成造渣剂

合成造渣剂是将石灰和熔剂预先在炉外制成的低熔点造渣材料，然后用于炉内造渣。作为合成造渣剂中熔剂的物质有：氧化铁、氧化锰或其他氧化物、炼钢污泥、萤石等。可用一种或几种与石灰粉一起在低温下预制成型，这种造渣料一般熔点较低、碱度高、颗粒小、成分均匀，在高温下容易破裂，是造渣效果较好的造渣料。高碱度烧结矿或球团矿也可作为合成造渣料使用，它们的化学成分和物理成分稳定，造渣效果良好。近年来，国内一些钢厂用转炉污泥作为基料制备复合造渣剂，也取得了较好的使用效果和经济效益。

煅烧石灰时，采用加氧化铁皮掺入 FeO 的方法制备含氧化铁皮外壳的黑皮石灰，也是一种成渣快，脱硫、脱磷效果良好的熔剂。另外，也可预烧掺入 FeO 的白云石作为合成造渣剂使用。

2.2.5 氧化剂

（1）氧气。氧气是转炉炼钢以及炉外精炼用氧的主要氧源，其纯度应不低于 99.6%，氧气压力要稳定，氧气要脱去水分。

（2）铁矿石。铁矿石中铁的氧化物存在形式为 Fe_2O_3、Fe_3O_4，要求含铁量高（$w(TFe)>56\%$）、杂质含量少、块度合适。铁矿石还是冷却剂，铁氧化物分解吸热降低熔池温度，分解出来的铁还可以增加金属收得率。

（3）氧化铁皮。氧化铁皮是钢坯加热、轧制和连铸生产过程中产生的氧化铁壳，含铁量为 70%~75%，和铁矿石一样，氧化铁皮既是冷却剂，也是化渣剂和氧化剂，带入炉内的铁可以直接炼成钢。氧化铁皮还有帮助化渣和冷却作用。氧化铁皮在使用时应加热烘烤，保持干燥。

（4）冷却剂。氧气转炉炼钢过程热量有富余，因而根据热平衡计算必须加入适量的冷却剂，以准确命中终点温度。常用的冷却剂有废钢、氧化铁皮、铁矿石、烧结矿、球团矿、石灰石等。

（5）增碳剂。氧气转炉用增碳法冶炼中、高碳钢种时，往往使用含杂质很少的石油焦增碳。所用增碳剂的含碳量应大于 95%，含硫量应尽可能低，粒度适中。

（6）氮气。氮气是转炉溅渣护炉和复吹工艺以及精炼底吹搅拌的主要气源。对氮气的要求是满足溅渣和复吹及精炼底吹搅拌需用的供气流量，气压要稳定，氮气的纯度大于 99.95%，常温下干燥、无油。

（7）氩气。氩气是转炉炼钢复吹和钢包吹氩精炼工艺的主要气源。对氩气的要求是满足溅渣和复吹需用的供气流量，气压要稳定，氩气的纯度大于 99.95%，常温下干燥、无油。

2.3 其他辅助材料

（1）耐火材料。炼钢用耐火材料主要有镁质耐火材料和刚玉质耐火材料两大类，用于转炉、炉外精炼用钢包、连铸中间包的砌筑、浇筑、修补等。

（2）保护渣。目前普遍使用的保护渣渣料是以 $CaO-SiO_2-Al_2O_3$ 三元化合物组成的渣系为基础的，并含有适量的 Na_2O、CaF_2、K_2O 等化合物。这种渣料熔化后呈弱酸性或中性的液渣，与钢水的润湿性好，渣子黏度随温度变化平缓。

课后复习题

2-1 名词解释

废钢比；活性石灰；有效 CaO 含量。

2-2 填空题

（1）铁水是转炉的主要金属料，占金属料装入量的________以上。

（2）潮湿合金料在使用前必须进行________。

（3）氧化铁皮既是________，又是________和________，带入炉内的铁可以直接炼成钢。

2-3 判断题

（1）锰是钢中的有益元素，铁水锰含量高对炼钢有好处。（ ）

（2）烧减应控制在合适的范围内，烧减大则石灰生烧率低，会使热效率显著提高。（ ）

（3）萤石是助熔剂，其主要成分是 $CaCl_2$。（ ）

2-4 选择题

（1）石灰活性度大于（ ）为活性石灰。

A. 280mL　B. 300mL　C. 320mL　D. 340mL

（2）转炉通常要求入炉铁水温度必须大于（ ），并且要相对稳定。

A. 1200℃　B. 1250℃　C. 1300℃　D. 1350℃

（3）增碳剂加入炉内时，加到（ ）。

A. 钢水中　B. 炉渣上　C. 渣线附近　D. 以上都可以

2-5 简答题

（1）从合理使用和冶炼工艺出发，对废钢的要求有哪些？

（2）炼钢过程中使用的氧化剂有哪些？简述其使用要求。

3 铁水预处理

铁水预处理是指铁水在兑入炼钢炉之前，为去除或提取某种成分而进行的处理过程，其可分为普通铁水预处理和特殊铁水预处理。普通铁水预处理包括铁水脱硫、脱硅、脱磷的三脱预处理；特殊铁水预处理是针对铁水中含有特殊元素进行提纯精炼或资源综合利用，如铁水提钒、提铌、脱铬等预处理工艺。铁水进行三脱处理可以改善炼钢主原料的状况，大幅度降低渣量，实现少渣或无渣操作，简化炼钢操作工艺，降低成本、节能、提高钢质量和洁净度，加快脱碳速度，终点控制容易，提高氧效率，提高生产率，提高锰的回收率，可进行锰矿熔融还原，稳定转炉煤气成分，煤气回收控制也更加容易，有利于转炉实现负能炼钢，经济有效地生产低磷、硫优质钢，更有利于扩大钢的品种。

3.1 铁水预脱硫

铁水预脱硫是指铁水进入炼钢炉前的脱硫处理。铁水炉外脱硫有利于提高炼铁、炼钢技术经济指标，提高钢的质量。铁水预脱硫是铁水预处理中最先发展成熟的工艺，主要在铁水罐、铁水包、混铁车中进行脱硫。人们不断开阔铁水脱硫工艺方法的研究领域，目的是探寻保证良好的脱硫效果、最低的处理成本和简单实用的操作方法。目前，人们已经开发出多种铁水脱硫的方法，其中主要的方法有 KR 法、喷吹法、投掷法等。

铁水预脱硫对优化钢铁冶金工艺、提高钢的质量、发展优质钢种、提高钢铁冶金的综合效益起着重要作用，它已发展成为钢铁冶金中不可缺少的工序之一。炼钢生产中采用铁水预处理脱硫技术主要是由于用户对钢的品种和质量要求的提高，铁水脱硫可满足冶炼低硫钢种和超低硫钢种的要求；转炉炼钢整个过程是氧化性气氛，脱硫效率很低，仅为30%~40%，而铁水中的碳、硅等元素含量高，氧含量低，提高了铁水中硫的活度系数，故铁水脱硫效率高；铁水脱硫费用低于高炉、转炉和炉外精炼的脱硫费用，减轻高炉脱硫负担后，能实现低碱度、小渣量操作，有利于冶炼低硅生铁，使高炉稳定、顺行，可保证向炼钢供应精料，并能有效地提高钢铁企业铁、钢材的综合经济效益。

3.1.1 铁水预脱硫工艺技术特点

铁水预脱硫工艺在经济和技术上是合理可行的：

(1) 铁水中含有大量硅、碳、锰等还原性好的元素，使用强脱硫剂（如钙、镁、稀土）不会大量烧损影响脱硫剂的效率。

(2) 铁水中氧含量较低，硫的分配系数有所提高。

（3）脱硫剂直接加入铁水，比高炉和转炉冶炼更易提高脱硫剂的反应物浓度。

（4）脱硫剂的选择范围宽，可适应各种不同的脱硫要求，使脱硫更加经济有效。

（5）铁水处理温度较低，可利用现有铁水包和鱼雷罐车等运输设备，有利于减少处理装置的投资和提高其使用寿命。

铁水预脱硫温降大，增加扒渣铁损，喷吹石灰系脱硫剂温降为20~40℃，电石系和镁系脱硫剂温降为15℃。

工业中常用的脱硫剂有石灰、石灰和电石系、电石、石灰和镁系、镁系，表3-1给出了三种脱硫剂的使用特点。

表 3-1 三种脱硫剂的使用特点

脱硫剂种类	电石	石灰	镁系
反应平衡常数（1350℃）	6.9×10^{5}	6.489	3.17×10^{3}
脱硫能力	很强	较强	较强
$w[S]_{min}/\%$	4.9×10^{-5}	3.7×10^{-3}	1.6×10^{-3}
使用特点	（1）极易吸潮劣化； （2）运输及保存时要采用氮气封闭； （3）要单独储存； （4）析出的石墨态碳对环境产生污染； （5）生产能耗高、价格昂贵	（1）耗量较大，渣量较大，铁损较大； （2）资源广，价格低，易加工，使用安全； （3）在料罐中下料易“架桥”堵料，石灰粉易吸潮； （4）需要惰性气体或还原性气氛	（1）加入后变成镁蒸气，反应区搅拌良好； （2）经镁饱和后能防止回硫； （3）价格贵，处理成本高

铁水预脱硫工艺的发展方向仍然是努力降低脱硫成本，降低脱硫剂单耗，采用廉价复合脱硫剂，减少扒渣铁损，提高脱硫工艺和自动化水平，保证深脱硫的目标硫水平，采用脱硫率高的脱硫剂，如镁、电石等，并采用各种措施防止脱硫渣进入炼钢炉。

3.1.2 KR 搅拌法脱硫

KR（Kambara Reactor）搅拌法是指将一种具有外衬耐火材料的中空机械搅拌器浸入铁水包内，搅拌器旋转搅动铁水，使铁水产生旋涡，同时加入脱硫剂使其进入铁水内部进行充分反应，从而进行铁水脱硫。其特点是脱硫效率高，脱硫剂耗量少，金属损耗低。该法是1963年新日铁公司为了限制镁的用量，新日铁公司广畑厂研究发明的，1965年应用于工业生产。搅拌法的出现是铁水脱硫技术的重要发展，它摒弃了传统的容器运动方式，通过搅拌使铁水与脱硫剂充分接触达到脱硫目的。以KR为代表的搅拌法，目前在国外仍有一些钢铁厂在使用。我国宝武集团武钢公司从日本引进的KR装置于1979年投产，迄今一直在使用，并且以石灰粉代替电石粉作脱硫剂。

KR搅拌法脱硫装置如图3-1所示。搅拌法处理铁水的最大允许数量受铁水面至包口高度限制，最小处理量受搅拌器的最低插入深度限制。一般来说，进入KR脱硫站的铁水，要求从铁水液面到包口上沿的净空高度必须大于500mm，铁水带渣量约为铁水量的0.5%。如果铁水包表面结壳或者有大型渣块，渣块直径大于

1000mm 或者铁水温度低于 1250℃，铁水不宜进行脱硫处理。KR 搅拌法脱硫工艺流程如图 3-2 所示。

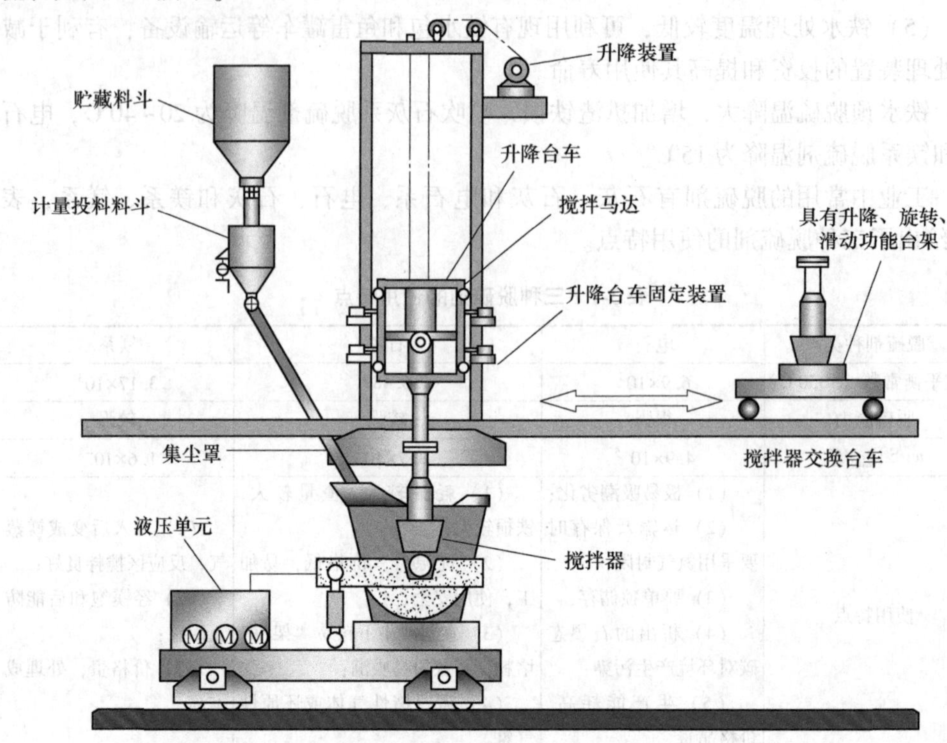

图 3-1 KR 搅拌法脱硫装置

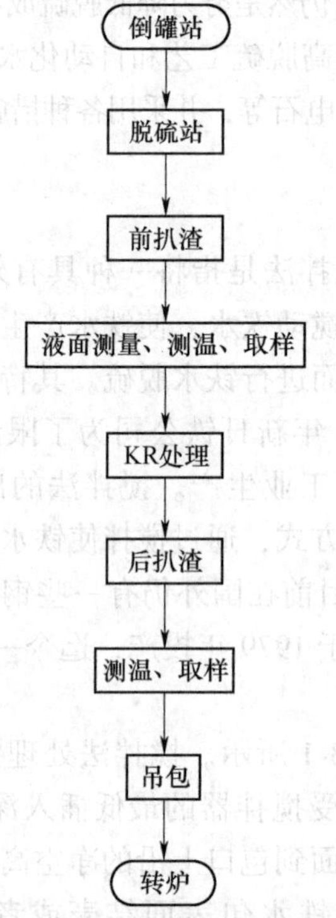

图 3-2 KR 搅拌法脱硫工艺流程

KR 法的工艺参数和技术指标，如表 3-2 所示。

表 3-2 工艺参数和技术指标

工艺参数	技术指标
处理前铁水 S 含量/%	≤0.060
处理后铁水 S 含量/%	≤0.005
处理时间/min	10~15
工序时间/min	42
铁水温度/℃	1300
过程温降/℃	45
脱硫剂	90%石灰+10%萤石
脱硫合格率/%	98
脱硫剂耗量/$kg \cdot t^{-1}$	8.5

3.1.2.1 KR 搅拌法脱硫操作

KR 铁水脱硫时的搅拌速度是根据铁水硫含量、铁水温度以及搅拌头状况确定的。铁水温度与含硫量一定时，在一定范围内搅拌器转速越高脱硫效率越高。但搅拌器转速过高，在搅拌时会造成脱硫铁水包内铁水严重喷溅，同时加速搅拌头的磨损。使用新搅拌头时，同样的搅拌效果，设定其转速可比已经使用一段时间的搅拌器降低 10~20r/min。加入脱硫剂时搅拌器转速应比正常转速降低 2~5r/min，在投料剩余 100kg 时，开始均匀增速到所需的正常转速（80~100r/min），以防止在加入脱硫剂时出现喷溅。

KR 搅拌法操作需注意以下事项：

(1) 确认铁水包中心线对准搅拌头中心线，正负误差不超过 50mm。搅拌头的隔热板不能进入到铁水中，搅拌头叶轮不能出铁水面。

(2) 新搅拌头在使用前 50 次时，必须进行预烘烤，将搅拌头叶片浸泡到铁水中烧结 3~5min。

(3) 铁水液面控制在 3600~4200mm 间方可进行搅拌操作，搅拌过程中注意观察电流值及转速波动情况和相关信号反应。

(4) 每处理完一包铁水要对搅拌头进行检查确认，搅拌头耐火材料损坏或脱落超过 50mm 或有槽沟、孔眼、凹陷情况必须进行热修补后才能继续使用。

(5) 搅拌结束前 3min 实施必要的均匀减速，但转速不得低于 65r/min。

(6) 处理后硫含量达不到要求时，当铁水温度不低于 1250℃，方可进行二次脱硫。

3.1.2.2 KR 搅拌法加料操作

A 加料时机

脱硫剂加入过早，即涡流未形成时，脱硫剂不能随涡流充分弥散到铁水中，部分脱硫剂粘于搅拌头的轴部，生成“蘑菇”，影响脱硫效果，增加人工处理“蘑菇”的次数，对生产组织造成影响。

脱硫剂加入过晚，高速搅拌时（此时涡流形成，流动速度较快），易产生飞溅，使脱硫剂利用率降低。完全加入时间应控制在 1.5～2min 内，待脱硫剂加完后，再根据搅拌头的状况，适当提高旋转速度。

B　搅拌头插入铁水液面深度

现场操作时依靠观察搅拌铁水时产生的铁水火花、亮度判断搅拌效果。通常，铁水包口火花飞溅强烈、包口亮度高，表明搅拌速度偏快；包口无火花飞溅、亮度昏暗，表明搅拌速度偏慢。搅拌头插入深度必须适中。如果搅拌头插入太深既不会产生旋涡也不能使脱硫剂扩散到铁水中，脱硫效果较差；如果搅拌头插入太浅，铁水飞溅严重，同样也不会产生旋涡，脱硫效果也较差。搅拌头插入深度在 800～1000mm 时，脱硫效果最好。在测试搅拌头插入深度的过程中应尽可能测准，并要考虑到铁渣的厚度与搅拌头叶片下部是否“结瘤”。

3.1.2.3　KR 搅拌头

A　搅拌头的结构

KR 搅拌头是由金属搅拌芯与耐火材料工作衬组成的复合结构体，如图 3-3 所示。

B　搅拌头的损坏

搅拌头损坏主要集中在搅拌叶，尤其是搅拌叶的棱角部位，主要破损形式是龟裂、熔渣或铁水沿裂纹渗透引起耐火材料工作衬的结构剥落、烧损金属搅拌芯等，最终因搅拌叶大面积破损而中止使用。铁水脱硫过程中造成搅拌器损坏的原因主要有三个，即应力破坏、铁水磨损和化学侵蚀。应力包括热应力、机械应力和结构应力，急冷急热会使搅拌头耐火材料剥落；铁水磨损主要是搅拌器插入铁水中旋转搅拌时，因克服铁水阻力与旋转状况下铁水的冲刷造成的磨损；化学侵蚀是在高温条件下，铁水、熔渣对搅拌器浇注层的化学侵蚀。损坏形式如图 3-4 所示。

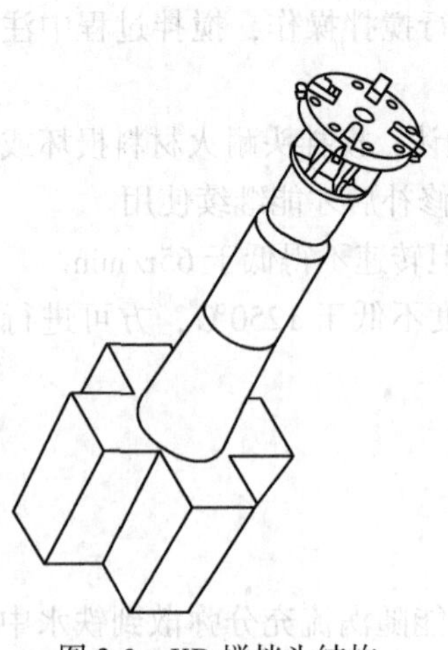

图 3-3　KR 搅拌头结构

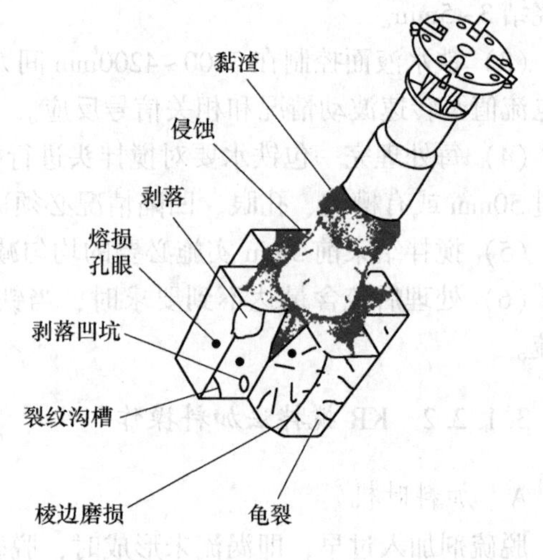

图 3-4　KR 搅拌头损坏形式

C 搅拌头的维护

当搅拌头损坏后，其使用将会终止。因此，可采取一些必要的措施对搅拌头进行维护，诸如搅拌头预热、搅拌头修补。搅拌头预热和修补时需检查螺栓和软管连接情况，检查热包或热烤包，把搅拌头降到热包内烘烤 5min 进行预热。每炉处理结束后，把搅拌头升高到操作平台上方检查，确认是否需要进行修补。判断搅拌头需要修补的标准是搅拌头叶面、轴部浇注层出现局部侵蚀不小于 50mm，形成孔洞、沟槽、凹陷时，必须进行修补。

3.1.3 喷吹法脱硫

喷吹法是利用惰性气体（N_2或 Ar）作载体将脱硫粉剂（如 CaO、CaC_2或 Mg）由喷枪喷入铁水中，载气同时起到搅拌铁水的作用，使喷吹气体、脱硫剂和铁水三者之间充分混合进行脱硫。喷吹法主要有原西德 Thyssen 的 ATH（斜插喷枪）法、新日铁的鱼雷罐车顶喷法和英国谢菲尔德的 ISID 法。早在 1951 年，美国钢厂就已成功地运用浸没喷粉工艺喷吹 CaC_2粉进行铁水脱硫。直至今日，尽管 KR 搅拌法和喷吹法两种脱硫工艺方法在技术上都已相当成熟，但全世界绝大多数钢铁厂广泛采用的仍是铁水喷粉脱硫工艺。喷吹法主要有鱼雷罐车顶喷法和铁水包喷吹法。

3.1.3.1 鱼雷罐车顶喷法（TDS）脱硫工艺

鱼雷罐车顶喷法（TDS）铁水脱硫工艺（见图 3-5）是在鱼雷罐车中采用顶部插入喷枪的方法进行脱硫。脱硫车间位于高炉和转炉车间之间，可由两条脱硫线同时脱硫，互不干扰。

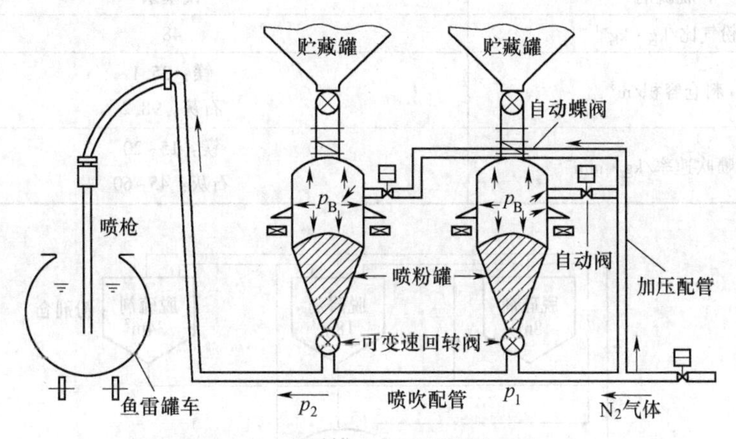

图 3-5 鱼雷罐车顶喷法脱硫工艺

该喷吹系统的特点是：喷粉包下部采用旋转给料器，驱动采用啮合式变速电动机，叶轮用聚胺酯类弹性材料制成，给料器的速度可在 10∶1 范围内调节。因此，石灰和电石的配料可根据各自的给料器的不同转速进行在线配料和调节，也可调节供粉速度。为了使送粉管内气粉流均匀，采用较大的氮气流量（420~480m³/h），因而属于粉气比低的稀相输送。送石灰粉时粉气比为 9.17~10.94kg/kg（相应送粉速度为 55~70kg/min），送电石粉时粉气比为 6.40~7.21kg/kg。送粉管径 ϕ65mm，喷枪出口 2×ϕ32mm。总体来说，其特点是可变速给料的稀相输送在线配料喷吹系统。由于其载气耗量大，容易造成喷溅，近来多发展为较浓相的喷吹系统（粉气比 40~60kg/kg），宝武集团宝钢一炼钢新增加的镁、电石在线共喷系统就是如此。

3.1.3.2　铁水包喷吹法脱硫工艺

1998 年 3 月，为了适应极低硫钢种（如 X65、X70 等管线钢）冶炼对脱硫铁水的要求，宝武集团宝钢一炼钢在主原料跨地面，建设投产了一套以镁基系为脱硫剂的铁水包单枪顶喷脱硫工艺装备。2005 年 5 月，宝武集团宝钢在一炼钢受铁坑内，改造新建投产了两套以镁基系为脱硫剂的铁水包双枪顶喷脱硫装备。该套装备的有关参数指标见表 3-3，其喷粉系统如图 3-6 所示。铁水处理在 300t 铁水包内进行，有运包车将专用包在处理工位和扒渣工位往复运行。

表 3-3　工艺参数指标

工艺参数	技术指标
年产量/t	800×10^4
作业天数/d	340
日处理量/t	23375
日处理炉数	85
处理容器	300t 铁水包
净空高度/mm	>500
液面高度/mm	4000~4450
脱硫剂	镁基系
粉气比/kg · kg^{-1}	48
料仓容积/m^3	镁：35.1 石灰：98.2
单枪喷吹速率/kg · min^{-1}	镁：15~20 石灰：45~60

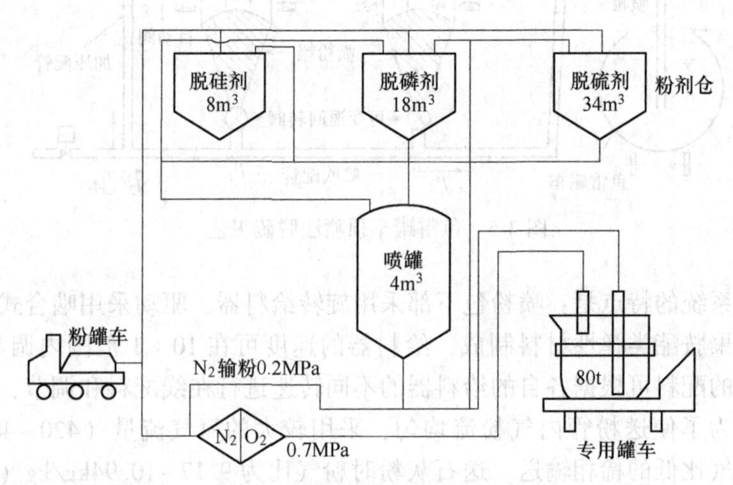

图 3-6　铁水包喷吹法脱硫工艺

延长部有三层钢结构粉包系统，根据铁水三脱（脱硅、脱磷、脱硫）的需要，顶部有三个贮粉包，分别装脱硅、脱磷、脱硫三种粉剂，下部共用一个喷吹包。工艺流程是：高炉铁水包→兑入 300t 铁水包→扒渣、测温、取样→喷入脱硫剂→扒渣、测温、取样→兑入转炉。粉剂由粉包车运来，由气力输送至相应的贮粉包，再根据处理的需要加入喷粉包。喷吹前加压等待喷吹。喷吹完后，如果粉料已吹完或不足一次喷吹用料或需吹不同粉料，则需放气卸压再装料或将残料返回上部贮粉包再装新料。脱硫剂配比为石灰 70.6%、镁 29.4%，平均单耗为 1.7kg/t。平均脱硫率 η_S=87%~93%，处理后的铁水硫含量为 0.001%。喷吹温降 8℃左右。

一炼钢生产实际表明：采用铁水包喷吹镁基系脱硫剂后，由于铁损失较采用混铁车喷吹脱硫降低 35%，因此金属收得率提高近 2%，同时由于渣量减少，减轻了铁渣堆存，降低了处理费用，铁水包喷吹镁基系脱硫剂体现了节约型炼钢的生产特点。

3.2 铁水预脱硅

铁水中的硅一直被认为是转炉炼钢的主要热源之一，但通过相关反应热效应计算，铁水中的硅不是转炉炼钢的主要热源，氧化反应产生的热量只有小部分被金属吸收。尽管硅元素氧化反应能放出大量的热，但同时为了调整炉渣碱度又必须加入一定量的石灰。石灰升温和熔化需吸收大量的热，热量来源于炉内的化学反应产生的热量。铁水中的硅在转炉内所起的作用主要是调节渣量和炉渣黏度，有利于炉渣对钢水进行充分的精炼。

铁水预脱硅指铁水进入炼钢炉前的降硅处理，它是分步精炼工艺发展的结果。铁水预脱硅能改善炼钢炉的技术经济指标，降低炼钢费用，也可以作为预脱磷的前处理，可降低脱磷处理剂的消耗，进一步生产纯净钢等各种优质钢。两类铁水预脱硅工艺：

（1）作为铁水同时脱磷的前工序，以提高脱磷效率。处理后的铁水进入转炉，只需完成脱碳和提高温度，渣量减少，主要用于生产高纯钢种。

（2）作为降低转炉渣量的措施。

常用的脱硅剂有轧钢皮、烧结返矿、烧结尘、转炉尘、铁精矿粉和熔剂（石灰、萤石）。

3.2.1 铁水预脱硅方法

铁水预脱硅方法有以下几种分类方法。

（1）按处理场所分：高炉出铁过程中连续脱硅，在铁水包（或鱼雷车）中处理；铁水含硅量大于 0.45%~0.50%，应设置高炉炉前脱硅；铁水预脱磷脱硫，需先在铁水包中脱硅，将含硅量降至 0.10%~0.15%。

（2）按加入方法分：自然落下的上置法、喷枪在铁水面上的顶喷法、喷枪插入铁水的喷吹法。

（3）按搅拌方法分：吹气搅拌、铁水落下流搅拌、喷吹气粉流搅拌、叶轮搅拌。前两种简单，后两种需相应设备，反应动力学条件好。

铁水出铁场脱硅是脱硅剂以皮带机或溜槽自然落下加入铁水沟，随铁水流入铁水包进行反应。铁水沟有落差，脱硅剂高点加入，过落差点后一段距离设置撇渣器，将脱硅渣分离。

铁水包脱硅是在专门的预处理站进行，采用插入铁水的喷枪脱硅。铁水出铁场脱硅与铁水包脱硅相比较：出铁场脱硅不需要增加脱硅工序时间，热损失少，处理后温度较后者高100℃左右，但铁水包装入量减少10%~30%。出铁场的硅含量、铁流大小和温度较难控制，影响了脱硅效率的稳定性。从设备上看，炉前脱硅随出铁口多少需多点处理，设备费用高，但不需新建厂房，脱硅过程温降不大。

3.2.2　铁水预脱硅工艺

硅一直作为转炉炼钢的发热元素，但随着转炉容量增加和冶炼技术的进步，需要由硅提供的热量逐渐减少。又因为减少渣量对改善炼钢技术经济指标十分有利，所以要求铁水含硅量逐渐降低，尤其是需要预处理脱磷脱硫的铁水。根据不同的冶炼工艺和技术经济条件，铁水大致可分为需要脱磷脱硫顶处理的铁水和直接供给转炉炼钢的铁水两种情况。对需要经脱磷脱硫处理的铁水，其硅含量按使用预处理剂的不同分为两种：如果使用苏打系处理剂，则硅含量要求小于0.10%；如果使用石灰系处理剂，则硅含量要求小于0.15%。因为高于此值时，处理剂首先用于脱硅而不能脱磷，不利于提高脱磷渣碱度（脱磷渣碱度为3.5~6.0）和脱磷剂利用率。对直接供给转炉炼钢的铁水，按不同钢种（指高温或低温出钢），以硅含量0.50%为基准，改变硅含量对炼钢时铁矿石加入量、炉渣碱度、渣中TFe含量和铁收得率、锰铁合金消耗、渣量和喷溅损失等有影响。低温（1610℃±10℃）出钢要求的铁水含硅量以0.20%时成本最低，大于或小于0.20%时都引起成本升高；高温（1700℃±10℃）出钢要求的铁水含硅量小于0.40%，高于0.40%时则引起冶炼成本上升。

影响脱硅的因素主要有脱硅剂单耗、原始含硅量、反应界面积（即铁水与脱硅剂混合状况）、脱硅剂的种类和粒度等。根据炉前脱硅和铁水包脱硅的生产数据，在1250~1450℃范围内，温度变化对脱硅没有明显影响。

3.3　铁水预脱磷

早在20世纪70年代末期至80年代初期，为了生产低磷、超低磷钢种，日本各大钢铁公司相继开发了铁水罐或混铁车铁水三脱技术，并均已投入了工业化生产。

由于铁水罐或混铁车脱磷尚存在一些问题，20世纪90年代后期，日本一些钢铁企业根据本厂具体条件，又相继开发了转炉脱磷工艺，并在日本钢管福山厂一/二炼钢车间、新日铁君津二炼、住友金属和歌山厂获得使用，称之为SRP工艺（Simple Refining Process）。

铁水预脱磷是铁水进入炼钢炉前进行处理的新工艺，是炼钢分步精炼工艺的新发展，是适应低磷钢种的需求、改进炼钢工艺技术和利用含磷较高的铁矿资源而得到发展的。

铁水预脱磷的处理方法按处理设备可分为炉外法和炉内法，炉外法设备有铁水包和鱼雷罐车，炉内法设备有专用炉和底吹转炉；按加料方式和搅拌方式可分为喷吹法、顶加熔剂机械搅拌法（KR）以及顶加熔剂吹氩气搅拌法等。铁水脱磷剂主要由造渣剂、氧化剂和助熔剂组成，其作用在于供氧将铁水中磷氧化成 P_2O_5，使之与造渣剂结合成磷酸盐留在脱磷渣中。目前工业上应用最广的造渣剂有两类：一类为苏打（即碳酸钠），它既能氧化磷又能生成磷酸钠留在渣中；另一类为石灰系脱磷剂，它由氧化铁或氧气将磷氧化成 P_2O_5，再与石灰结合生成磷酸钙留在渣中。使用的氧化剂有轧钢皮、铁矿石、烧结返矿、锰矿石等。为改善脱磷渣性能，往往需添加如萤石和氯化钙等助熔剂。

日本的 SRP 法是以两座复吹转炉互为反应容器（一座脱磷、一座脱碳），脱碳炉中产生的炉渣作为脱磷剂返回到脱磷炉，为逆向法精炼，即低（P_2O_5）→高（P_2O_5）、高［P］→低［P］。采用两座脱磷炉可以避免回磷（脱磷炉渣含磷比较高）。使用块状 BOF 炉渣为脱磷剂可减少石灰用量，并能有效地将锰矿熔态还原。现用的脱磷剂组成为：50%BOF 渣、40%铁矿和 10%萤石。从顶枪吹入少量氧，强度为 1.0~1.3m^3/(t·min)（标态），以保持铁水温度宜于脱磷（1300℃），从炉底经两个喷嘴向炉内吹入搅拌气体，供气强度必须大，对于 250t 炉以 0.1~0.25m^3/(t·min)（标态）为宜。脱磷反应进行很快，脱磷剂可在 5min 内熔化，250t 炉处理 8~10min 就可将 w[P] 由 0.10%~0.12%降至不大于 0.01%，脱磷率一般稳定在 90%以上。脱硫率与渣碱度有关，当碱度在 2.5 左右时，可达到 50%，然而如果碱度小于 2.2，则几乎不发生脱硫反应。SRP 炉渣再循环脱磷处理系统如图 3-7 所示。

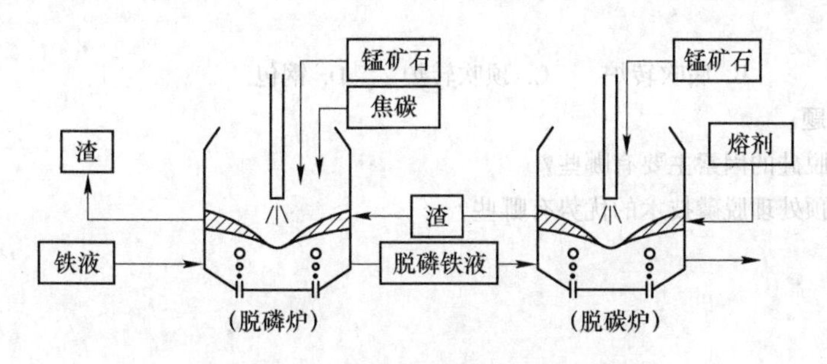

图 3-7 SRP 炉渣再循环脱磷处理系统

铁水脱磷技术已于 1982 年在日本一些转炉钢厂获得采用，并取得了良好效果。我国太钢也曾于 20 世纪 80 年代为冶炼不锈钢引进了铁水罐脱磷技术；宝武集团宝钢第一、二炼钢厂均先后引进了大型混铁车脱磷技术，于 2001 年宝武集团宝钢公司一炼钢不锈钢工程不锈钢系统中引进了铁水罐脱磷技术，普钢系统中引进了 SRP 工艺。

铁水脱磷具有低温的有利条件，常用铁水脱磷剂具有高碱度、高氧化性。采用铁水预处理脱磷技术（包括脱硅、脱磷、脱硫的三脱技术），既可减轻转炉脱硅、脱磷任务，实现少渣或无渣炼钢，大大改善转炉炼钢的技术经济指标，又为经济地冶炼低磷硫优质钢、实现全连铸、连铸连轧、热装热送提供了技术保障。根据钢种的需要，铁水预处理可将 $w[\mathrm{P}]$ 脱至 0.01%~0.03%。

课后复习题

3-1　名词解释

铁水预处理；KR 搅拌法；喷吹法。

3-2　填空题

（1）目前，人们已经开发出多种铁水预脱硫的方法，其中主要的方法有：______、______、投掷法等 3 种。

（2）KR 搅拌头插入深度在______时，脱硫效果最好。

（3）目前工业上应用最广的造渣剂有两类：一类为______，另一类为______。

3-3　判断题

（1）转炉炼钢整个过程是氧化性气氛，脱硫效率很高，可以高达 70%以上。　　（　　）

（2）KR 法现场操作时，铁水包口火花飞溅强烈、包口亮度高，表明搅拌速度偏快。（　　）

（3）铁水中的硅在转炉内所起的作用主要在于调节渣量和炉渣黏度，不利于炉渣对钢水进行充分的精炼。　　（　　）

3-4　选择题

（1）铁水预处理“三脱”是指（　　）。

A. 脱硫、脱锰、脱磷　　B. 脱硫、脱碳、脱磷

C. 脱磷、脱硅、脱硫　　D. 脱碳、脱硅、脱锰

（2）（　　）常用作载气喷吹粉剂。

A. Ar　　B. O_2　　C. H_2　　D. CO

（3）铁水预脱磷的处理方法按处理设备可分为炉外法和炉内法。炉外法设备有（　　）和鱼雷罐车。

A. 专用炉　　B. 底吹转炉　　C. 顶吹转炉　　D. 钢包

3-5　简答题

（1）影响脱硅的因素主要有哪些？

（2）铁水预处理脱磷技术的优势有哪些？

4 转炉炼钢生产技术

“转炉本体系统结构”微课视频

4.1 转炉炼钢冶炼过程

转炉按炉衬耐火材料性质分为碱性和酸性转炉，按供入氧化性气体种类分为空气和氧气转炉，按供气部位分为顶吹、底吹、侧吹及复吹转炉，按热量来源分为自供热和外加燃料转炉。现在，全世界主要的转炉炼钢法是氧气顶吹转炉炼钢法（LD 法）、氧气底吹转炉炼钢法（如 Q-BOP 法）和氧气顶底复合吹炼转炉炼钢法（复合吹炼法），如图 4-1 所示。我国主要采用 LD 法（小转炉）与复合吹炼法（大中型转炉）。现代转炉炼钢流程如图 4-2 所示。

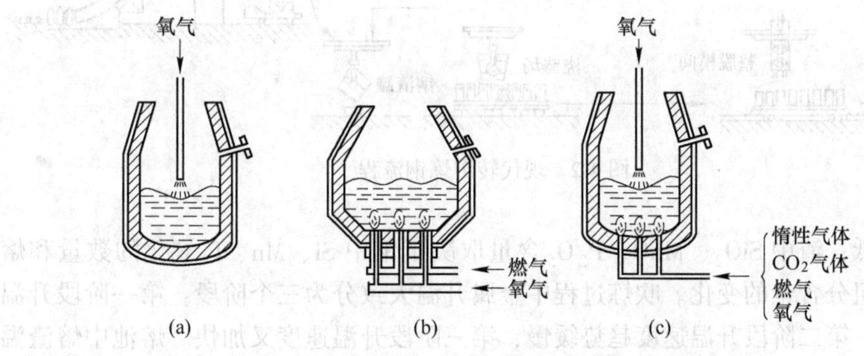

图 4-1 LD 法、Q-BOP 法、复合吹炼转炉炼钢法示意图
(a) LD 法；(b) Q-BOP 法；(c) 顶底复吹法

从装入废钢和兑入铁水起到出钢、倒完渣止，转炉一炉钢的冶炼过程包括装料、吹炼、造渣、脱氧出钢合金化、溅渣护炉和倒渣几个阶段。一炉钢的吹氧时间通常为 12~18min，冶炼周期为 30min 左右。氧气转炉炼钢在吹炼的一段时间内需要进行供氧和供气操作，在较短的时间内要完成造渣、脱除碳氧磷硫、去除气体和夹杂物、升温的任务，吹炼过程中反应多种多样。图 4-3 所示为氧气顶吹转炉炼钢过程中金属成分、温度和炉渣成分的变化规律。吹炼的前 1/4~1/3 时间，硅、锰迅速氧化到很低的含量。在碱性渣操作时，硅氧化较彻底，锰在吹炼后期有回升现象。在硅、锰氧化的同时，碳也被氧化。当硅、锰氧化基本结束后，随着熔池温度升高，碳的氧化速度迅速提高。碳含量低于 0.15%以后，脱碳速度又趋下降。在开吹后不久，随着硅的降低磷被大量氧化，但在吹炼中后期磷下降速度趋势缓慢，甚至有回升现象。硫在开吹后下降不明显，吹炼后期去除速度加快。

熔渣成分与钢中元素氧化、成渣情况有关。渣中 CaO 含量、碱度随冶炼时间延长逐渐提高，中期提高速度稍慢些；渣中氧化铁含量前后期较高，中期随脱碳速度

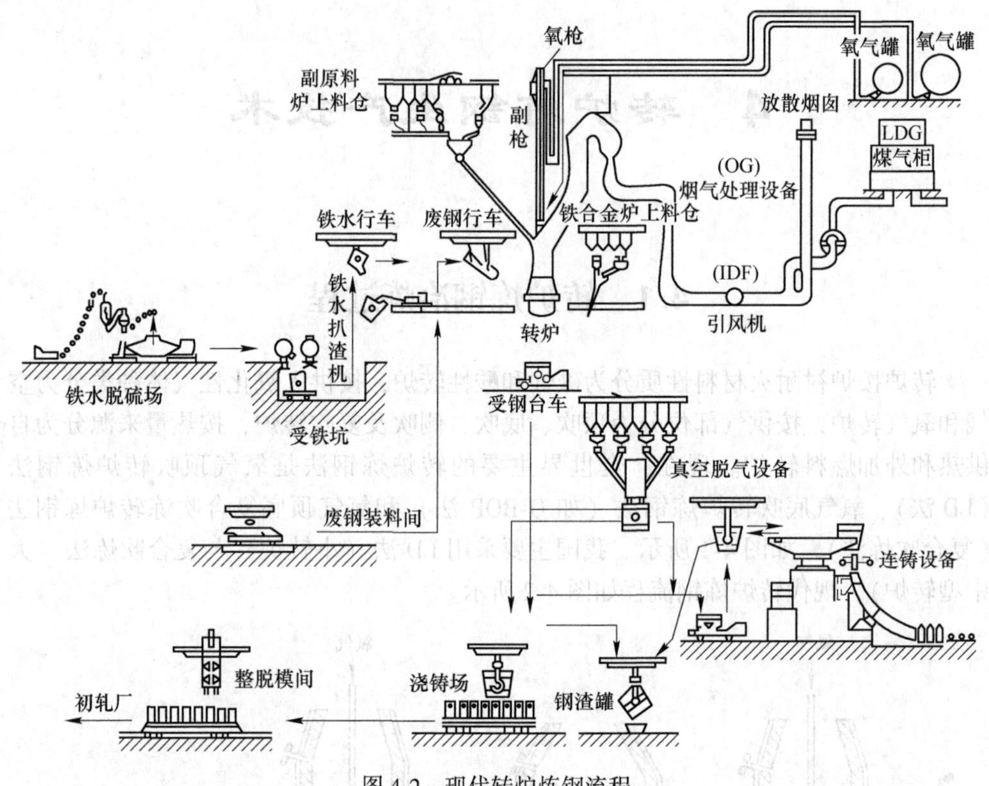

图 4-2　现代转炉炼钢流程

提高而降低；渣中 SiO_2、MnO、P_2O_5 含量取决于钢中 Si、Mn、P 氧化的数量和熔渣中其他组分含量的变化。吹炼过程中金属升温大致分为三个阶段：第一阶段升温速度很快，第二阶段升温速度趋势缓慢，第三阶段升温速度又加快。熔池中熔渣温度比金属温度高 20~100℃。根据熔体成分和温度的变化，吹炼可分为三期：硅锰氧化期（吹炼前期）、碳氧化期（吹炼中期）、碳氧化末期（吹炼末期）。

“返干的发生及处理”微课视频

吹炼前期是指硅锰氧化期。兑入铁水和加入废钢后，开始吹炼，同时加入大部分渣料。这一阶段中，应设法提前化好渣和均匀升温，以利于去 S、P 和减小初期酸性炉渣对炉衬的侵蚀，综合考虑铁水、废钢等原材料的条件及加入量，确定合适的枪位，以便能够快速化好炉渣，形成一定碱度、一定（FeO）和（MgO）的流动性良好的初期渣。在 Si、Mn 氧化基本结束时，加入第二批渣料。

“喷溅的发生及处理”微课视频

吹炼中期主要是指碳氧化期。此时因碳激烈氧化，渣中（FeO）含量较低，容易出现炉渣“返干”，并会引起喷溅，所以要控制碳的氧化反应，使其均衡进行。同时，要抓住碳-氧反应这一有利的动力学条件，进行脱 S、脱 P。枪位控制是这一阶段的关键，合理的枪位能保持熔池有良好的搅拌作用，并能保证炉渣中有一定的（FeO），避免炉渣严重“返干”和喷溅的发生。

吹炼末期是碳氧化末期。在拉碳的同时，确保 P、S 含量和温度符合钢种的出钢要求，控制好炉渣的氧化性，使钢液中含氧量适宜，以保证钢的质量。拉碳后，测温取样，若成分、温度合格，就可组织出钢、脱氧和合金化操作。出钢和倒渣

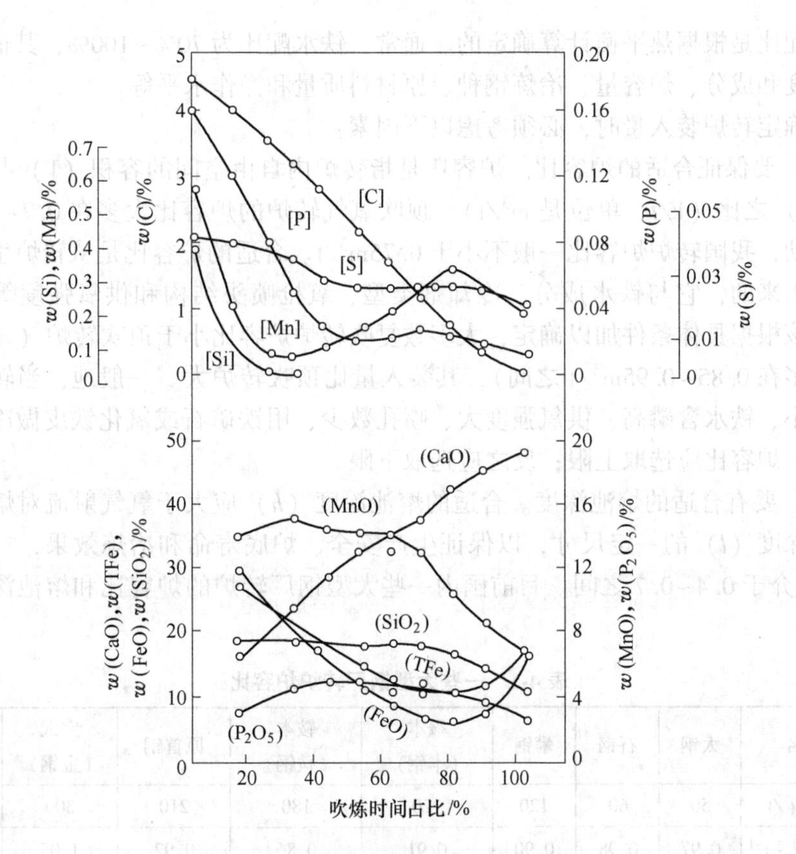

图 4-3　吹炼一炉钢过程中金属、炉渣成分的变化

后，进行溅渣护炉，兑入铁水，装入废钢，进行下一炉的冶炼。要炼好一炉钢，首先必须造好渣，只有这样才能去除 S、P 有害元素，达到碳的要求范围和合格的出钢温度。同时出钢要做好脱氧和合金化操作，确保化学成分符合钢种要求。

"转炉装料操作"微课视频

4.2　转炉炼钢生产的工艺制度

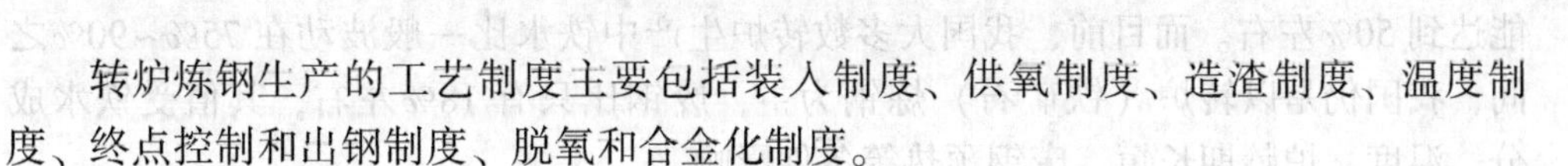

转炉炼钢生产的工艺制度主要包括装入制度、供氧制度、造渣制度、温度制度、终点控制和出钢制度、脱氧和合金化制度。

4.2.1　装入制度

装入制度的内涵主要是指确定转炉合适的装入量以及铁水废钢比。装入量指冶炼一炉钢时铁水和废钢的装入数量，它是决定转炉产量、炉龄及其他技术经济指标的重要因素之一。转炉炉役期的不同时期有不同的合理装入量。对于公称容量一定的转炉，金属装入量变化在一定范围内。转炉公称容量有三种表示方法：平均炉金属料（铁水和废钢）装入量、平均炉产良坯量、平均炉产钢水量。这三种表示方法因出发点不同而各有特点，均可以被采用，其中以炉产钢水量使用较多。用铁水和废钢的平均炉装入量表示公称容量，便于做物料平衡与热平衡计算。装入量中铁水和废钢配比是根据热平衡计算确定的。通常，铁水配比为70%~100%，其值取决于铁水温度和成分、炉容量、冶炼钢种、原材料质量和操作水平等。

在确定转炉装入量时，必须考虑以下因素：

（1）要保证合适的炉容比。炉容比是指转炉内自由空间的容积（V）与金属装入量（t）之比（V/t，单位是m^3/t）。顶吹氧气转炉的炉容比大多在0.7~1.1m^3/t之间波动，我国转炉炉容比一般不小于0.75m^3/t。合适的炉容比是从转炉生产实践中总结出来的，它与铁水成分、冷却剂类型、氧枪喷头结构和供氧强度等因素有关，应该根据具体条件加以确定，大多数复吹转炉炉容比小于顶吹转炉（复吹转炉炉容比多在0.85~0.95m^3/t之间），其装入量比顶吹转炉大。一般地，当转炉存在炉容量小、铁水含磷高、供氧强度大、喷孔数少、用铁矿石或氧化铁皮做冷却剂等情况时，炉容比应选取上限；反之应选取下限。

（2）要有合适的熔池深度。合适的熔池深度（h）应大于氧气射流对熔池的最大穿透深度（l）的一定尺寸，以保证生产安全、炉底寿命和冶炼效果，一般选取l/h比值介于0.4~0.7之间。目前国内一些大型钢厂转炉的炉容比和熔池深度见表4-1。

表4-1　一些大型钢厂转炉炉容比

钢厂名	太钢	石钢	攀钢	鞍本（本钢）	鞍本（鞍钢）	原首钢	宝武（宝钢）	宝武（湛江）
公称容量/t	50	60	120	120	180	210	300	350
炉容比/$m^3 \cdot t^{-1}$	0.97	0.98	0.90	0.91	0.86	0.92	1.05	0.90
熔池深度/mm	1050	1080	1450	1450	1645	1650	1949	1812

（3）装入量应与钢包容量、浇注吊车起重能力、转炉倾动力矩大小、铸机拉速等相匹配。

废钢比指的是铁水和废钢的装入比例，从理论上计算其应按照热平衡确定。目前，全球废钢比维持在35%~40%的水平，平均在37%左右。发达国家中，美国的废钢比最高，在75%左右。欧盟也较高，大体在55%~60%的水平，日、韩平均也能达到50%左右。而目前，我国大多数转炉生产中铁水比一般波动在75%~90%之间，我国仍是以转炉（铁矿石）炼钢为主，废钢比只有18%左右，其值受铁水成分、温度、炉龄期长短、废钢预热等条件影响。

装入制度是指转炉整个炉役期中装入量的控制方法，目前国内外装入制度共有定量装入、定深装入和分阶段定量装入三种。

（1）定量装入类型。其指的是转炉整个炉役期间内，每炉的装入量固定不变的装入类型。此种装入类型的优点有：

1）生产组织方便；

2）入炉原材料供给平稳；

3）有利于实现转炉冶炼过程的计算机智能控制。

此种类型存在不利因素包括转炉炉役前期装入量和熔池深度较大，炉役后期装入量和熔池深度又较小，不利于较好发挥转炉的冶炼能力。因此，此种类型的装入制度仅适合运用在大型转炉冶炼过程中。

（2）定深装入类型。其指的是转炉整个炉役期间内，每炉的熔池深度固定不变的装入类型。转炉冶炼过程中，炉衬受到铁水冲刷、炉气和炉渣的侵蚀等而使得转炉的容积增大，为了维持转炉熔池深度固定不变，需要逐步增加装入量。此种装入类型的优点有：

1）氧枪操作稳定；

2）有利于提高供氧强度；

3）减少喷溅；

4）保护炉底；

5）可充分发挥转炉的冶炼能力。此种装入制度对于全连铸车间有其优越性，但对于采用模铸车间，其锭型难与之匹配，并且由于此种装入类型装入量变化很大，会给转炉生产组织带来难度，因此，此种类型的装入制度仅适合运用在中型转炉冶炼过程中。

（3）分阶段定量装入类型。其指的是转炉整个炉役期间内，按照转炉炉衬的侵蚀规律以及转炉内衬的增大范围，将炉役期区分为多个阶段，每个阶段依据定量装入类型装入铁水、废钢等。此种装入类型的优点有：

1）在整个炉役期中具有合适的熔池深度；

2）各阶段保持了相对稳定的铁水、废钢装入量；

3）可增加装入量，并且有利于转炉生产组织。

此种装入类型兼有前两种装入类型的优点，是生产中最常见的装入制度。因此，我国各中、小型转炉普遍使用这种装入制度。

转炉冶炼生产实践中，上一炉钢出完后，如果转炉各部分完好，就可以立刻装入铁水和废钢等物料。不同的装料顺序有其各自的优缺点，可采用：

（1）先兑铁水，后装废钢。此种装料顺序的优点是可以减轻固体废钢对转炉炉衬的直接撞击，缺点是如果转炉内留有部分液态熔渣，会引起剧烈的碳-氧反应而造成喷溅伤人事故。

（2）先装废钢，后兑铁水。此种装料顺序的优点是可以预防由于废钢表面带有油污或者水分而引起的突然膨胀爆炸，缺点是固体废钢直接撞击转炉内衬，易造成内衬损坏。目前，溅渣护炉技术在各大钢厂的普遍采用，使得此种装料顺序得到广泛应用。

需要注意的是开新炉时，转炉冶炼的前三炉一般不可加入废钢，需要纯铁水进行吹炼。

此外，采取的装料顺序还有：如果使用转炉残留液态熔渣预热废钢，就需要先加废钢，再倒出熔渣，最后兑入铁水；如果转炉采用留渣操作，则应先加入一部分石灰，再加入废钢，最后兑入铁水。

需要注意的是，在向转炉内进行兑入铁水操作时，速度应先慢后快，用以预防兑铁水速度过快时引起严重的碳-氧反应，造成严重的铁水喷溅，致使发生重大生产安全事故。

4.2.2　供氧制度

供氧制度是指利用氧枪将氧气流股最合理地喷入熔池，使氧气射流与金属熔池间具有良好的物理化学反应条件。其所研究的主要内容包括供氧强度、供氧压力、氧枪枪位高低和喷嘴结构等方面。目的是为了确保正常供氧和造渣，使铁水中的部分C、Si、Mn、P等元素均匀氧化，放热升温，化好冶炼前期渣和过程渣，去除S、P等有害元素。同时，在一定炉容比的条件下，既要尽量提高供氧强度和冶炼强度，缩短冶炼时间，提高生产率，又要减少喷溅，使冶炼过程正常进行，提高金属收得率和减少温度损失。

"氧枪的构造与升降装置"微课视频

氧枪是向金属熔池供氧的主要设备，包括喷嘴（头）、枪身和枪尾三部分。喷嘴一般是用传热性能优良的紫铜锻造后经切削加工而成，也有的是直接经铸造成型生产。枪身是由三层同心无缝不锈钢套管装配而成，其中心内层管路通氧气，中层管路是冷却水的进水通道，外层管路是冷却水的出水通道，喷嘴与中心内层管路焊接在一起称之为氧枪。氧枪结构如图4-4所示。

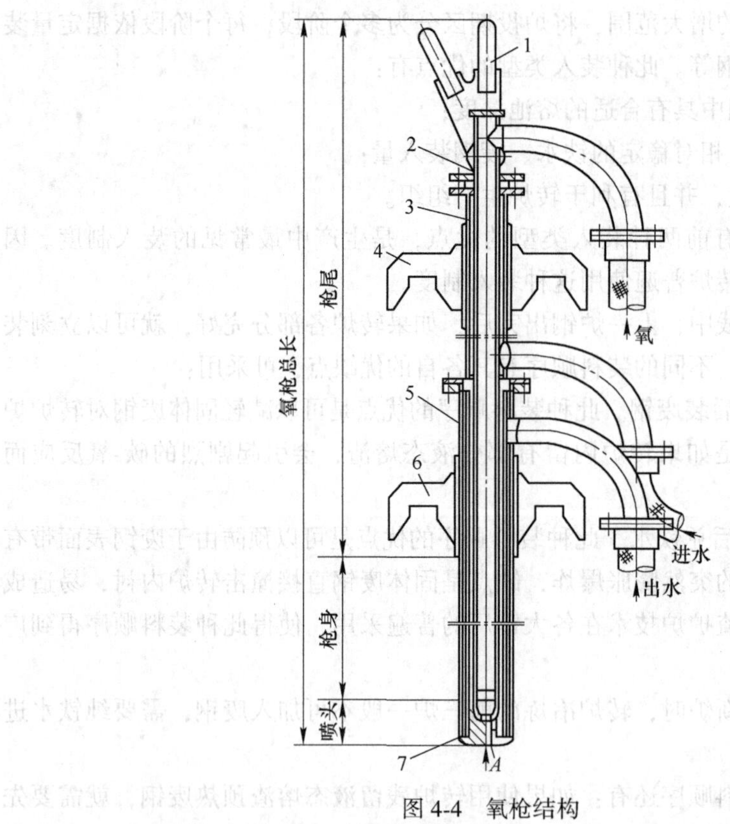

图4-4　氧枪结构

1—吊环；2—内层管；3—中层管；4—上卡板；5—外层管；6—下卡板；7—枪头

枪头也称喷嘴，是氧枪的核心部件，位于氧枪端部，其主要作用是将氧气的压力能转换为动能，将高压低速的氧气射流转化为低压高速的氧气射流，进而形成超音速射流。喷嘴的形状有多种形式，如螺旋型、直孔型和拉瓦尔型等，其中拉瓦尔型喷嘴是目前应用最为广泛的形式。拉瓦尔型喷嘴结构如图 4-5 所示，由收缩段、扩张段以及位于两段之间的喉口三部分构成，其中收缩段作用是将氧气射流的速度提高，当氧气射流到达喉口处时速度达到音速，而后氧气射流进入扩张段，体积膨胀，在喷嘴出口处氧气射流的速度达到超音速射流。氧气射流对金属熔池的作用主要有以下两点：

（1）转炉冶炼过程中，碳氧化反应剧烈的时期，促使金属熔池出现强烈的搅拌作用，产生该作用的重要因素是碳-氧反应所产生的大量 CO 气泡的排出。

（2）氧气射流对金属熔池具有传氧作用。氧气顶吹转炉的传氧原理主要分为直接传氧和间接传氧两种形式。

所谓直接传氧是氧气被金属液直接吸收，期间发生的化学反应有：

$$\{O_2\} = 2[O]$$
$$2[O] + 2[Fe] = 2[FeO]$$
$$2[FeO] = 2(FeO)$$

所谓间接传氧是金属液被氧气氧化，生成（FeO），一部分（FeO）又被氧化成高价氧化铁，期间发生的化学反应有：

$$\{O_2\} + 2[Fe] = 2(FeO)$$
$$2(FeO) + 1/2\{O_2\} = (Fe_2O_3)$$
$$(Fe_2O_3) + [Fe] = 3(FeO)$$

拉瓦尔型喷嘴有单孔和多孔喷嘴之分。单孔喷嘴结构如图 4-6 所示，其具有氧气射流对金属熔池的冲击能力强、冲击面积小、化渣速度较慢、喷溅较大的特点，目前已很少使用。

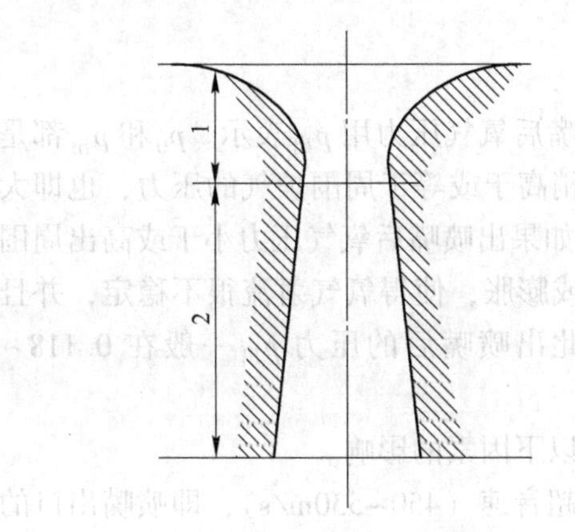

图 4-5 拉瓦尔型喷嘴结构

1—收缩段；2—扩张段

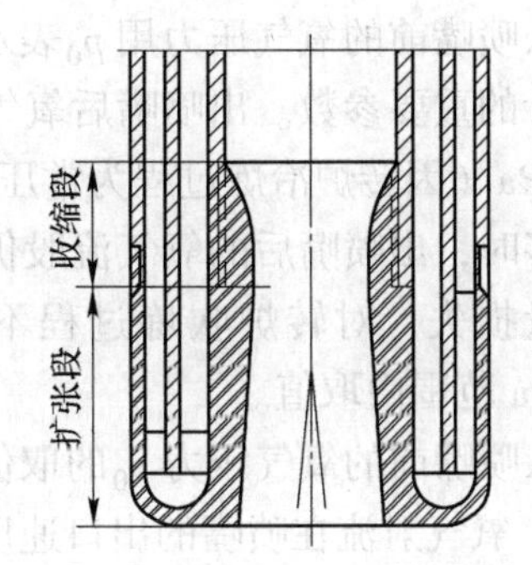

图 4-6 单孔拉瓦尔型喷嘴结构

多孔喷嘴又分为三孔、四孔及五孔喷嘴等。其优点有：提高了供氧强度和冶炼强度（供氧量）；增大冲击面积；化渣好；操作平稳（不易喷溅）。其缺点是喷嘴端面的中心区域（俗称鼻子尖部位）冷却效果较差，吹炼过程中该区域气压较低，钢液和熔渣易被吸入并黏附到喷嘴上而被烧坏。此外，还有一种双流道喷嘴，如图 4-7 所示，其包含有二次燃烧喷嘴副流道，可使生成的 CO 燃烧，提高转炉内热量，进而可提高废钢比。

供氧制度中还包括多个重要的工艺参数。

4.2.2.1　供氧压力

供氧制度中规定的工作氧压是测定点的氧气压力，用 $p_{用}$ 表示。其并不是进入喷嘴前的氧气压力，亦不是出喷嘴后的氧气压力，而是输氧软管上设置有一氧压测定点，测定点到喷嘴前还有一段距离，有一定的压力损失，如图 4-8 所示。通常允许 $p_{用}$ 可偏离设计氧压±20%，目前，国内一些小型转炉的工作氧压为 0.4~0.8MPa，一些大型转炉的工作氧压为 0.84~1.1MPa。

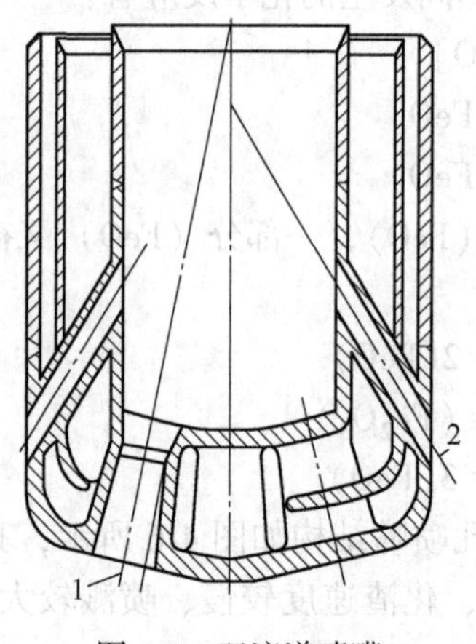

图 4-7　双流道喷嘴
1—喷嘴主孔；2—喷嘴辅孔

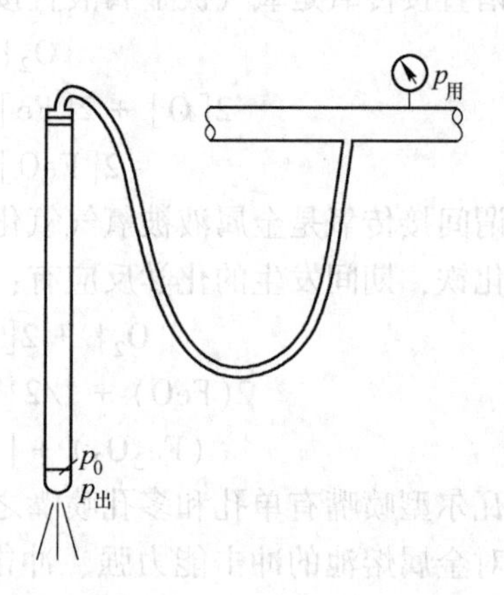

图 4-8　氧气压力测定点示意图

进入喷嘴前的氧气压力用 p_0 表示，出喷嘴后氧气压力用 $p_{出}$ 表示。p_0 和 $p_{出}$ 都是喷嘴设计的重要参数。出喷嘴后氧气压力应稍高于或等于周围炉气的压力，也即大于 0.1MPa（因转炉冶炼过程为常压冶炼）。如果出喷嘴后氧气压力小于或高出周围气压很多时，出喷嘴后的氧气流股仍会收缩或膨胀，使得氧气射流很不稳定，并且增加能量损失，对转炉吹炼过程不利，因此出喷嘴后的压力 $p_{出}$ 一般在 0.118~0.123MPa 范围内取值。

进入喷嘴前的氧气压力 p_0 的取值应考虑以下因素的影响。

（1）氧气射流在喷嘴的出口速度要达到超音速（450~530m/s），即喷嘴出口的马赫数 $Ma=1.8\sim2.1$，目前国内推荐的马赫数大多介于此范围。马赫数（Ma）是气体流速（V）和喷嘴出口条件下音速（a）的比值，即 $Ma=V/a$。当 $Ma<1$ 时，形成的氧气射流为亚音速射流；当 $Ma=1$ 时，形成的氧气射流为音速，在空气中，1 个标准大气压和 15℃的条件下音速约为 340m/s；当 $Ma>1$ 时，形成的氧气射流为超音速射流。马赫数的选取要合适，马赫数过大，不仅易造成喷溅，加大热损失，增加渣料消耗及金属吹损，而且容易损坏转炉内衬；马赫数过小，形成的氧气射流对金属熔池的搅拌作用减弱。

（2）出喷嘴后的氧气压力应略高于转炉内气体压力。喷嘴前的氧气压力与流量有一定的关系，若已知氧气流量和喷嘴尺寸，p_0是可以根据经验公式计算出来的。喷嘴结构与氧气流量确定以后，氧气压力也就确定了。有经验表明，当 p_0 > 0.784MPa 时，随氧压的增加，氧流速度显著增加；p_0>1.176MPa 以后，氧压增加，氧流出口速度增加不多，如图 4-9 所示。因此，一般喷嘴前氧气压力应选择为 0.784~1.176MPa。

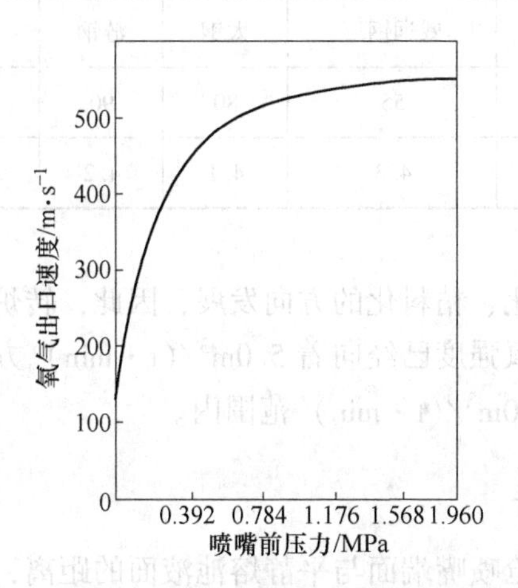

图 4-9 喷嘴前压力与氧气出口速度的关系

4.2.2.2 氧气流量

氧气流量指的是单位时间内向金属熔池供给氧气的数量，通常用 Q 表示，其单位是 m^3/min 或 m^3/h。氧气流量是根据吹炼每吨金属料所需要的氧气量、金属装入量、供氧时间等因素来确定的，即：

$$Q = V/t \tag{4-1}$$

式中 Q——氧气流量（标态），m^3/min 或 m^3/h；

V——一炉钢的氧耗量（标态），m^3；

t——一炉钢的吹炼时间，min 或 h。

一般供氧时间为 12~18min，供氧时间不宜过长或过短。供氧时间过长，易造成冶炼时间长、热损失增多；供氧时间过短，易造成喷溅，造成事故。供氧时间与铁水成分、冶炼钢种、化渣速度、转炉吨位和类型有关，大型转炉和吹炼高磷铁水取值偏上限，中小型转炉和吹炼低磷铁水取值偏下限。

4.2.2.3 供氧强度

供氧强度指的是单位时间内每吨金属消耗氧气的数量，通常用 I 表示，其单位是 $m^3/(t·min)$ 或 $m^3/(t·h)$，可由式（4-2）表达。

$$I = Q/T \tag{4-2}$$

式中 I——供氧强度（标态），$m^3/(t·min)$ 或 $m^3/(t·h)$；

Q——氧气流量（标态），m^3/min 或 m^3/h；

T——一炉钢的金属装入量，t。

每吨金属的耗氧量，可根据铁水成分、冶炼钢种终点控制成分、供氧利用率和操作条件的变化而不同。氧气顶吹转炉的供氧强度，一般介于 2.5～4.5m³/(t·min) 之间，同吨位的顶底复吹转炉的供氧强度要高于氧气顶吹转炉，见表 4-2。

表 4-2　不同公称容量转炉的供氧强度

钢厂名	威远钢厂	太钢	涟钢	宝武		宝武湛江
公称容量/t	55	80	90	250	300	350
供氧强度 I/m³·(t·min)⁻¹	4.3	4.1	4.2	3.33	3.78	2.97①

①根据文献计算得到。

目前，转炉向大型化、精料化的方向发展，因此，转炉冶炼的供氧强度也亟需提高，大部分转炉的供氧强度已经向着 5.0m³/(t·min) 方向发展，个别大型转炉的供氧强度已在 5.0～6.0m³/(t·min) 范围内。

4.2.2.4　氧枪枪位

氧枪枪位指的是氧枪喷嘴端面与平静熔池液面的距离，其中平静熔池指的是转炉在不进行冶炼时熔池液面无波动现象存在，通常用 H 表示氧枪枪位，单位是 m 或 mm，这一距离的高低对应着氧枪枪位的高低。

A　氧枪枪位的确定

目前，氧枪枪位的确定通常用式（4-3）计算得到。

$$H = bpD \tag{4-3}$$

式中　H——氧枪喷嘴端面距熔池液面的高度，mm；

b——系数，随喷孔数不同而发生变化，三孔喷嘴 b 取值 35～46；四孔喷嘴 b 取值 45～60；

p——供氧压力，MPa；

D——喷嘴出口直径，mm。

对于多孔喷嘴，氧枪枪位还可用式（4-4）计算。

$$H = (35 \sim 50)d_t \tag{4-4}$$

式中　d_t——喷嘴喉口处直径。

B　氧枪枪位对炉渣中（FeO）含量、熔池温度及金属熔池搅拌的影响

（1）枪位与炉渣中（FeO）和脱碳速度的关系。枪位不仅影响（FeO）的生成速度，而且还关系（FeO）的消耗速度。低枪位操作使直接传氧方式占主导地位，炉内各元素的氧化反应激烈进行。当枪位低到一定程度后，或长时间使用某一低枪位操作，造成（FeO）消耗速度超过（FeO）生成速度的情况，渣中的（FeO）含量不仅不增加，甚至反而减少。反之，高枪位操作时，氧气流股的冲击能力小，熔池内的化学反应速度缓慢，（FeO）消耗速度明显减小，就有可能在渣中积聚（FeO），从而提高了渣中（FeO）含量。不同枪位时炉渣中（FeO）含量见表 4-3。不同枪位时的脱碳速度见表 4-4。

表 4-3　不同枪位时渣中（FeO）含量（质量分数）　%

吹炼时间/min		<4	4~12	12~14
枪位/m	0.7	14~36	7~14	10~14
	0.8	24~34	11~24	11~20
	0.9	27~43	13~27	13~24

表 4-4　不同枪位时的脱碳速度　%/min

吹炼时间/min		3	4	7	9	11	13
枪位/m	0.90	0.312	—	—	—	0.294	0.330
	0.94	—	—	—	—	—	—
	1.00	0.294	—	0.376	0.414	—	0.284
	1.04	—	0.320	—	—	—	—
	1.10	0.298	—	0.323	0.364	—	0.226
	1.14	—	—	—	—	0.246	—
	1.20	—	—	0.243	0.418	—	0.144
	1.24	—	0.310	—	—	0.200	—

（2）枪位与熔池温度的关系。对恒压变枪操作的供氧制度来说，枪位对熔池温度的影响，往往由炉内化学反应速度的快慢衡量，即吹炼时间长，热损失就会加大，造成熔池温度下降。

（3）枪位与金属熔池搅拌的关系。金属熔池搅拌的推动力来自两个方面：一个是氧枪吹入的氧气射流对熔池内的金属液冲击和搅拌力，另一个是来自于转炉内碳的氧化所产生的 CO 气体在上浮过程中对金属熔池的搅拌。硬吹（枪位低、氧压高）时，氧气射流对金属熔池的冲击力大，冲击深度较深，转炉内化学反应较快，CO 气体大量排出，熔池搅拌充分；软吹（枪位高、氧压低）时，氧气射流对金属熔池的冲击力小，冲击深度较浅，冲击面积较大，熔池搅拌减弱不充分。硬吹和软吹时，金属熔池状态如图 4-10 所示。

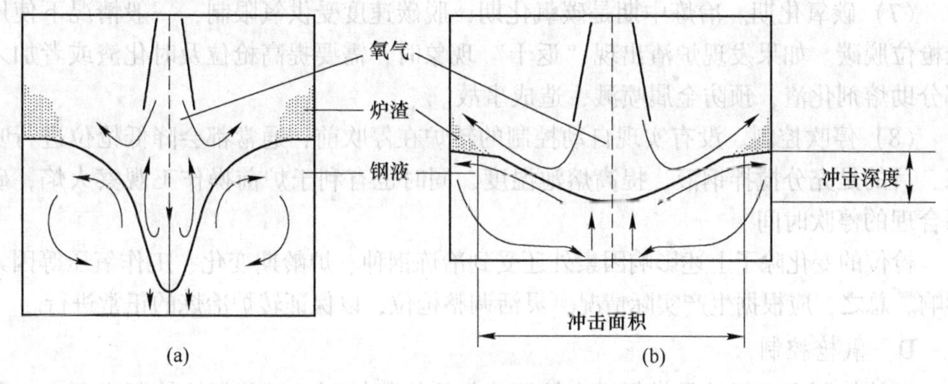

图 4-10　金属熔池状态
（a）硬吹状态；（b）软吹状态

C　影响氧枪枪位变化的因素

控制枪位的基本原则是早化渣、化好渣、减少喷溅和“返干”，利于脱碳和终点控制。氧枪枪位变化受多种因素影响，主要包括以下几方面：

(1) 铁水成分。铁水中含 Si、P 较高时，如果采用双渣法操作，可使用较低枪位，以有利于快速脱 Si、脱 P，接着倒出形成的酸性渣；如果采用单渣法操作，可使用较高枪位早化渣，接着降低枪位脱 P。铁水含 Si、P 较低时，若想化好渣，需提高枪位。

(2) 铁水温度。铁水温度低时，首先需降低枪位升温，待到熔池温度升高后再提高枪位化渣，但降低枪位时间不宜过长，通常为 2min 左右。如果铁水温度较高，可以直接提高枪位化渣，接着再降低枪位脱碳。

(3) 炉内留渣。转炉内留渣操作时，由于渣中（FeO）含量较高，约为 20%，对石灰熔化有利，转炉吹炼前期应适当降低枪位，以防残留渣中（FeO）过多而造成泡沫渣喷溅，造成事故。

(4) 炉龄。转炉开新炉时，其炉温较低，需适当降低枪位升温；炉役前期熔池液面较高，需适当提高枪位；炉役后期金属装入量增加，熔池面积增加，对化渣不利，需在短时间内使用高低枪位交替操作以加强金属熔池搅拌，改善化渣；炉役中、后期金属装入量不变时，金属熔池液面会有所降低，需根据实际情况适当调整枪位。

目前大部分转炉进行溅渣护炉，有时会造成转炉炉底上涨，需要在测量转炉金属熔池液面后，确定吹炼枪位。

(5) 造渣料的加入。在吹炼过程中，一般加入第二批造渣料后需提高枪位进行化渣。如果造渣料配比中有助于化渣的氧化铁皮、铁矿石、萤石等成分比例较高时，或者所使用的石灰活性度较高时，炉渣容易化好，此种情况可使用较低枪位操作。如果整个吹炼过程均使用活性度较高的石灰，成渣速度较快，整个过程的枪位都可以稍低些。

(6) 装入量变化。转炉内装入量过大时，会使金属熔池液面升高，枪位也需要相应提高，否则炉渣不易化好，还可能由于枪位过低导致氧枪烧损。

(7) 碳氧化期。冶炼中期是碳氧化期，脱碳速度受供氧限制，一般情况下使用低枪位脱碳。如果发现炉渣出现“返干”现象时，需要提高枪位及时化渣或者加入部分助熔剂化渣，预防金属喷溅，造成事故。

(8) 停吹控制。没有实现自动控制的转炉在停吹前，通常都会降低枪位进行吹炼，目的是充分搅拌钢液，提高熔池温度，同时也有利于炉前操作工观察火焰，确保合理的停吹时间。

枪位的变化除了上述影响因素外还受到冶炼钢种、炉龄期变化、工作氧压等因素影响。总之，应根据生产实际情况，灵活调整枪位，以保证转炉冶炼的正常进行。

D　氧枪控制

氧枪控制主要指的是供氧压力控制或氧枪枪位控制。目前氧枪控制主要有三种形式：

(1) 恒压变枪控制，也即在一炉钢的冶炼过程中，氧枪供氧压力基本保持不变，通常采用变化氧枪枪位的高低以改变氧气射流与金属熔池的相互作用，进而达到控制吹炼过程的目的。生产实践表明，恒压变枪控制能够依据一炉钢冶炼过程中各个阶段的特征灵活控制转炉内发生的反应，吹炼过程比较平稳，金属吹损较少，脱P和脱S效果较好。

(2) 恒枪变压控制，也即在一炉钢冶炼过程中，氧枪枪位基本保持不变，通常采用调节供氧压力以控制吹炼过程。恒枪变压控制适用于吹炼条件比较平稳的情形。但需要指出的是，调整供氧压力的效果不如调整氧枪枪位明显，尤其是大幅度降低供氧压力还会影响吹炼时间。因此，若铁水成分和温度等吹炼条件波动较大时，此种氧枪控制形式不宜采用。

(3) 变压变枪控制，也即在一炉钢冶炼过程中，氧枪枪位和供氧压力同时改变的控制形式。生产实践表明，此种形式不但化渣快速，而且提高吹炼前期和后期的供氧强度，从而缩短供氧时间，但要正确地进行控制需要较高的技术操作水平。目前，国内普遍使用的是分段恒压变枪形式的氧枪控制。

各钢厂的转炉公称容量、喷嘴结构、原材料条件及冶炼钢种等情况不同，氧枪控制也不尽相同，下面介绍恒压变枪控制的几种典型模式。

(1) 高-低-高的六段式氧枪控制。开吹枪位较高，可及早形成初期渣；第二批造渣料加入后适时降枪，吹炼中期炉渣“返干”时又提高枪位化渣；吹炼后期先提高枪位化渣后降低枪位；终点拉碳出钢。此种控制模式如图4-11所示。

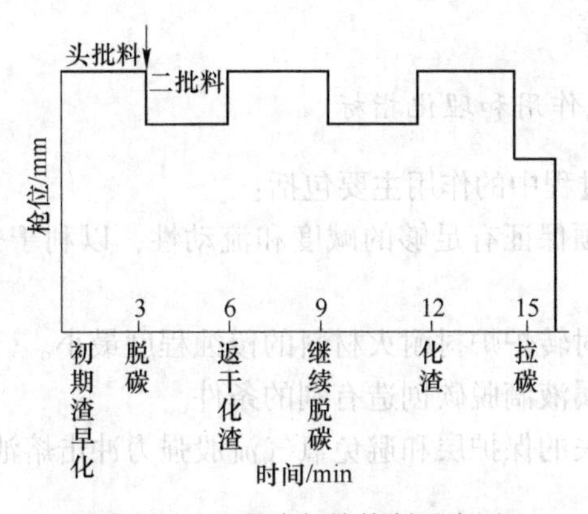

图4-11　六段式氧枪控制示意图

(2) 高-低-高的五段式氧枪控制。五段式氧枪控制的前期与六段式氧枪控制基本一致，熔渣“返干”时可加入适量助熔剂调整熔渣流动性，以缩短吹炼时间，如图4-12所示。

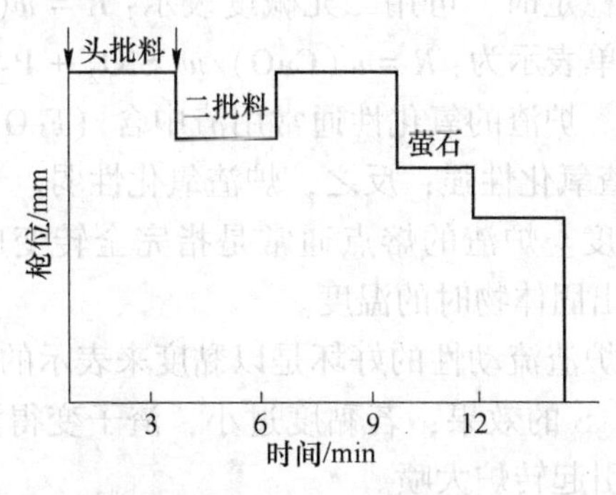

图4-12　五段式氧枪控制示意图

(3) 高-低-高-低的四段式氧枪控制。在铁水温度较高或在吹炼前期造渣料集中加入时可采用此枪位控制。开吹时采用高枪位化渣，使渣中（FeO）含量维持在24%~30%，促进石灰熔化，尽快形成具有一定碱度的炉渣，增大前期脱磷和脱硫效率，同时也避免酸性渣对炉衬的侵蚀。在炉渣化好后降低枪位脱碳，为避免在碳氧化剧烈反应期出现“返干”现象，适当提高枪位，使渣中（FeO）含量维持在10%~14%，以利于继续去除P、S。在接近终点时再降低枪位加强熔池搅拌，继续脱碳和均匀金属熔池成分和温度，降低终点渣中（FeO）含量。

4.2.3　造渣制度

造渣制度指的是研究造渣方法，加入渣料的种类、时间和数量，以及如何快速成渣，达到最大限度地去除钢液中的S、P，缓和冶炼过程中的造渣速度与脱碳速度之间的矛盾，在较短的时间内造出具有一定碱度及（FeO）含量、适当黏度和数量的炉渣的操作工艺。转炉冶炼生产实践表明，造渣是完成炼钢过程的重要手段，造好渣是炼好钢的前提，炉渣如果形成不佳，会严重影响转炉内的物理化学反应，不仅使得脱P、S等杂质元素困难，而且还会侵蚀炉衬降低炉龄、延长转炉冶炼时间、增加原材料消耗等。

4.2.3.1　炉渣的作用和理化指标

炉渣在转炉冶炼过程中的作用主要包括：

(1) 转炉炉渣必须保证有足够的碱度和流动性，以利于去除金属液中的S、P等杂质元素。

(2) 造出的炉渣对转炉炉衬耐火材料的侵蚀程度最小。

(3) 为分散的金属液滴脱碳创造有利的条件。

(4) 作为热量损失的保护层和避免氧气流股强力冲击熔池，可减少热量损失和金属喷溅。

(5) 可防止钢液从大气中吸收氮气及水蒸气等有害气体。

(6) 利用炉渣强力洗涤钢液，吸附外来及内在的细小非金属夹杂物。

基于炉渣上述作用，就要求炉渣具有一定的理化指标。

(1) 炉渣碱度。其是渣中全部碱性物质与全部酸性物质之比，用“R”表示。当炉料中含P较少又较稳定时，可用二元碱度表示：$R = w(CaO)/w(SiO_2)$，当炉料中含P较高时，可简单表示为：$R = w(CaO)/w(SiO_2 + P_2O_5)$

(2) 炉渣的氧化性。炉渣的氧化性通常用渣中含（FeO）的多少来衡量，炉渣中（FeO）含量高，炉渣氧化性强；反之，炉渣氧化性弱。

(3) 炉渣的熔化温度。炉渣的熔点通常是指完全转变成均匀熔体状态时的温度，或在冷却时开始析出固体物时的温度。

(4) 炉渣的黏度。炉渣流动性的好坏是以黏度来表示的。炉渣黏度过大，则流动性很差，会降低脱P、S的效果；若黏度过小，渣子变得太稀，对转炉炉衬冲刷严重，情况严重者还会引起转炉大喷。

(5) 炉渣泡沫化。在转炉生产实践吹炼过程中，氧气射流与金属熔池相互作用，产生了许多金属液滴，金属液滴落入炉渣内，就与渣中（FeO）反应生成大量的CO气泡，分散在炉渣之中，这样便形成了气-渣-金属相互混合的泡沫。这种泡沫现象的存在，使气-渣-金属间界面得到很大提高，从而加速了炉内化学反应速度，因此能获得良好的冶金效果。

快速形成能满足炼钢操作要求和对炉衬侵蚀性小的炉渣，也即快速成渣，其是转炉炼钢生产的一个核心问题。成渣速度主要指的是石灰的熔化速度。加速石灰熔化的途径有：

（1）提高石灰质量，采用表面积大、活性度较高的活性石灰。

（2）适当增加助熔剂用量，提高（MnO）、（CaF_2）和少量（MgO）的含量，有利于石灰的熔化。

（3）氧枪枪位和供氧压力的控制要合理，应使其达到既能促进石灰熔化，又不发生喷溅，并在碳氧剧烈反应期炉渣不出现"返干"现象。

（4）用低熔点合成渣吹炼。

4.2.3.2 造渣操作类型

根据铁水成分和冶炼钢种等可以确定造渣操作。常用的造渣操作主要有三种类型，分别为单渣操作、双渣操作和留渣操作。

（1）单渣操作。单渣操作指的是在转炉冶炼过程中只造一次渣，中途不倒渣、不扒渣，直到吹炼终点出钢。此操作适于入炉铁水Si、P、S含量较低，或者钢种对P、S含量要求不太严格，以及冶炼低碳钢。采用单渣操作，冶炼工艺比较简单，吹炼时间短，劳动条件好，易于实现转炉冶炼自动控制。单渣操作一般脱磷效率在90%左右，而脱硫效率较低，为30%~40%。

（2）双渣操作。双渣操作指的是在吹炼中途倒出或扒除1/4~2/3的炉渣，然后加入造渣料重新造渣。根据铁水成分和所炼钢种的要求，也可以多次倒渣造新渣。在铁水磷含量高且吹炼高碳钢、铁水硅含量高，为防止喷溅，或者在吹炼低锰钢种时，为防止回锰等均可采用双渣操作。但当前有的转炉终点不能一次拉碳，需多次倒炉并添加造渣料补吹，这也是一种变相的双渣操作，此种操作对钢的质量、材料消耗以及炉衬都十分不利。双渣操作脱磷效率可达95%以上，脱硫效率约60%。双渣操作会延长吹炼时间，增加热量损失，降低金属收得率，不利于过程自动控制，恶化劳动条件。对炼钢用铁水最好采用前述铁水预处理进行三脱处理。

（3）留渣操作。留渣操作指的是将上一炉终渣的部分留给下一炉使用。终点熔渣的碱度高，温度高，并且有一定（FeO）含量，留到下一炉，有利于初期渣尽早形成，并且能提高前期脱除P、S的效率，有利于保护炉衬，节约石灰用量。采用留渣操作时，在兑铁水前应先加部分石灰或者先加废钢稠化冷凝熔渣，当炉内无液体渣时方可兑入铁水，以防引发喷溅，造成事故。溅渣护炉技术在某种程度上可以看作是留渣操作的特例。

4.2.3.3 造渣料加入量的计算

A 石灰加入量的计算

石灰加入量应根据铁水成分、温度、装入量和所炼钢种对S、P要求而定，具体见式（4-5）和式（4-5a）。

（1）铁水 $w(P) < 0.30\%$。$R = w(CaO)/w(SiO_2)$

$$W_{石灰} = 2.14w(Si) \times w_m \times R/w(CaO)_{有效} \quad (4\text{-}5)$$

式中 $W_{石灰}$——石灰加入量，kg；

2.14——SiO_2/Si 的相对分子量之比，它的含义是 1kg 的 Si 氧化后生成 2.14kg 的 SiO_2；

$w(Si)$——铁水中 Si 的质量分数，%；

w_m——铁水的质量，kg；

R——碱度，$w(CaO)/w(SiO_2)$；

$w(CaO)_{有效}$——石灰中有效的 CaO 含量，即：$w(CaO)_{有效} = w(CaO)_{石灰} - R \times w(SiO_2)_{石灰}$；

$w(P)$——铁水中 P 的质量分数，%。

（2）铁水 $w(P) \geqslant 0.30\%$。$R = w(CaO)/[w(SiO_2) + w(P_2O_5)]$

$$W_{石灰} = 2.2[w(Si) + w(P)] \times w_m \times R/w(CaO)_{有效} \quad (4\text{-}5a)$$

式中，2.2 为 $1/2[(SiO_2/Si) + (P_2O_5/2P)]$ 的相对分子量之比。

B 白云石加入量的计算

白云石加入量通常是根据炉渣中所要求的（MgO）含量确定的。通常炉渣中（MgO）含量控制在 6%～8%。根据物料平衡和炉渣中（MgO）的来源，炉渣中（MgO）是由石灰、白云石和转炉炉衬侵蚀带入，因此在计算白云石加入量时需要考虑彼此之间的相互影响。

（1）白云石理论加入量的计算（$W_{白}$，kg），见式（4-6）。

$$W_{白} = 渣量(kg) \times w(MgO)/w(MgO)_{白} \quad (4\text{-}6)$$

式中 $w(MgO)$——渣中（MgO）的质量分数，%；

$w(MgO)_{白}$——白云石中 MgO 的质量分数，%。

（2）白云石实际加入量的计算，见式（4-7）。

$$W'_{白} = W_{白} - W_{石灰} - W_{衬} \quad (4\text{-}7)$$

式中 $W'_{白}$——白云石实际加入量，kg；

$W_{石灰}$——石灰中带入的 MgO 量折算为白云石质量，kg；

$W_{衬}$——炉衬侵蚀进入渣中的（MgO）量折算为白云石质量，kg。

生白云石的主要成分为 $CaCO_3 \cdot MgCO_3$，经焙烧后可成为轻烧白云石，其主要成分为 CaO、MgO。根据溅渣护炉技术的需要，加入适量的生白云石或轻烧白云石保持渣中的（MgO）含量达到饱和或过饱和，以减轻初期酸性渣对转炉炉衬的侵蚀，并可使终渣能够做黏，出钢后达到溅渣护炉用炉渣黏度的要求。在生产实践中，由于所用石灰活性度等性质不同，白云石入炉量与石灰加入量之比可达 0.20～0.30。

4.2.3.4 造渣料的加入时间和批次

渣料的加入数量和加入时间对化渣速度有直接的影响，因而应根据各厂原料条件来确定。通常情况下，渣料分两批或三批加入。第一批渣料在兑铁水前或开吹时加入，加入量为总渣量的1/2~2/3，并将白云石全部加入转炉内。第二批渣料加入时间是在第一批渣料化好后，铁水中Si、Mn氧化基本结束后分小批加入，其加入量为总渣量的1/3~1/2。若是双渣操作，应是倒渣后加入第二批渣料。第二批渣料通常是分小批多次加入，多次加入对石灰熔化溶解有利，也可用小批造渣料来控制炉内泡沫渣的溢出。第三批渣料视炉内P、S脱除情况决定是否加入，其加入数量和时间均应根据冶炼实际情况而定。无论加几批造渣料，最后一小批造渣料必须在拉碳倒炉前3min内加完，否则来不及化渣。

对于顶底复吹转炉造渣料的加入时间和批次，一般可根据铁水条件和石灰质量而定。当铁水温度较高和石灰质量较好时，造渣料可以在转炉兑入铁水前一次性加入炉内，以早化渣、化好渣。如果石灰质量达不到要求，造渣料一般分两批次加入，第一批造渣料要求在开吹后3min内加完，造渣料加入量为总造渣料加入量的2/3~3/4，第一批造渣料化好后加入第二批造渣料，且需分小批多次加入转炉内。

表4-5列出了马钢三钢厂转炉冶炼造渣料加入批数及时间。

表4-5 马钢三钢厂转炉冶炼造渣料加入批数及时间

批　次	第一批	第二批	第三批
石灰用量	2/3~全部	1/3（少量多次）	
轻烧白云石用量	1/4~1/2	1/2~3/4（分批加入）	根据生产实际情况确定
加入时间	开吹2min内加完	第一批渣料化好后再少量多次加入	

4.2.3.5 转炉炼钢冶炼过程中的造渣路径

"炉渣的形成过程"微课视频

在转炉炼钢冶炼过程中，受金属熔池的温度和金属液成分变化以及石灰等多种造渣材料加入的影响，炉渣成分和性质不断发生变化。为了尽快获得具有一定性质的炉渣，需要选择合理的造渣路径。在正常的转炉冶炼条件下，可以用(CaO)-(SiO_2)-(FeO_n)三元相图或把性质相似的氧化物都考虑进去而构成的$(CaO+MgO)$-$(SiO_2+P_2O_5)$-$(FeO+MnO)$假三元相图(CaO')-(SiO_2')-(FeO')来近似地研究冶炼过程的造渣路径。如图4-13所示，在转炉冶炼初期，炉渣成分大致位于图中的A区。A区为酸性初渣区，其形成的主要原因是：在开始供氧的前几分钟内熔池温度较低（约为1400℃），加入的第一批炉料中只有氧化铁皮已熔化，石灰仅刚刚开始熔解，铁、硅、锰等元素优先氧化，生成(FeO_n)、(SiO_2)和(MnO)，形成了高氧化性的酸性初渣区。吹炼中期主要是脱碳，此时炉渣的氧化性有所下降。吹炼后期为了脱磷、脱硫和保持炉渣的流动性，要求终渣具有一定的碱度和氧化性。通常终渣碱度为3~5，渣中(FeO)含量为15%~25%，其位置大致在C区。

由初渣到终渣可以有3条路线，即ABC、$AB'C$和$AB''C$。按渣中FeO含量可将$AB'C$路径称为铁质成渣路径（也称高氧化铁成渣路径），ABC称为钙质成渣路径（也称低氧化铁成渣路径）。介于两者间的$AB''C$成渣路径最短，要求冶炼过程迅速升温，容易造成化学反应过于剧烈与化渣不协调，一般很少采用。

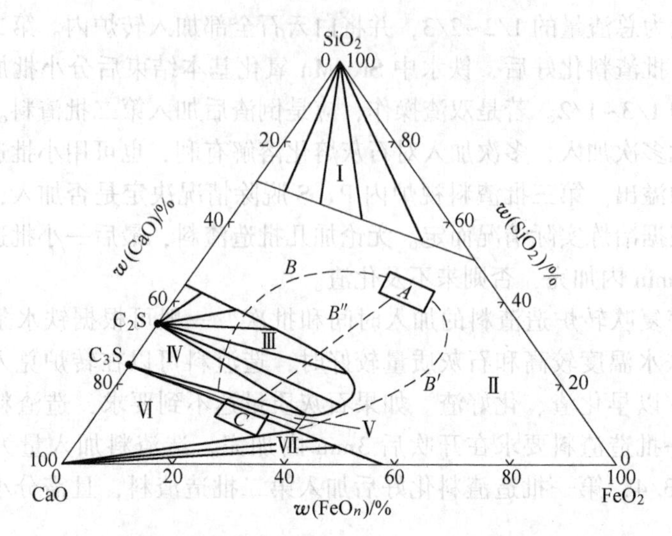

图 4-13　转炉冶炼过程炉渣成分变化相图

Ⅰ—L+SiO_2；Ⅱ—L；Ⅲ—L+C_2S；Ⅳ—L+C_2S+C_3S

Ⅴ—L+C_3S；Ⅵ—L+C_3S+CaO；Ⅶ—L+CaO

（1）钙质成渣途径（*ABC*）。一般采用低枪位操作，形成致密的2CaO · SiO_2，炉渣处于“返干”阶段较久，严重阻碍石灰块的熔化。直到吹炼后期碳氧化反应缓慢时，渣中 FeO 含量才开始回升，炉渣成分走出多相区，最后达到终点成分 *C* 点。

这种操作的优点是炉渣对炉衬侵蚀较小，但前期去磷、硫的效果较差，适用于低磷（$w[P] < 0.07\%$）、硫原料吹炼低碳钢。钙质成渣路径吹炼过程中，化学反应较为平稳，喷溅较少，但炉渣易“返干”。炉渣对转炉炉衬侵蚀较轻，但容易产生炉底上涨。太钢、鞍本集团中本钢以及其他几个低磷铁水炼钢的转炉厂均采用钙质成渣路径。

吹炼初期渣中 $w(TFe) = 4\% \sim 10\%$，$w(MnO) = 1.5\% \sim 3.0\%$，炉渣碱度 1.5~1.7。炉渣中的矿相以镁硅钙石为主，占总量的50%，玻璃相（钙镁橄榄石）占40%~50%，并有少量未熔化石灰。吹炼中期炉渣碱度 2.0~2.7，$w(TFe) = 5\% \sim 10\%$，炉渣矿相组成以硅酸二钙为主，占总矿相的60%~65%，其余为钙镁橄榄石和少量游离 MgO。

（2）铁质成渣途径（*AB′C*）。一般采用高枪位操作。炉渣成分一般不进入多相区，直至吹炼后期渣中 FeO 含量才下降，最后达到终点成分 *C* 点。

此种操作的特点是不会形成纯的 2CaO · SiO_2。2CaO · SiO_2 质地疏松，不妨碍石灰的继续熔解。由于高（FeO）炉渣泡沫化严重，因此容易产生喷溅，同时炉渣对炉衬侵蚀严重。但在吹炼初期和中期去磷、硫效果较好，因此这种操作适用于较高磷、硫原料吹炼中碳钢或高碳钢。

吹炼初期渣中 $w(TFe) = 20\% \sim 25\%$，$w(MnO) = 8\% \sim 12\%$，炉渣碱度 1.2~1.6。渣中的矿相以铁锰橄榄石为主。这种炉渣在熔池温度较低的情况下，脱磷率可达70%。吹炼中期炉渣碱度升高，炉渣中 $w(FeO) = 10\% \sim 18\%$，$w(MnO) = 6\% \sim 10\%$。炉渣的矿相组成主要是40%~50%的镁硅钙石（3CaO · MgO · 2SiO_2）和约 30%的橄榄

石，还出现8%~10%的硅酸二钙（$2CaO \cdot SiO_2$）和RO相。吹炼终点渣中w(TFe)在18%~22%范围内，终渣矿相以硅酸三钙、硅酸二钙为主，各占35%~40%（质量分数），尚有10%左右的铁酸钙、RO相和少量未熔MgO，炉渣碱度3.0~3.5。

宝武集团转炉多属于“铁质成渣路径”。日本、欧洲的大型转炉大多数采用“铁质成渣路径”，其在转炉内生产优质深冲钢。采用“半钢”炼钢、低硅铁水炼钢的转炉，通常也采用“铁质成渣路径”。

改善造渣过程的措施很多，如合适的铁水成分，合理地控制炉渣中氧化铁的含量和碳的氧化速度之间的比例关系，提高渣中MgO含量达6%左右，采用活性石灰或石灰粉，应用合成渣材料等。

4.2.4 温度制度

转炉炼钢温度制度主要是研究炼钢过程中的热化学和温度控制的问题，而温度控制主要是指冶炼过程温度及冶炼终点温度的控制。若出钢温度过低，将会造成钢包凝结冷钢、连铸结流和回炉等无法浇注事故的发生；出钢温度过高，往往会使所炼钢中气体含量和夹杂物含量增加，增加铁损，降低炉衬寿命，同样给连铸操作造成困难，并且影响钢材质量。控制好过程温度有利于化渣、脱P和脱S等。

4.2.4.1 出钢温度的计算

出钢温度（$T_{出}$）应根据所冶炼的钢种和从出钢到浇注各阶段的温降进行计算，可按照式（4-8）进行计算。

$$T_{出} = T_{液} + \Delta t_{出钢及过程温降} + \Delta t_{钢液过热度} \tag{4-8}$$

式中 $\Delta t_{出钢及过程温降}$——浇注过程中钢水的温降，℃，其值随生产条件不同而异，通常由实测或经验确定，它与出钢时间、钢流状态、钢包大小、炉衬温度、加入铁合金状况、镇静时间等有关，一般为30~80℃，对于连铸，由于增加了中间包热损失，中间包水口小，浇注时间长，因此钢水温度要比模铸高20~50℃，对于有精炼工序的车间，还必须考虑精炼过程中钢水温度的升降；

$\Delta t_{钢液过热度}$——从出钢、钢水精炼到开浇时钢水的温降，℃，也即钢水浇注过程中的温降，即钢水开浇时必须保持的过热温度，合适的开浇温度主要由生产条件和浇注质量所决定，模注钢水过热度一般为50~100℃，对于连铸过热度通常为5~30℃，内部质量要求严格的钢以过热度偏低为宜，表面质量要求严格的钢以过热度偏高为宜；

$T_{液}$——所浇注钢种的液相线温度，也即凝固温度，℃。

$T_{液}$决定于钢液成分。钢种不同或者同一钢种成分有差异时，其液相线温度也不尽相同。在计算$T_{液}$时，通常是将钢中每一种元素的影响值相叠加，可用式（4-9）进行计算。

$$T_{液} = 1538 - \sum (w[i] \cdot \Delta t_i) - 7 \tag{4-9}$$

式中　1538——纯铁的凝固点，℃，由于计算误差的存在，也有将纯铁的凝固点取为1536℃、1537℃或者1539℃；

$w[i]$——钢液中 i 元素的质量分数，%；

Δt_i——1%的 i 元素使纯铁凝固点的降低值，℃，见表4-6；

7——钢液中溶解了H、N等气体使纯铁凝固点的降低值，℃。

对于某些特殊钢，可用式（4-10）计算。

$$T_{液} = 1538 - \{100.3w[C] - 22.4(w[C])^2 - 0.61 + 13.55w[Si] - 0.64(w[Si])^2 + 5.82w[Mn] + 0.3(w[Mn])^2 + 0.2w[Cu] + 4.18w[Ni] + 0.01(w[Ni])^2 + 1.59w[Cr] - 0.007(w[Cr])^2\} \tag{4-10}$$

表4-6　铁中溶解1%的 i 元素，纯铁凝固点的降低值

元素	适用范围/%	凝固点降低值/℃	元素	适用范围/%	凝固点降低值/℃
C	<1.0	65	Ti	—	18
	1.0	70	Sn	0~0.3	10
	2.0	75	Co	—	1.5
	2.5	80	Mo	0~0.3	2
	3.0	85	B	—	90
	3.5	91	Ni	0~9.0	4
	4.4	100	Cr	0~18.0	1.5
Si	0~3.0	8	Cu	0~0.3	5
Mn	0~1.5	5	W	18W, 0.66C	1
P	0~0.7	30	As	0~0.5	14
S	0~0.08	25	H_2	0~0.003	1300
Al	0~1.0	3	O_2	0~0.03	80
V	0~1.0	2	N_2	0~0.03	90

需要指出的是，为了提高炉龄和钢质量及其他技术经济指标，在保证正常出钢、精炼和浇注的前提下，应使出钢温度尽可能降低。

4.2.4.2　转炉炼钢温度控制

A　转炉炼钢热量的来源与消耗

转炉炼钢依靠铁水的物理热和化学热来加热熔池，达到钢种的出钢温度要求。铁水的物理热就是指兑入转炉铁水带入的热量，也即铁水的温度，其与入炉铁水温度之间有直接关系，一般铁水入炉温度控制在1250~1300℃，终点钢水温度可达到1680℃左右，而造渣材料的成渣和炉衬的加热，需要热量；产生的炉气及炉体的散热也会带走一部分热量，此外还有冷却水等也会带走部分热量。因此，当铁水温度一定时，热量的来源主要依靠铁水中各元素氧化所放出的大量化学热。铁水中硅、磷、碳的发热能力大，是转炉炼钢的主要发热元素；锰和铁的发热能力有限，一般不能依靠后吹以及铁的氧化来提温。对于氧气顶吹转炉，这些化学热除了满足出钢温度要求外，是有富余的，因此需要加入一定数量的冷却剂，以控制终点温度在要求的规定范围之内。

B 冷却剂

a 冷却剂的种类

为了合理利用转炉炼钢的富余热量和控制好恰当的出钢温度，通常需加入适量的冷却剂来调整。常用的冷却剂有废钢、铁矿石、氧化铁皮等，有时也可用石灰或石灰石作冷却剂。如果造渣过程中加入白云石造渣，白云石也会起到冷却剂的作用。

废钢、铁矿石、氧化铁皮作为冷却剂时，各有优缺点，生产实践中应根据具体冶炼情况确定使用何种冷却剂。

用废钢做冷却剂的特点是：杂质少，减少成渣量，对冶炼过程影响小，操作比较稳定，而且喷溅少，冷却效果稳定，便于熔池温度的控制，可以适当放宽对铁水含硅量的限制；但使用废钢作为冷却剂时，需要增加装料时间，如无专门的装料设备，会给吹炼过程中温度的调整带来不便。

用铁矿石作为冷却剂的特点是：加料时不占用吹炼时间，有利于快速成渣和脱磷，并能降低耗氧量和钢铁料消耗，吹炼过程中温度的调节也比较方便，全部使用铁矿石进行冷却也是可行的，但是需要注意的是铁矿石切不可加得过晚，并且最好连续加入。另外，铁矿石成分波动较大时会导致冷却效果不稳定。

用氧化铁皮作为冷却剂的特点是：氧化铁皮是钢铁轧制时产生的钢屑，与铁矿石相比杂质含量少，冷却效果比较稳定，但需烘烤后使用，否则会因向炉内带入很多水分而影响钢的质量。

b 冷却剂的冷却效果

氧气顶吹转炉冶炼过程中存在富余的热量，因此需要添加一定数量的冷却剂消耗此部分富余热量。

冷却剂的冷却效应是指在一定条件下，每千克冷却剂所消耗的热量，也即为加热冷却剂到一定的熔池温度所消耗的物理热和冷却剂发生化学反应所消耗的化学热之和。

(1) 废钢的冷却效应。废钢的冷却效应按式（4-11）计算。

$$Q_{废} = M_{废}[C_{固} \times t_{熔} + \lambda + C_{液}(t_{出} - t_{熔})] \tag{4-11}$$

式中 $Q_{废}$——废钢的冷却效应，kJ；

$M_{废}$——废钢质量，kg；

$C_{固}$——废钢从常温到熔化温度的平均比热（0.70kJ/(kg · ℃)）；

$t_{熔}$——废钢熔化温度（对低碳废钢可按 1500℃考虑）；

λ——废钢的熔化潜热，272kJ/kg；

$C_{液}$——液体钢的比热容（0.837kJ/(kg · ℃)）；

$t_{出}$——出钢温度，℃。

对于 1kg 废钢，当出钢温度为 1640℃时，代入上式可得：

$$Q_{废} = 1 \times [0.70 \times 1500 + 272 + 0.837 \times (1640 - 1500)] = 1439\text{kJ}$$

（2）铁矿石的冷却效应。铁矿石的冷却作用包括物理作用和化学作用两个方面。物理作用是指冷铁矿石加热到熔池温度所吸收的热量。化学作用是指铁矿石中的氧化铁分解时所消耗的热量。

例如，某铁矿石含 Fe_2O_3 为 70%，FeO 为 10%，其他氧化物（SiO_2、Al_2O_3、MnO 等）为 20%，可通过式（4-12）进行计算其冷却效应。

$$Q_{矿} = M_{矿} \times C_{矿} \times \Delta t + \lambda_{矿} + M_{矿} \times [w(Fe_2O_3) \times \frac{112}{160} \times 6456 + w(FeO) \times \frac{56}{72} \times 4247] \tag{4-12}$$

式中　$Q_{矿}$——铁矿石的冷却效应，kJ；

$M_{矿}$——铁矿石质量，kg；

$\lambda_{矿}$——铁矿石的熔化潜热，209kJ/kg；

$C_{矿}$——铁矿石比热容，一般取 1.02kJ/(kg · ℃)；

Δt——铁矿石加入熔池后的温升，℃；

160——Fe_2O_3相对分子质量；

112——两个铁原子的相对原子质量；

6456，4247——分别为 Fe_2O_3和 FeO 分解成 1kg 的铁时吸收的热量，kJ/kg。

1kg 铁矿石的冷却效应是：

$$Q_{矿} = 1 \times 1.02 \times 1610 + 209 + 1 \times [70\% \times 112/160 \times 6456 + 10\% \times 56/72 \times 4247] = 5345\text{kJ}$$

从上面的计算可以看出，铁矿石的冷却作用主要依靠 Fe_2O_3的分解。因此，铁矿石的冷却效应随铁矿石中氧化铁的含量而变化。

（3）氧化铁皮的冷却效应。假设氧化铁皮成分含 FeO 为 50%，Fe_2O_3为 40%，其他氧化物为 10%，其冷却效应的计算方法与铁矿石相同。

$$Q_{铁} = 1 \times 1.02 \times 1610 + 209 + 1 \times [40\% \times 112/160 \times 6456 + 50\% \times 56/72 \times 4247] = 5311\text{kJ}$$

可见氧化铁皮的冷却效应和铁矿石的冷却效应相近。从上面计算的结果来看，如果将废钢的冷却效应设定为 1.0，则铁矿石的冷却效应为 5345/1439 = 3.71，氧化铁皮的冷却效应为 5311/1439 = 3.69。由于各种冷却剂成分有一定差异，因此它们之间的比例关系也有一定的波动范围，各种冷却剂的冷却效应换算值见表 4-7。

表 4-7　各种冷却剂的冷却效应换算值

冷却剂	废钢	铁矿石	氧化铁皮	烧结矿	石灰石	石灰	生铁块	菱镁矿	生白云石
冷却效应	1.0	3.0~4.0	3.0~4.0	3.0	3.0	1.0	0.7	1.5	2.0

c　加入冷却剂控制温度方法

（1）吹炼初期。如果初期碳的火焰上来得早，表明转炉内温度已经较高，第一批造渣料已化好，可适当提前加入第二批造渣料；反之，如果碳的火焰迟迟上不来，表明供氧后转炉内温度一直偏低，此时应适当降低枪位，以加强熔池内各元素的氧化速度，提高熔池温度，而后再加第二批造渣料。

(2) 吹炼中期。吹炼中期可依据转炉炉口火焰的亮度以及氧枪进出冷却水的温差来判断炉内温度的高低。如果熔池温度偏高，可加少量铁矿石；反之，降低枪位提温，通常可将温度挽回10~20℃。

(3) 吹炼末期。吹炼末期，根据耗氧量及吹氧时间判断接近冶炼终点时，停止供氧测温，并选择冷却剂进行相应调整：如果炉温较高，需加石灰降温。

石灰加入量 = 炉温高出度数 × 136/ 石灰的冷却效应

如果炉温较低，加Fe-Si并点吹提温。

Fe-Si加入量=炉温低出度数×136/硅铁的冷却效应

C 钢水终点温度的主要影响因素

(1) 铁水的温度。铁水温度的高低直接决定带入转炉的物理热多少，因此在其他条件不变的情况下，入炉铁水温度的高低直接影响终点温度的高低。有研究表明，铁水温度每±10℃，钢水终点温度波动值为±6℃。

(2) 铁水的化学成分。铁水中Si、P是强发热元素，如果铁水中Si、P元素含量较多，转炉冶炼过程中富余热量增加，会给冶炼带来许多问题，所以应对铁水进行预处理控制入炉铁水中Si、P含量。生产实践数据表明，铁水Si含量每增加0.1%，终点钢水温度约升高11℃。

(3) 铁水和废钢装入量。当铁水装入量增加时，在其他条件不变的情况下，铁水带有的物理热和化学热相应增加，因此应该相应地增加冷却剂的用量。按照理论计算，50t转炉铁水量每波动±1t时，冶炼终点钢水温度应波动±6℃，生产实践数据表明温度波动值为±5.5℃左右。

(4) 停炉时间与炉龄。由于补炉或其他原因，炉子停吹时间较长者称为空炉。生产经验表明，不同炉龄期和不同空炉时间对温度的影响不同，应该根据实际情况适当增加或减少冷却剂的用量。此外，炉与炉的间隔时间越长，炉衬的热损失越大，所以应该合理地组织生产，尽量缩短间隔时间。一般情况下，炉次间隔时间在4~10min范围内，因此，如果间隔时间小于10min，可以不考虑调节冷却剂用量。超过10min，则应相应减少冷却剂的加入量。30t转炉的生产经验表明，间隔时间每增加5min，每吨铁水冷却剂废钢加入量应相应减少约10kg。对于炉龄来说，转炉新炉衬温度低、出钢口小，故炉役前期终点温度要比正常吹炼炉次高出20~30℃才可获得相同的浇注温度，所以炉役前期冷却剂用量要适当减少。而炉役后期炉衬由于侵蚀变薄、炉口和出钢口尺寸由于冲刷变大、热损失增多，所以除需适当减少冷却剂用量外，还应尽量缩短辅助时间。

除了上述诸因素外，还有许多操作因素，诸如石灰、枪位的控制、喷溅、倒炉次数等同样会影响钢水终点温度。

D 吹炼过程的温度控制

对于去P来说，一般希望在吹炼前、中期温度控制适当低些；但到了需要去S的阶段，温度就要控制高一些。所以，控制好过程温度，对整个冶炼周期来说，是极为重要的。

在吹炼过程中，不应是忽高忽低地升温，而是均衡地升温，同时满足各时期的温度要求。

开吹前，对铁水装入量，铁水温度，铁水 Si、P、S 含量，一定要做到心中有数，这样才能正确地控制吹炼过程温度。

开吹以后，应根据转炉吹炼各个时期工艺特点进行温度控制，见表 4-8。

表 4-8　转炉吹炼各时期温度控制

吹炼时期	前期	中期	后期
通常控制的温度范围	前期结束温度为 1450～1550℃，大炉子、低碳钢取下限；小炉子、高碳钢取上限	中期温度为 1550～1600℃，中、高碳钢取上限，因后期挽回温度时间少	后期温度为 1600～1680℃，取决于所冶炼钢种
温度调节的原则	为保证前期脱 P，温度可适当低些；为保证脱 S，温度可适当高些，少加些冷却剂	中期为保证脱 P，温度可低些，但温度过低不利于脱 S；为保证脱 S，温度可高些，温度过高，不利于脱磷	应均匀升温，达到钢种要求的出钢温度；温度过高，钢水中气体含量增高，炉子寿命降低；温度过低，不能形成高碱度流动性良好的熔渣

各转炉炼钢厂都总结有一些根据转炉实际冶炼过程控制温度的经验数据，常用冷却剂的降温效果见表 4-9。

表 4-9　常用冷却剂的降温效果（加入 1%冷却剂，熔池温降值）

冷却剂种类	废钢	铁矿石	铁皮	石灰	白云石	石灰石
熔池温降值/℃	8～12	30～40	35～45	15～20	20～25	28～38

4.2.5　终点控制和出钢

4.2.5.1　终点控制

终点控制是转炉吹炼末期的重要操作。由于脱磷、脱硫比脱碳操作复杂，因此总是尽可能提前让 P、S 去除到终点要求的范围。这样，终点控制便简化为脱 C 和钢水温度控制，所以停止吹氧又俗称为“拉碳”。从广义上讲，终点控制应包括所有影响钢质量的终点操作和工艺因素控制。转炉的自动控制可以达到准确控制吹炼过程和终点的目的，具有较高的终点命中率。经验控制通常采用“拉碳”和“增碳”两种操作方法。

（1）拉碳法。拉碳法指的是熔池含碳量达到出钢要求时，停止吹氧，此时熔池中不但 P、S 和温度符合出钢要求，而且计入铁合金带入金属中的碳后，钢水中的碳也能符合所炼钢种的规格要求，终点碳等于钢种规格减去合金增碳量。此种方法具有终点钢水氧含量和终渣（FeO）含量低、终点钢水锰含量较高、氧气消耗较少等优点，分为一次拉碳法和高拉一次补吹法。

一次拉碳法指的是转炉吹炼中将钢液的含碳量脱至出钢要求时停止吹氧的控制方式。如果一次拉碳未达到控制的目标就需要进行补吹的操作，需要补吹的情况有：

1）拉碳碳含量偏高。

2）拉碳 P、S 含量偏高。

3）拉碳温度偏低。

若补吹操作控制不当，容易造成过吹，过吹后，对冶炼会造成一定的危害，主要有：

1）钢水碳含量降低，钢中氧含量升高，从而钢中夹杂物增多，降低钢水纯净度，影响钢质量。

2）渣中∑(FeO)增高，降低炉衬寿命。

3）增加金属铁的氧化，降低钢水收得率，钢铁料消耗增加。

4）延长吹炼时间，降低转炉生产率。

5）增加铁合金和增碳剂消耗量，氧气利用率低，成本增加。

高拉一次补吹法也即高拉碳低氧操作，指的是冶炼中高碳钢种时，将钢液的含碳量脱至高于出钢要求的0.2%~0.4%时停止吹氧，取样、测温后，再按分析结果进行适当补吹的控制方式。

（2）增碳法。增碳法指的是转炉吹炼平均含碳量大于0.08%的钢种时，一律将钢液的终点碳含量脱除至0.05%~0.06%时停止吹氧，出钢时包内增碳至钢种规格要求的操作方法。

增碳法节约倒炉、取样及随后的补吹时间，因而其生产率高，终渣（FeO）含量高，化渣好，去 P 率高，热量收入较多，有利于增加废钢用量，从而提高废钢比。

总之，转炉冶炼终点所具有的特点是：

（1）钢中含碳量达到所炼钢种的控制要求。

（2）钢中 P、S 含量均低于钢种规格下限所要求的值。

（3）终点温度能达到确保顺利浇注的温度，也即冶炼终点主要根据钢水的 C、P、S 含量及温度来确定。

“不同冶炼时期火焰的特征”微课视频

终点碳的判断可以通过以下方法：

（1）通过火焰来判断。吹炼中期，熔池中的碳大量氧化，生成气体数量较多，使炉口火焰变得白亮有力，当熔池中碳含量降为0.20%左右时，脱碳速度变慢，火焰收缩、发软、打晃。

（2）通过观察钢样火花和钢样表面来判断。金属液滴中碳与氧反应生成 CO 气体使金属液滴爆裂成许多碎片，金属液滴中碳含量较高时表现为火球状和羽毛状，随着碳含量的降低碳火花分为多叉、三叉、两叉，当碳含量小于0.10%时，爆裂的碳火花分叉几乎消失，形成的均是小火星和流线。

（3）高拉补吹法。当熔池内钢水在中、高碳含量时，化学反应剧烈，此时脱碳反应速度很快，而火焰、火花外形与炉内含碳量变化的关系不明显，此时，需用高拉补吹法，即总耗氧量达9/10时，提前停氧，取样、测温，将预先计算出的总矿石量留出一部分根据实测温度加入，再补吹。各厂对中、高碳钢在吹炼终点时氧的脱碳效率、升温效率有很大的不同，根据取样确定的碳和温度，决定后吹氧量，以便准确地控制终点碳和温度。

（4）通过记录供氧时间和耗氧量来判断。当氧枪、金属装入量等条件不变时，冶炼一炉钢的供氧时间和耗氧量是不变的，所以可以根据供氧时间和耗氧量判断终点碳。钢水中碳含量较低时脱碳速度变慢。例如某厂当碳含量小于0.15%时，6~8s脱除0.01%。

终点温度的判断可以通过以下方法：

（1）火焰判断。如果炉膛白亮、渣面上有火焰和气泡冒出，泡沫渣向外涌动，表明炉温较高；反之，如果渣面暗红，没有火焰冒出，则炉温较低。

（2）热电偶测温。目前常用插入式热电偶测定钢液的温度。

4.2.5.2　转炉出钢

A　挡渣出钢

少渣或挡渣出钢是生产纯净钢的必要手段之一，其有利于准确控制钢水成分，有效地减少钢水回磷，提高合金元素收得率，有效地减少合金消耗；有利于降低钢中夹杂物含量，提高钢包精炼效果；还有利于降低对钢包耐火材料蚀损；同时，也提高了转炉出钢口的寿命。目前，炉外精炼要求钢包渣层厚度小于50mm，吨钢渣量小于3kg。目前常用的挡渣方法主要有：用挡渣帽法阻挡一次下渣；用挡渣球法、挡渣塞法、气动挡渣器法、气动吹渣法等阻挡二次下渣。

（1）挡渣帽。在出钢口外堵以钢板制成的锥形挡渣帽，挡住开始出钢时的一次下渣。

（2）挡渣球。挡渣球的密度介于钢水与炉渣之间，临近出钢结束时投入炉内出钢口附近，随钢水液面的降低，挡渣球下沉而堵住出钢口，避免随之而来的熔渣进入钢包。挡渣球适宜的密度为4.2~5.0g/cm^3。挡渣球为球形结构，其中心用铸铁块、生铁屑压合块或小废钢坯等材料做骨架，外部包砌耐火泥料。耐火泥料可采用高铝耐火混凝土或耐火砖粉为掺和料或镁质耐火泥料。挡渣球直径应稍大于出钢口直径，以起到挡渣作用。挡渣球一般在出钢量达2/3~3/4之间时投入，挡渣命中率较高。需要注意的是，熔渣黏度过大，会影响挡渣效果。熔渣黏度大，挡渣球可适当早点投入，以提高挡渣命中率。

（3）挡渣塞。挡渣塞能有效地阻止熔渣进入钢流。挡渣塞的结构由塞杆和塞头组成，如图4-14所示，其材质与挡渣球相同，其密度可与挡渣球相同或稍低。塞杆上部是用来夹持定位的钢棒，下部包裹有耐火材料。出钢快结束时，按照转炉出钢倾动角度，严格对位，用机械装置将塞头插入出钢口。出钢结束时，塞头会封住出钢口。塞头上有沟槽，炉内剩余钢水可通过沟槽流出，钢渣则被挡在炉内。由于挡渣塞比挡渣球挡渣效果好，能有效地抑制涡流卷渣的发生，减少下渣量，因此得到普遍应用。

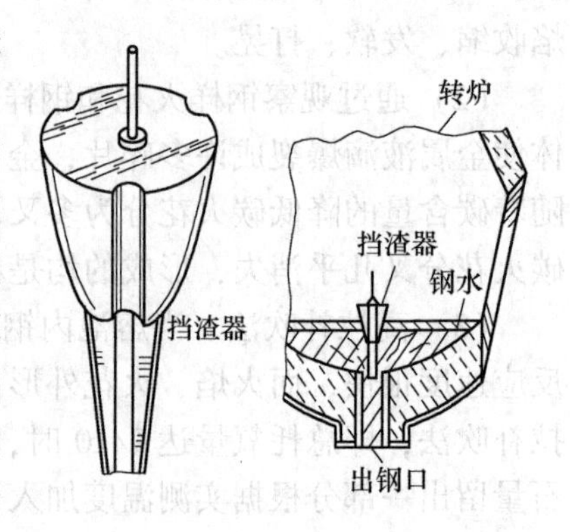

图4-14　挡渣塞的结构

(4) 气动挡渣器。此法是出钢将近结束时，由机械装置从转炉外部用挡渣器喷嘴向出钢口内吹气，阻止炉渣流出。此法对出钢口形状和位置要求严格，并要求喷嘴与出钢口中心线对中。

(5) 气动吹渣法。挡住出钢后期的涡流下渣最难，涡流一旦产生，容易出现渣钢混出。气动吹渣法是为防止出钢后期产生涡流，或者即便有涡流产生，在涡流钢液表面也能够挡住熔渣的方法，它也是最为有效的方法之一。此法采用高压气体将出钢口上部钢液面上的钢渣吹开挡住，达到挡渣的目的。此法能使钢包渣层厚度控制在15~55mm之间。

(6) 滑板挡渣。在转炉出钢口末端安装滑动出钢口机构，通过自动下渣检测系统来控制滑动出钢口机构来开启或关闭出钢口，达到控渣出钢的目的，如图4-15所示。滑板挡渣的操作过程主要包括以下过程：

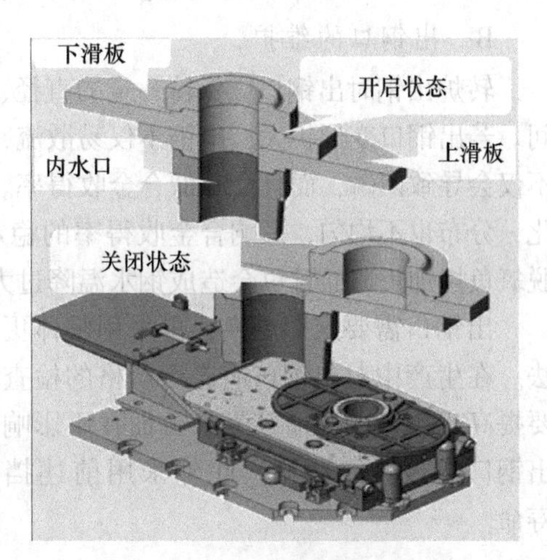

图4-15　滑板挡渣装置

1) 在吹炼过程中，滑动出钢口处于打开状态；

2) 准备出钢前，滑动出钢口关闭；

3) 转炉倾角达到出钢位置时，滑动出钢口打开出钢；

4) 出钢完毕，滑动出钢口关闭；

5) 在转炉复位过程中，滑动出钢口打开，自动清理出钢口内余渣。

出钢前期要避免下渣，即在出钢前关闭滑动出钢口，以避免前期下渣。等摇到“开始出钢”的位置时，再打开滑动出钢口；出钢后期快速、可靠、准确挡渣，实现控渣出钢，即出钢完毕，可实现快速关闭滑板，完全关闭时间小于0.7s，挡渣成功率达到100%，实现了少渣、无渣出钢，钢包内平均渣厚比使用挡渣球等挡渣方法大幅度降低，为低磷钢的开发提供了技术支撑。表4-10给出了某厂使用挡渣球或塞等常规挡渣方法与滑板挡渣方法的效果对比。

表4-10　某厂常规挡渣方法与滑板挡渣方法的效果对比

项　　目	常规挡渣指标	滑板挡渣指标	变化值
钢包吨钢渣量/kg	18.5	8.4	10.1
转炉锰合金收得率/%	89.12	90.09	0.97
吨钢精炼石灰/kg	2.1	1.6	0.5
吨钢精炼碳化钙/kg	0.74	0.48	0.26
吨钢精炼碳化硅/kg	0.76	0.52	0.24
吨钢精炼硅钙钡/kg	0.69	0.42	0.27
精炼调渣时间/min	8.0	6.2	1.8

转炉应用滑动出钢口控渣出钢技术，减少了转炉出钢到钢包的下渣量，减少了

脱氧剂和合金消耗，提高了钢水洁净度和合金的收得率。经测算，去除滑动出钢口耐材等运行费用，仅减少 LF（钢包炉精炼法）精炼造渣料及脱氧剂消耗，可降低吨钢成本 1.5~2.0 元。需要注意的是，挡渣出钢后应向钢包加覆盖渣对钢液进行保温。

为了防止钢包回磷或使回磷降低至最低限度，需要严格管理和维护好出钢口，避免出钢下渣；采取挡渣出钢，减少出钢带渣量。出钢过程向钢包内加入钢包渣改质剂，一方面可以抵消因硅铁脱氧后引起炉渣碱度的降低；另一方面可以稀释熔渣中磷的含量，以减弱回磷反应。另外，挡渣不好时精炼前应扒除钢包渣。

B　出钢口的维护

转炉出钢时出钢口应保持一定的直径、长度和合理的角度，以维持适宜的出钢时间。若出钢口变形扩大，出钢不仅易散流，而且还会大流下渣，出钢时间缩短等，这不仅会导致回磷，而且会降低合金收得率。出钢时间太短，加入的合金未得到充分熔化，分布也不均匀，影响合金收得率的稳定性；出钢时间过长，加剧钢流二次氧化，脱氧负担加重，而且也会造成钢水温降过大，同时也会影响转炉的生产率。

出钢口需要定期更换，可采用整体更换的办法，也可采用重新制作出钢口的办法。在生产中对出钢口应进行严格的检查维护。为延长出钢口的使用寿命，一方面要提高出钢口的材质，另一方面在不影响钢水质量的前提下，要造新渣减少熔渣对出钢口的侵蚀、冲刷。此外采用前述挡渣出钢的方法，也能延长出钢口的使用寿命。

4.2.6　脱氧和合金化

4.2.6.1　脱氧

向钢中加入一种或几种与氧亲和力比铁大的元素，夺取钢中多余氧，生成不溶于钢水的脱氧产物，并从钢水中上浮进入渣中，使钢中氧含量达到所炼钢种要求的操作称为脱氧。炼钢是氧化精炼过程，冶炼终点钢中氧含量较高（一般为 0.02%~0.08%），为保证钢的质量和顺利浇注，冶炼终点钢水必须脱氧。通常，镇静钢允许氧含量为 0.002%~0.007%。脱氧的目的是把氧含量脱除到钢种要求的范围，排除脱氧产物和减少钢中非金属夹杂物数量，以及改善钢中非金属夹杂物的分布和形态；此外，还要考虑细化钢的晶粒。

脱氧方法主要有三种：沉淀脱氧、扩散脱氧和真空脱氧。

沉淀脱氧是把块状脱氧剂加入钢中的一种脱氧方法。其原理是在冶炼终点时，向炉内或钢包内加入一些比铁更易氧化的元素，如 Al、Si 和 Mn 等元素，使之与钢液中的氧结合生成 Al、Si 和 Mn 的氧化物，这些氧化物因不溶解于钢液而从中排除出来，达到脱氧的目的，便称沉淀脱氧。

扩散脱氧时，脱氧剂加到熔渣中，通过降低熔渣中的（FeO）含量，使钢水中氧向熔渣中转移扩散，达到降低钢水中氧含量的目的。钢水平静状态下扩散脱氧的时间较长，脱氧剂消耗较多，但钢中残留的有害夹杂物较少。合成渣洗、LF 白渣精炼均属扩散脱氧，其脱氧效率较高，但必须有足够时间使夹杂物上浮，若配有吹氩搅拌装置，效果会非常好。

真空脱氧的原理是将钢包内钢液置于真空条件下（如 RH 精炼），通过抽真空打破原有的碳氧平衡，促使碳与氧的反应，达到通过钢中碳去除氧的目的。这种方法不消耗合金，脱氧比较彻底，脱氧产物为 CO 气体，不污染钢液，而且在排出 CO 气体的同时，还具有脱氢、脱氮的作用。

转炉炼钢普遍采用沉淀脱氧法。随着炉外精炼技术的应用，根据钢种的需要，钢水（转炉或电炉钢水）也可采用真空脱氧。

选择脱氧剂除考虑脱氧能力外，还应考虑脱氧产物尽量不溶于钢中和易于排除，即使滞留钢中，其危害应尽可能小。此外，脱氧剂应该来源广，价格便宜。常用的脱氧剂主要为 Mn、Si、Al 等，而且多以铁合金形式使用。复合脱氧剂会使脱氧常数下降，因而脱氧能力提高，同时其脱氧产物的熔点比单一氧化物低。经常使用的复合脱氧剂诸如 Si-Mn、Si-Ca、Si-Al、Si-Mn-Al、Al-Si-Ca、Si-Al-Ba 等合金。

对于用硅铝铁和铝做脱氧剂，硅铝铁中铝的收得率比单独使用金属铝提高 46.3%~85.4%，其原因是硅铝铁的密度比金属铝高一倍，加入钢中时上浮速度明显减慢，有利于合金向钢中的溶解，实践检验证实其脱氧产物为低熔点物质，因此溶解速度加快。

氧气顶吹转炉在出钢时若不脱氧，那么钢液在浇注过程中，随着温度的下降，会引起钢液与碳的再氧化反应，生成 CO 气泡，导致铸坯产生皮下气泡。另外，钢中的氧能使钢材变脆、塑性下降，所以在冶炼终点时要进行脱氧。影响终点钢水溶解氧的主要因素有：

（1）钢中氧含量主要与含碳量有关，即终点碳越低，钢中溶解氧就越高，后吹能使钢中氧含量剧烈增加，它们服从碳-氧平衡规律。当 $P_{CO}=1.01325\times10^5$Pa 时，$m=w[C]\cdot w[O]$。m 称为平衡的碳氧浓度积。当碳含量不高（<0.5%），温度为 1600℃左右，$m=0.0025$。于是可由钢液的含碳量估计氧浓度。

（2）在冶炼低碳钢的条件下，钢水中的溶解氧还与炉渣中的（FeO）含量有关，钢液中的溶解氧随炉渣中（FeO）的增加而增多。

（3）钢中的溶解氧随温度升高而增加。

生产碳素钢时，根据终点钢水成分、钢种、钢水量、铁合金成分及其收得率（常用 η 表示），可按式（4-13）计算脱氧剂加入量：

$$V_{脱氧剂加入量}=(w[E]_{规格中限}-w[E]_{终点残余})\times V_{出钢量}/(w[E]_{脱氧剂}\times\eta_E),\ kg/炉 \tag{4-13}$$

式中 $w[E]_{规格中限}$——钢中元素 E 的规格中限，通常 $w_{规格中限}=(w[E]_{规格上限}+w[E]_{规格下限})/2$；

$w[E]_{终点残余}$——冶炼钢液元素 E 的终点残余；

$w[E]_{脱氧剂}$——脱氧剂中元素 E 的含量；

η_E——脱氧剂中元素 E 的收得率。

准确判断和控制脱氧元素收得率，是达到脱氧目的和提高成品钢成分命中率的关键。脱氧剂的收得率受钢水和炉渣氧化性、钢水温度、出钢的下渣状况、脱氧剂块度、比重、加入时间和地点、加入次序等多方面影响，需要具体情况具体分析。镇静钢主要采用炉内预脱氧-钢包内补充脱氧或全部脱氧剂加入钢包内的脱氧方法。沸腾钢主要采用Fe-Mn脱氧，脱氧剂全部加入钢包内，出钢时加少量铝调整钢水氧化性。

脱氧元素的收得率指的是脱氧元素被钢水吸收的部分与其加入总量之比。它受多种因素影响，主要有：

（1）钢水氧化性越强，收得率就越低。终点［O］主要取决于终点［C］，所以，终点［C］的高低是影响收得率的主要因素。

（2）终渣（FeO）含量高，则［O］也高，收得率较低。

（3）脱氧能力强的合金元素收得率较低。

（4）在钢水氧化性相同的条件下，加入某种元素合金的总量越多，则该元素的收得率越高。

（5）同钢种先加的合金元素收得率较低，后加的则较高。若先加入部分金属Al预脱氧，后续加入其他合金元素的收得率就高。

（6）元素块度过大，不易熔化，导致成分不均；元素块度过小（粉末）易被裹入渣中，烧损大，收得率降低。

（7）出钢钢流细小且发散，增加了钢水的二次氧化，出钢下渣早、多，都会降低收得率。

4.2.6.2　合金化

为了使钢获得一定的物理化学性能，在出钢过程中需要向钢水中加入一定量的各种有关的合金元素以调整钢水成分，使之符合所炼钢种成分的要求，从而保证获得所需要的物理化学性能，这种工艺操作称为合金化。实际上，脱氧和合金化大多同时进行。冶炼一般合金钢或低合金钢时，合金加入量的计算方法与脱氧剂加入量基本相同，如式（4-14）所示，但由于加入的合金种类较多，必须考虑各种合金带入的合金元素，例如，有些合金的加入会引起钢液中碳含量的增加，其计算如式（4-15）所示。此外，应根据合金对氧的亲和力、熔点、比重等决定加入时间、地点和必须采取的助熔或防氧化措施。

$$W_{合金} = (w[M]_{规格中限} - w[M]_{终点残余}) \times W_{钢} / (w[M]_{合金} \times \eta_M),\ kg/炉 \tag{4-14}$$

式中　$W_{合金}$——合金加入量，kg；

$W_{钢}$——出钢量，kg；

$w[M]_{规格中限}$——钢种中元素M的规格中限，通常用$w[M]_{规格中限} = (w[M]_{规格上限} + w[M]_{规格下限})/2$表示；

$w[M]_{终点残余}$——冶炼钢液元素M的终点残余；

$w[M]_{合金}$——合金中元素M的含量；

η_M——合金中元素M的收得率。

$$W_{碳} = W_{合金} \times w[C]_{合金} \times \eta_C \tag{4-15}$$

式中　$W_{碳}$——合金增碳量，kg；

$w[C]_{合金}$——合金中元素碳的含量；

η_C——合金中元素碳的收得率。

各种元素的脱氧能力由弱到强顺序排列如下：Mn、Cr、Nb、Si、B、Ti、Al、Zr、Ca。

脱氧合金的加入原则：加入顺序应是先弱后强，弱脱氧剂在钢液均匀分布时，加入强脱氧剂，便于形成低熔点的化合物，且为液体的颗粒。这样不仅保证钢液达到钢种所要求的脱氧程度，而且使脱氧产物易于上浮而排除，满足钢种的质量要求。

钢包内的脱氧和合金化：在出钢过程中，把全部合金加在钢包内，冶炼一般钢种，包括低合金钢，采用钢包内脱氧，能达到钢材质量的要求，且能缩短冶炼时间，有较高的合金收得率。合金加入时间一般控制在钢水流出量的1/4开始至3/4结束；加入的部位应是在钢流冲击处，同时进行钢包底部强吹氩气搅拌，有利于合金熔化和搅拌均匀。

4.3 溅渣护炉技术

4.3.1 溅渣护炉技术原理

溅渣护炉技术指的是使用高压氮气将（MgO）含量较高的炉渣喷吹到转炉炉衬上，进而凝固到炉衬上，减缓炉衬耐火材料的侵蚀速度，从而达到提高转炉炉龄的操作，其技术要点主要包括：

（1）转炉内需留有合理的渣量，通常控制在吨钢80~120kg较合适。

（2）炉渣特性控制包括终渣（MgO）含量以高于8%为宜，尤以镁碳砖砌筑的转炉为宜；终渣（FeO）含量控制在12%~18%为宜；合适的炉渣黏度，容易溅起、易挂渣、均匀又防止炉底上涨和炉膛变形。

（3）溅渣操作参数控制，氮气压力与流量和氧气压力、流量相接近时，效果较好，枪位高度需要根据企业实践探索，可控制在1.0~2.5m之间变化。溅渣时间通常控制在2.5~4min，大多数企业的生产实践表明枪位夹角选取12°比较理想。

4.3.2 溅渣护炉技术操作步骤

溅渣护炉技术的主要操作步骤如下：

（1）将钢出尽后留下全部或部分炉渣；

（2）观察炉渣稀稠、温度高低，决定是否加入调渣剂，并观察炉衬侵蚀情况；

（3）摇动炉子使炉渣涂挂到前后侧大面上；

（4）下枪到预定高度，开始吹氮、溅渣，使炉衬全面挂上渣后，将枪停留在某一位置上，对特殊需要溅渣的地方进行溅渣；

（5）溅渣到所需时间后，停止吹氮，移开喷枪；

（6）检查炉衬溅渣情况，判断是否需要局部喷补，如已达到要求，即可将渣倒出到渣罐中，溅渣操作结束。

4.4 顶底复合吹炼转炉

所谓复合吹炼工艺，对氧气顶吹转炉而言，就是除了从原有的顶部氧气喷枪保持一定距离向金属熔池喷吹氧气外，为了强化对金属熔池的搅拌，还要通过炉底向金属熔池喷吹一定量的气体，以加快冶金反应。

在冶炼过程中，氧气顶吹转炉对金属熔池的搅拌力主要来自熔池内部脱碳反应生成的一氧化碳气泡的上浮力与膨胀力，其次才是顶吹氧枪氧气射流对金属熔池的冲击作用。冶炼初期和冶炼低碳钢的末期由于脱碳反应缓慢，生成的一氧化碳很少，因此熔池的搅拌作用很弱，结果使得冶金反应随之减慢，很难趋近于平衡状态，这是氧气顶吹转炉炼钢法工艺本身的弱点。采用复合吹炼法后，由于有底吹气体强化了金属熔池的搅拌，使冶炼反应比较容易趋近于平衡状态，从而克服了单纯顶吹的弱点，其结果是降低钢铁料消耗，并节约铁合金的用量，有利于低碳钢的冶炼和减少造渣材料的用量。

通常炉底供气有采用喷嘴和透气砖两种方法。供气种类可选择非氧化性气体如氩气、氮气等，也可以选用氧化性气体如氧气、空气等。在采用氧气时，只能采用喷嘴并需要使用保护性气体或液体（碳氢化合物或燃料油）。复合吹炼对氧气底吹转炉而言，除仍保留底吹转炉原有的底部供氧喷嘴外，还在顶部配备供氧喷枪。自金属熔池上部喷吹氧气，能使炉气中的一氧化碳在炉膛内进行二次燃烧，从而提高转炉的热效率，达到增加炉料中废钢比例的目的。

转炉顶底复合吹炼工艺是转炉炼钢的一项重大技术改革。从转炉底部吹入适量的惰性气体进行搅拌，可改善转炉冶炼过程的冶金条件，减少吹损，提高金属收得率，降低原材料消耗，提高生产效率，兼具顶吹转炉的优点，因而近几年来，这项技术发展很快。

4.5　转炉炼钢新技术

转炉炼钢的新技术主要包括有前述的铁水预处理（三脱）、顶底复合吹炼、溅渣护炉与转炉长寿、转炉炼钢自动控制技术以及煤气回收与负能炼钢等。

4.5.1　转炉炼钢自动控制技术

"副枪的构造及工作原理"微课视频

转炉炼钢自动控制技术主要分为三个阶段：

（1）静态控制，其指的是依据冶炼初始条件（包括铁水重量、成分、温度、废钢重量、种类等），要求的终点目标（包括终点温度、化学成分）以及参考炉次的参考数据，计算出本炉次的氧耗量，确定各种辅原料的加入量和吹炼过程氧枪的高度。静态控制包括三个模型：氧量模型、枪位模型和辅原料模型。这样可基本命中终点的含碳量和温度目标。

（2）动态控制，其指的是当转炉供氧量达到氧耗量的85%左右时，降低吹氧流量，副枪开始测温、定碳，并把测得的温度值及碳含量送入过程计算机。过程计算机计算出达到目标温度和目标碳含量所需补吹的氧量及冷却剂加入量，并以副枪测到的实际值作为初值，以后每吹 3s 的氧气量，启动一次动态计算，预测熔池内温度和目标碳含量，当温度和碳含量都进入目标范围时，发出停吹命令。终点碳和温度的命中率可达 80%以上。但动态控制不能对造渣过程进行有效监测和控制，不能降低转炉喷溅率，不能对终点S、P含量进行准确控制，S、P成分不合格会造成后吹时有增加，不能实现计算机对整个炼钢吹炼过程进行闭环在线控制。

（3）全自动控制，其指的是在静态、动态控制的基础上，通过对炉渣的在线监测，控制喷溅，并全面预报终点C、S、P和温度，实现闭环控制。以某钢厂转炉全自动控制为例，此种控制方法优点具体体现在：

1）提高终点碳含量控制精度，低碳钢±0.015%，中碳钢±0.02%，高碳钢±0.05%，温度±10℃。

2）实现对终点S、P、Mn含量的准确预报，精度为S±0.009%，P±0.001%，Mn±0.09%。

3）冶炼中高碳钢的后吹率从60%下降到32%。

4）喷溅率从29%下降到5.4%。

5）停氧到出钢时间从8.5min缩短到2.5min。

6）铁收得率提高0.49%，石灰消耗量吨钢减少3kg。

7）转炉炉龄提高30%。

表4-11给出了三种转炉自动控制技术的性能比较。

表4-11 三种转炉自动控制技术的性能比较

控制方式	检测内容	控制目标	控制精度	命中率
静态控制	铁水温度、成分和质量，各种辅原料成分和质量，氧气流量和枪位	根据终点碳［C］和温度T要求确定吹炼方案、供氧时间和原辅料加入量	［C］±0.03%，T ±15℃	50%
动态控制	静态检测内容全部保留，增加副枪测温、定碳，取钢水样	静态模型预报副枪检测点，根据［C］、T检测值修正计算结果，预报达到终点的供氧量和冷却剂加入量	［C］±0.02%，T ±12℃	80%~90%
全自动控制	动态检测内容全部保留，并增加了渣检测、烟气分析、Mn光谱强度连续检测	在线计算机闭环控制，吹供氧工艺、吹搅拌工艺、造渣工艺、终点预报T、［C］、［S］、［P］，全程预报碳含量和温度	［C］±0.015%，T ±10℃	≥90%

4.5.2 转炉煤气回收与负能炼钢

转炉吹炼过程中会产生含CO成分为主体、少量CO_2和其他微量成分的气体，其中还夹杂着大量铁氧化物、金属铁料和其他细小颗粒固体尘埃，这股高温、含尘的气流，冲出炉口进入烟罩和净化系统。在炉内的原生气体称炉气；冲出炉口后称烟气。倘若任其放散，就会严重地污染环境。转炉烟气具有高温、流量大、含尘量多、有毒性和爆炸性等特点，针对这一特点应积极采取措施加以综合利用，使其“变害为利，变废为宝”。对于这些气体的处理方法主要有两种：燃烧法和未燃法。

燃烧法指的是炉气冲出炉口进入烟罩后，与足够的空气混合，使烟气中可燃成分完全燃烧，形成大量的高温废气，再经冷却、净化，通过风机抽引排放于大气之中。而未燃法指的是炉气冲出炉口进入烟罩，通过控制使烟气中可燃成分尽量不燃烧，再经冷却、净化后，由风机抽引送入回收系统贮存加以利用。目前绝大多数顶吹转炉的烟气采用未燃法处理。未燃法又分为湿式净化回收法（又称 OG 法）和干式净化回收法（又称 LT 法）。

4.5.2.1 OG 法

OG 法以串联的双级文氏管为主流程的煤气回收法，简称为 OG（Oxygen converter gas recovery）。这是一种湿法净化和回收煤气的方法，目前转炉大多仍采用以文氏管洗涤器为基础的 OG 法。OG 法主要由汽化烟道、一级文氏管、重力脱水器、二级文氏管、90°弯头脱水器、湿旋脱水器（复式挡板脱水器）、风机等设备组成。

OG 法具有以下特点：

（1）净化系统设备紧凑。系统设备实现了管道化，系统阻损小，不存在死角，煤气不易滞留，生产安全。

（2）设备装备水平较高。通过炉口的微差压来控制二级文氏管喉口的开度，以适应吹炼各期烟气量的变化及回收、放散的切换，实现了自动控制。

（3）烟气净化效率高。

（4）系统的安全装置完善。

转炉冶炼过程中产生的烟气经炉口活动烟罩捕集到汽化冷却烟道，由汽化冷却烟道出来的高温烟气经溢流文氏管后饱和并降温，经过重力脱水器，烟气得到初步净化，饱和后的烟气经 R-D 可调喉口文氏管、90°弯头脱水器及复式挡板脱水器，烟气进一步被净化，并符合排放标准，净化后的烟气经室外管道流入煤气风机，当烟气成分符合回收条件时回收入煤气柜，否则放散。转炉 OG 法净化回收系统工艺流程如图 4-16 所示。

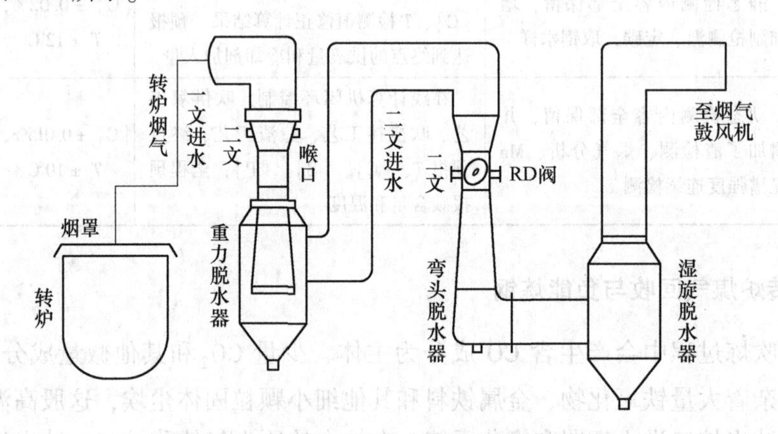

图 4-16 转炉 OG 法净化回收系统工艺流程

4.5.2.2 LT 法

LT 法烟气净化回收处理工艺设施主要由烟气冷却系统、烟气净化系统、烟气回收系统、水处理系统和热压块系统组成，其工艺流程如图 4-17 所示。

烟气冷却系统由活动烟罩、罩裙和汽化冷却烟道等组成，主要功能是捕集、冷

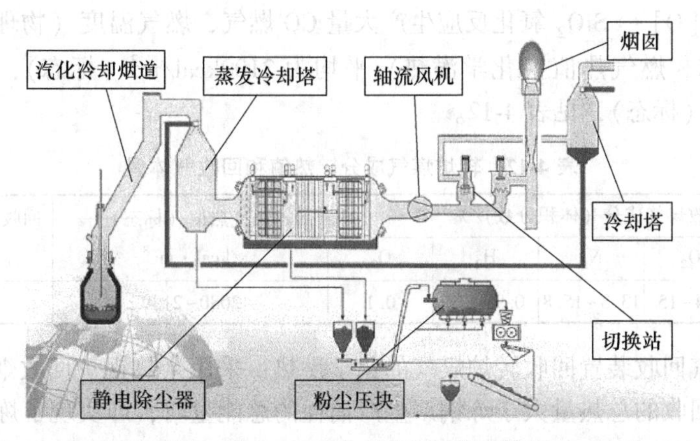

图 4-17 转炉 LT 法净化回收系统工艺流程

却烟气和回收烟气显热；烟气净化系统由蒸发冷却器、电除尘器、粗粉尘输送系统、细粉尘输送系统、ID 主引风机和放散烟囱等组成，主要功能是对烟气进行再冷却和净化、将收集到的粉尘输送至热压块设施；煤气回收系统由切换站和煤气冷却器等组成，主要功能是回收烟气潜热，将合格煤气降温后送入煤气柜；水处理系统由水泵和冷却塔等组成，主要功能是为蒸发冷却器和煤气冷却器供水；热压块设施由回转窑、压块机及粉尘和成品块输送设备等组成，主要功能是将粉尘热压成块，替代转炉冶炼所需的废钢或铁矿石。

转炉 1600℃的高温烟气经汽化冷却烟道冷却至 800~1000℃后，进入蒸发冷却器。在汽化冷却烟道末段装有双介质喷枪，高压水通过喷枪雾化后喷入汽化冷却烟道和蒸发冷却器内，并完全蒸发。烟气被冷却到 200℃左右经连接管道进入静电除尘器。在静电除尘器内烟尘进一步净化后进入切换站。切换站由两个钟形阀组成，对煤气回收及放散进行快速切换。当氧含量不低于 1%和煤气不符合回收要求时，煤气经烟囱点火后放散，烟尘排放浓度小于 15mg/m^3（标态），当氧含量小于 1%且煤气符合回收要求时，煤气进入喷淋冷却器，温度降至 70℃以下直接送入煤气柜，煤气含尘浓度小于 10mg/m^3（标态）。电除尘器收集下的粉尘通过输灰装置排出，可送至烧结工序直接利用。

与 OG 法相比，LT 法具有以下优点：

（1）节约用电 50%左右，以某 60t 转炉为例，LT 法总装机容量 560kW，而 OG 法为 1260kW。

（2）系统阻力小，一般 OG 法为 20000Pa，LT 法为 7000Pa。

（3）不需要污水处理设施。

（4）排放浓度低，一般 OG 法在 80mg/m^3（标态），而 LT 法小于 10~15mg/m^3（标态）。

（5）粉尘为干精矿粉，可直接送至烧结工序利用。

4.5.2.3 负能炼钢

氧气转炉炼钢的基本化学反应是碳、硅等元素在氧化反应中放热。[C] + [O] →

CO，[Si] + [O] → SiO_2 氧化反应生产大量CO燃气，燃气温度（物理热）平均为1500～1600℃，燃气热值（化学潜热）平均为2100kcal/m^3（标态），燃气波动在97～115m^3/t（标态），见表4-12。

表4-12　转炉煤气成分、热值和回收气体量

回收煤气成分（体积分数）/%					煤气热值（标态）/kcal·m^{-3}	回收煤气量（标态）/m^3·t^{-1}
CO	CO_2	N_2	H_2	O_2		
67.7～71.2	14.4～15	13.3～15.8	0.9～1.2	0.1	2080～2189	97～115

采用煤气回收装置回收转炉煤气的化学潜热；采用余热锅炉回收烟气的物理显热。当炉气回收的总热量大于炼钢厂生产消耗的总能量时，即实现了炼钢厂"负能炼钢"。日本君津钢厂、我国宝武集团均实现了"负能炼钢"，各钢厂回收煤气量和转炉工序能耗情况见表4-13。

表4-13　各钢厂回收煤气量和转炉工序能耗情况

钢厂名	宝武集团-宝钢	宝武-武钢三炼钢	君津钢厂
铁水比/%	82.57	83.72	89.0
回收煤气量（标态）/m^3·t^{-1}	105.9	112.91	99.8
转炉工序能耗（标煤）/kg·t^{-1}	-10.67	-5.08	-6.27
产钢量/t	849×10^4	266×10^4	—

4.5.3　转炉脱磷炼钢技术

转炉脱磷炼钢技术是钢水在转炉中进行脱磷冶炼以后，再放到另一座转炉当中执行脱碳升温处理的技术。目前转炉脱磷技术已经在钢铁工业领域得到了初步应用。这种转炉脱磷炼钢技术能够生产出高质量的钢水，从而为高端产品的生产打下深厚的基础。这一新型炼钢技术也使钢铁工业在炼钢时，节省了大量的转炉炼钢成本。

4.5.4　转炉少渣炼钢技术

转炉少渣炼钢技术如今在钢铁工业炼钢中得到了广泛的应用。转炉少渣炼钢技术是对脱碳炉渣采取循环使用的一项技术，它是将上一炉脱碳处理以后的炉渣进行保留，并将其放在下一炉当中进行使用。此技术使传统转炉冶炼需要在脱碳处理以后才能进行高碱度炉渣进行排出的方式得以改变，并且保证了转炉炉内能够存在一定的炉渣，使其在脱磷结束以后排出的都是低碱度的炉渣。此技术的有效应用，使其能够进行安全的脱铁作业和脱磷处理的高效化，并且解决了大渣量溅渣护炉的问题，从而实现了建立转炉少渣炼钢技术的脱磷和脱碳的技术控制模型，以此完成了自动化控制的目的。

4.5.5 提高废钢比技术

由于废钢资源总量的增加以及废钢价格的降低，钢铁企业开始通过提高转炉废钢比的方法来节约炼钢成本，降低环境污染和提高效益。2019 年，全国粗钢产量 9.9634 亿吨，废钢消耗总量 2.4 亿吨，比 2018 年增加 0.53 亿吨。提高炼钢过程的废钢比，可以有效降低转炉炼钢成本，提高经济效益，正逐渐成为钢铁企业的共识。废钢是一种可以循环利用的铁资源，通过提高废钢比，将废钢返回炼钢过程重新使用，可以大幅降低环境污染，提高综合生产效率，增加钢铁企业的经济效益，这也是钢铁行业的长期发展战略。

目前提高转炉废钢比的措施包括：出铁过程中加废钢、铁水罐加废钢及预热、废钢槽加废钢及预热、炉后加废钢等。

4.5.6 采取石灰石替代部分石灰造渣技术

目前，诸多钢厂研究了转炉炼钢用石灰石代替部分石灰造渣过程中石灰石的行为，论证了转炉采用石灰石造渣炼钢的相对合理方案，同时也阐述了石灰石应用于转炉炼钢的优越性，既可以部分替代活性石灰，也可以平衡转炉富余热量，减少氧化铁皮和废钢的使用量，为炼钢生产节约了成本，创造了更大的利润空间。

近段时间中，炼钢技术的进步体现为：以充分利用钢材技术的进步的“二次精炼”；“全连铸化”的凝固成型；产品专业系列化（基于连续轧制）等，这些都使得转炉流程工艺结构技术愈发优化，效率也更高。为数不少的新型转炉炼钢技术很大程度上“撼动”转炉在目前的统治地位，从而展示出转炉技术快速发展这一积极局面。

在将来，转炉炼钢这一领域的发展重点依旧是有效地降低操作成本、缩短冶炼周期，按照我国的目前状况，高附加值优质钢的制造必将成为这一领域的重点所在，尽管其成本会有所上升，但其售价的升高也会给企业带来相应效益。但是，提高炼钢技术依然是压缩成本关键所在。如今，我国的转炉炼钢行业依然有着广阔的发展前景，为响应“节能环保”这一国际社会呼吁，合理利用资源已经成为了诸多行业的“重点关注对象”，对于炼钢为代表的重工业企业依旧是经济发展中的“重头戏”。

随着转炉炼钢技术的不断发展，炼钢设备的不断优化和创新，传统的转炉炼钢过程逐步单一化，使得冶炼过程分为多个功能阶段，单一冶炼设备进行单一功能操作，将逐步转变为炼钢生产的未来的发展方向。

我国的转炉炼钢技术虽然进步较大，但生产技术经济指标仍与国际先进水平有不小差距。钢铁产能过剩、钢铁企业利润低甚至亏损的格局在短时间内无法改变，转炉炼钢由于是生产粗钢的主要生产工艺，所以在能源、矿产储量等多方面受到较大限制，而生产的粗钢价格相对低廉，故转炉钢厂应节能降耗、节约成本、提高生产率，这样才能进一步提高我国转炉炼钢企业在钢铁生产市场上的竞争力。

课后复习题

4-1　名词解释

炉容比；分阶段定量装入；供氧强度；氧枪枪位；冷却效应；留渣操作；高拉补吹法。

4-2　填空题

(1) 控制钢水终点碳含量的方法有_______、_______和_______三种。

(2) 转炉冶炼中氧枪喷头的类型是________，它由________、________、________三部分组成。

(3) 造渣制度的具体内容是确定加入造渣材料的种类、数量和________，并与之相应的供氧制度、温度制度相配合。

4-3　判断题

(1) 吹炼过程中引起喷溅的根本原因是渣中氧化铁含量过高而产生大量的泡沫渣。　(　　)

(2) 为了搅拌熔池，加快脱碳速度可适当用高枪位吹炼。　(　　)

(3) 铁水中含硅、磷较高，则吹炼过程中渣量大，炉容比应大一些。　(　　)

4-4　选择题

(1) 关于脱氧与合金化描述正确的是（　　）。

A. 先脱氧，后合金化　　B. 先合金化，后脱氧

C. 脱氧与合金化同时进行　　D. 包内脱氧合金化宜加入大量的合金

(2) 通过观察钢样火花来判断终点钢水成分时，如果钢水颜色较红，跳出的火花中有小红颗粒随出，则说明钢水中含量较高的是（　　）。

A. C　　B. Si　　C. Mn　　D. P

(3) 我国石灰活性度的测定采用（　　）。

A. 盐酸滴定法　　B. 温升法　　C. pH 法　　D. 煅烧法

4-5　简答题

(1) 氧枪枪位与熔池搅拌、熔池温度和渣中（FeO）的关系？

(2) 溅渣护炉技术的基本原理是什么？

(3) 转炉炼钢生产的工艺制度主要包括哪几部分？

5 炉外精炼技术

所谓炉外精炼，就是按传统工艺，将在常规炼钢炉中完成的精炼任务，如去除杂质（包括不需要的元素、气体和夹杂物）、成分和温度调整以及均匀化等任务，部分或全部地转移到钢包或其他容器中进行。因此，炉外精炼也称为二次精炼或钢包冶金。

炉外精炼把传统的炼钢方法分为两步，即初炼加精炼。初炼是在氧化性气氛下进行炉料熔化、脱磷、脱碳和主合金化；精炼是在真空、惰性气氛或可控气氛的条件下进行脱氧、脱硫、去除夹杂物和夹杂物变性、调整成分（微合金化）、控制钢水温度等。

长期以来，特殊钢大多是在电弧炉内熔化和精炼的。随着科学技术的发展，各行业对炼钢的生产率、钢的成本、钢的洁净度以及使用性能都提出了愈来愈高的要求。传统的炼钢设备和炼钢工艺难以满足用户越来越高的要求。20 世纪 60 年代，在世界范围内，传统的炼钢方法发生了根本性的变化，即由原来单一设备初炼及精炼的一步炼钢法，变成由传统炼钢设备初炼，然后再炉外精炼的二步炼钢法，形成各种各样的炉外精炼法。

传统的钢铁生产流程“高炉→炼钢炉（转炉或电弧炉）→铸锭”已逐步被新的工艺流程所代替，即“高炉→铁水预处理→炼钢炉→炉外精炼→连铸”，这已成为国内外大型钢铁企业技术改造后的普遍模式。

5.1 炉外精炼概述

5.1.1 炉外精炼的目的

随着科学技术的进步和工业的发展，用户对钢质纯净度、化学成分均匀性的要求越来越高，而且需要降低钢材生产成本及提高生产率，这些要求都促进了炉外精炼技术的发展。

炉外精炼在现代化的钢铁生产流程中已成为一个不可缺少的环节，尤其炉外精炼与连铸相结合，是保证连铸生产顺行、扩大连铸品种、提高铸坯质量的重要手段。

炉外精炼设备的构思各不相同，依各自条件而定。不仅要建造真空脱气设备和钢包炉，而且要综合使用真空脱气（VD）、真空吹氧脱碳（VOD）和钢包炉（LF）设备或真空循环脱气法（RH）。当设备制造厂设计一种炉外精炼设备时，它必须考虑操作目的以及和这种设备有关的精炼方案。

自从开始采用真空脱气方法以来，人们已开发了许多不同的炉外处理方法，所有这些方法都属于炉外精炼范围。为达到冶金和操作目标，可采用不同的炉外精炼方法和工艺，这取决于设备布置，可利用的原料、炉料、能源及公共设施，炉容量以及对钢质量的要求诸因素。

炉外精炼的目的主要有：脱硫；脱碳；去除氧化物；用 CO 还原；脱气（包括氢、氧、氮）；合金化；控制夹杂物形态；均匀化（成分和温度）；加热（包括化学加热和电加热）。

5.1.2　炉外精炼的任务

在现代化钢铁生产流程中，炉外精炼的任务主要是：

（1）承担初炼炉原有的部分精炼功能，在最佳的热力学和动力学条件下完成部分炼钢反应，提高单体设备的生产能力。

（2）均匀钢水，精确控制钢种成分。

（3）精确控制钢水温度，适应连铸生产的要求。

（4）进一步提高钢水纯净度，满足成品钢材性能要求。

（5）作为炼钢与连铸间的缓冲，提高炼钢车间整体效率。

为完成上述精炼任务，一般要求炉外精炼设备具备以下功能：

（1）熔池搅拌功能，均匀钢水成分和温度，促进夹杂物上浮和钢渣反应。

（2）钢水升温和控温功能，精确控制钢水温度，最大限度地减小包内钢水的温度梯度。

（3）精炼功能，包括脱气、脱碳、脱硫、去除夹杂和夹杂物变性处理等。

（4）合金化功能，对钢水实现窄成分控制，并使其分布均匀。

（5）生产调节功能，均衡炼钢-连铸生产。

完成上述任务炉外精炼就能达到提高质量、扩大品种、降低消耗和成本、缩短冶炼时间、提高生产率、协调好炼钢和连铸生产的配合等目的。但是到目前为止，还没有任何一种炉外精炼方法能完成上述所有任务，某一种方法只能完成其中一项或几项任务。各厂生产条件和冶炼钢种不同，一般是根据不同需要配备一至两种炉外精炼设备。

5.1.3　炉外精炼的手段

钢液的炉外精炼可完成脱碳、脱硫、脱氧，去气、调整温度和成分并使其均匀化，脱除夹杂物或调整夹杂物形态，细化晶粒，特殊元素的添加等基本冶炼任务。

为完成上述基本冶炼任务可采取真空处理，吹氩或电磁搅拌，加合金、喷粉或喂丝，加热或加冷料调整温度和造渣处理等手段。可根据不同的目的选用一种或几种手段组合的炉外精炼技术，完成精炼任务。

5.1.3.1　真空

真空是炉外精炼中广泛应用的一种手段。目前被使用的炉外精炼方法中，将近有 2/3 配备有真空装置。按照热力学分析，真空对有气相参加而且反应前后气相分子数不等的反应产生影响。真空促使反应向生成气相的方向移动。在当前选用真空手段的各种炉外精炼方法中，最高的真空度通常有几十帕，所以炉外精炼的真空只对钢液的脱气、用碳脱氧、超低碳钢种的脱碳等反应产生影响。尽管真空度不算太高，但这对促进炉外精炼的一些反应已是足够了。该真空条件可以有效地对钢液脱气。只要钢液暴露于真空中，在较短的时间内，就可使钢中氢的析出反应进行得比较完全。现有的各种带真空的炉外精炼方法，都能将钢中的氢降到 2×10^{-6} ~ 3×10^{-6} 以下，若辅以吹氩、脱碳反应或延长真空脱气时间，可以进一步将氢降到 1×10^{-6} 左右。由于氮在钢中溶解的特点，真空脱氮的效果不及脱氢效果明显，一般脱氮效率在20%~30%。真空促进了碳氧反应的发展，所以在真空下碳的脱氧能力显著提高，利用这一特点，真空精炼可将碳作为有效的脱氧剂，从而获得很纯洁的钢。例如在VOD精炼工艺的安排中，吹氧脱碳结束后，立即提高真空度，利用钢中的碳来脱氧，这不仅保证了钢的洁净度，还为精确控制成分创造了条件。此外，真空还为精炼超低碳钢种提供了可能。深度的脱氧还为脱硫提供了有利条件。因此，冶金功能比较齐全的炉外精炼方法无一例外地具备真空手段。

仅应用真空炉外精炼方法，主要是以脱气为目的，此类方法有VC、SLD、TD等。真空辅以搅拌的炉外精炼方法有芬克尔法、VD、ISLD、DH、RH、PM等。真空辅以搅拌和加热的方法有LFV、SKF、VAD等。真空辅以搅拌和喷吹的方法有VOD、RH-OB等。

5.1.3.2　搅拌

搅拌就是向流体系统中提供能量，使得该系统内部产生运动。炼钢冶炼过程中的搅拌有利于反应物的接触、产物的迅速排除，也利于钢水成分和温度的均匀化。搅拌的方式主要分为吹氩搅拌、电磁搅拌和机械搅拌三种，其中吹氩搅拌和电磁搅拌是现代炉外精炼技术常用的手段。

A　吹氩搅拌

氩气是惰性气体，不溶于钢水，吹氩搅拌是利用氩气泡上浮抽引钢水流动达到搅拌的目的。氩气吹入钢水中形成大量细小气泡，在氩气泡内 $\{N_2\}$ 和 $\{H_2\}$ 等有害气体的分压几乎为零，相当于一个小真空室。因此，从理论上讲，吹氩可脱除钢水中部分有害气体。但吹氩过程会降低钢水温度，所以吹氩时间不宜过长，脱除有害气体的效果有限。

氩气泡在上浮过程中剧烈地搅动钢水，均匀成分和温度，促使夹杂物的上浮排除。尤其是对固态夹杂物（如 Al_2O_3）的上浮排除作用更为显著，因为固态夹杂物与钢水间的界面张力大，容易被氩气泡黏附，氩气泡上浮产生的激烈搅拌增加了氩气泡黏附夹杂物的机会，从而可有效地促进夹杂物的上浮排除。

钢包吹氩还可以促进碳-氧反应，氩气泡表面为碳氧反应提供了形核条件，生成的CO气体向氩气泡内扩散，使钢水进一步脱碳脱氧。

通过钢包或精炼炉底部的透气砖，或从钢包上方插入吹氩枪吹入氩气，这两种吹氩方式分别被称为底吹氩和顶吹氩。底吹氩的精炼效果较顶吹氩效果好，设备也较简单，但对透气砖的质量要求较高。透气砖除要求具有一定的透气性外，还必须能承受钢水的冲刷，具有良好的耐高温强度和耐急冷急热性能，透气砖一般使用刚玉质耐火材料。底吹元件与滑动水口一体化的供气方式可较好地解决透气元件连续使用过程中的堵塞问题。随着透气砖与精炼炉炉衬寿命的同步及透气砖的快速更换等问题的解决，国内底吹氩技术应用已经相当普遍。

B 电磁搅拌

当磁场以一定速度切割钢水导体时，钢水中产生感应电流，载流钢水与磁场相互作用产生电磁力，从而驱动钢水运动，这即是电磁搅拌的工作原理。

无论电磁搅拌器的形式如何，其主要设备都包含变压器、低频变频器和感应线圈。变压器一般采用油浸自然冷却；感应线圈则采用水冷矩形铜管或铝管绕制；变频器通常由可控硅控制，通过调节变频器电频可以达到调节钢水运动速度的目的。

耐火材料的厚度既要保证感应线圈能在高温状态下安全工作，又要能增强电磁搅拌效果。

精炼炉外的电磁感应线圈既可以环绕安装（见图 5-1（a）），也可以片状安装，既可以单片安装（见图 5-1（b）），也可以双片对称安装（见图 5-1（c）和（d））。双片对称安装可以使钢水形成双回流股（见图 5-1（c）），也可以形成单回流股（见图 5-1（d））。单片安装搅拌效果最差，只适用于小型精炼炉。双片对称安装形成单回流股，搅拌效果最好，能耗也较低。

由于感应电流在钢水中形成的涡流产生了热量，因此电磁搅拌还具有一定的保温作用，这是吹氩搅拌无法做到的。

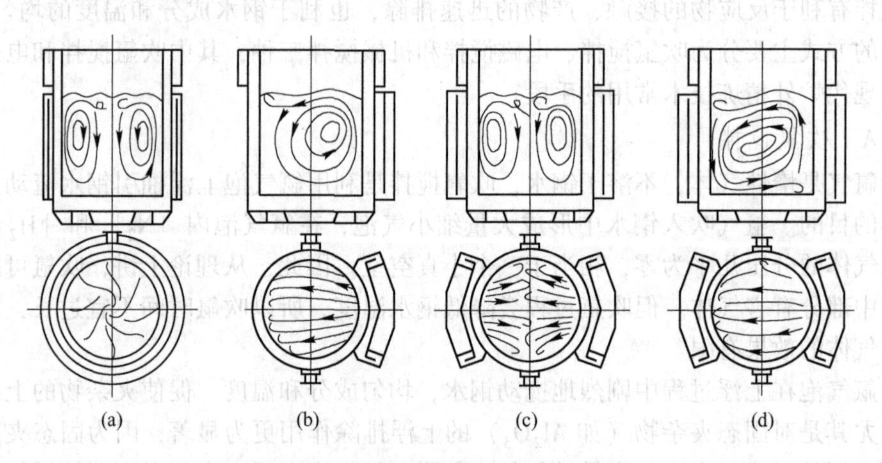

图 5-1 电磁搅拌的类型和钢水的运动状态

（a）环绕安装；（b）单片安装；（c）双片对称安装形成双回流股；（d）双片对称安装形成单回流股

单纯的搅拌手段可以均匀钢水成分和温度，促进夹杂物的上浮，例如钢包吹氩、SAB 和 CAB 等精炼方法，但这些精炼方法的冶金功能比较受限，所以在选用搅拌手段的同时，还应辅以其他精炼手段，搅拌可使这些手段的功能发挥得更充分、更完善。

5.1.3.3 成分调整

炉外精炼过程中可用加块状合金、喷粉或喂丝等方式调整钢水的成分，改善夹杂物形态以及脱硫。

（1）加块状合金。在精炼炉内加块状合金，可以提高合金元素的收得率，保证钢水成分的均匀性。此外，对于采用氧化法加热的精炼方式，加铝还起到发热剂的作用。但对加入的合金有一定的要求，即其应干燥，成分稳定，块度均匀。

（2）喷粉。向钢水中加入 Ca、Mg 等元素，对脱氧、脱硫、改变夹杂物形态都具有良好的效果，但是 Ca、Mg 等元素都是易挥发元素，因钙的蒸气压高(0.18MPa)，沸点低（1492℃），密度小（1.55g/cm^3），在钢水中的溶解度低(0.15%~0.16%)，在常压下与钢水接触会立即汽化，所以应将其制成合金粉剂，用喷枪喷射的方法喷入钢水内部，这是一种十分有效的方法。

喷粉不仅可以调整钢水成分，而且还可以改善夹杂物形态。此外，也可以向钢水内部喷入 CaO 及 CaC_2粉剂，以达到脱硫的目的。喷粉装置通常是将合金或脱硫材料制成粒径在 0.1mm 以下的粉剂，以惰性气体为载体喷入钢水内部，也可以将吹氩搅拌与喷粉结合进行。喷粉与吹氩同样有顶吹和底吹两种方式。载流流量可通过气压加以调节，既要防止气流过强造成钢水液面裸露，也要防止气流过小带不动粉剂。

（3）喂丝。喷射冶金对粉剂的制备、运输、防潮、防爆等要求严格，而且喷粉存在着钢水增氢、温降大等缺点。为此开发出喂丝法，它产生于 20 世纪 70 年代末期。Ca-Si 合金、Fe-RE、Fe-B、Fe-Ti、铝等合金或添加剂均可制成粉剂，用 0.2~0.3mm 厚的低碳薄带钢将其包裹起来，制成断面为圆形或矩形的包芯线，通过喂丝机将包芯线喂入钢水深处，钢水的静压力抑制了易挥发元素的沸腾，使之在钢水中进行脱氧、脱硫、夹杂物变性处理和合金化。喂丝在添加易氧化元素、调整成分、减少设备投资、简化操作、提高经济效益和保护环境等方面比喷粉法更为优越。

在 1600℃时，抑制钙沸腾的钢水深度为 1.4m，在正常温度下包芯线在 1~3s 内才熔化，如果喂丝速度设置为 100m/min，则至少可以喂入 1.6m 深。熔化的球状液态钙缓慢上浮，同时与周围的钢水发生相互作用。喂丝速度过慢、过快都会使包芯线在接近钢液面或上部熔化，影响冶金效果，如图 5-2（a）、（b）所示。试验结果表明，吐丝导管弯度不够或矫直段长度短，也会使包芯线打弯或上翘，不能垂直进入钢包深处，增加包芯线烧损，如图 5-2（c）、（d）所示。要使包芯线垂直喂入钢水深部并熔化，如图 5-2（e）所示，必须采用合理的喂丝工艺参数。

5.1.3.4 温度调整

为了使炼钢与连铸更好地衔接，需要对钢液温度进行合理地调节。对温度进行调整的方法有加热和降温两类方法。

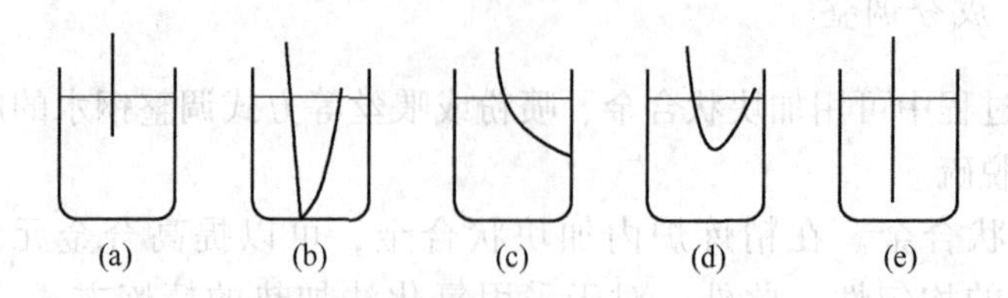

图 5-2　芯线喂入钢包内的几种情况

（a）喂丝过慢；（b）喂丝过快；（c）丝线打弯；（d）丝线上翘；（e）喂丝合理

（1）加热方法：炉外精炼处理加热要求升温速度快，对钢水无污染，成本低。符合这些要求的加热方法并不多，目前炉外精炼常用的加热方法有电弧加热法和化学加热法。

1）电弧加热法。电弧加热法与电弧炉加热的原理相同，利用埋在熔渣中间的石墨电极产生的电弧加热钢水，从而达到升温的目的。通常使用三相交流电通过三根石墨电极进行加热。

电弧加热法的加热速度可根据钢水的升温要求划分为几档，通过调节电压改变加热速度。采用电弧加热法要特别注意在加热过程中的埋弧冶炼，否则冶炼过程中产生的电弧对精炼容器耐火材料的寿命有很大影响。采用直流电弧加热可减少耐火材料蚀损，但直流电弧加热法，精炼炉炉底电极的结构和使用寿命是目前亟需解决的问题。

2）化学加热法。化学加热法是把铝等发热剂加入到钢水中，同时吹氧使之氧化，放出的热量加热钢水，达到升温的目的。也可在出钢时将 C、Si 含量控制在适当高的范围，在真空条件下进行吹氧，靠 C、Si 氧化放出的热量对钢水升温。

（2）降温方法：当钢水温度过高时，可在精炼炉内加入部分清洁小块废钢进行调节。废钢加入后应注意加强搅拌，防止钢水成分、温度的不均匀，必要时还应补加部分合金。此外，适当延长吹氩时间也可以降低钢水温度。

5.1.3.5　造渣

为了在炉外精炼时完成脱硫和脱氧任务，可采用造渣手段。根据冶炼要求，可以造还原渣、碱性渣，也可以造中性渣或酸性渣。氧化性渣洗炼钢时间短，成本消耗低，因而应用较为广泛。

目前，常见的炉外精炼工艺方法有 LF 钢包炉精炼法、RH 真空循环脱气法、钢包喷粉、VOD、AOD、渣洗、吹氩等，每种精炼工艺都有其最主要的精炼功能，例如 RH 真空循环脱气法最主要的精炼功能就是钢水脱气。炉外精炼有利于提高初炼炉的生产率、缩短生产周期、有利于多炉连浇、降低产品成本、提高产品质量、有利于协调初炼炉与连铸工序。图 5-3 是各种炉外精炼方法的示意图，对于炉外精炼手段的选择可参考表 5-1。

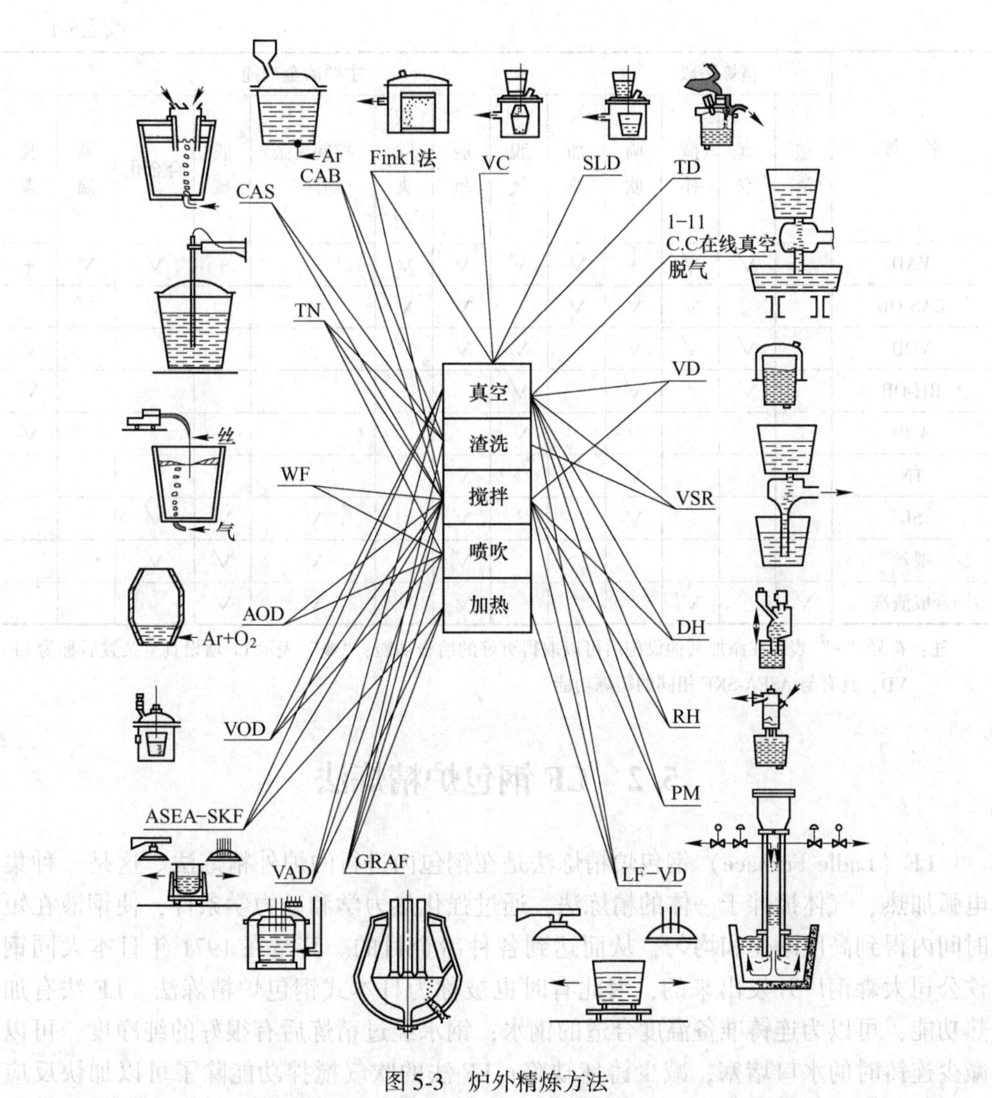

图 5-3 炉外精炼方法

表 5-1 炉外精炼手段与其冶金功能

名称	精炼手段					主要冶金功能							
	造渣	真空	搅拌	喷吹	加热	脱气	脱氧	去除夹杂	控制夹杂物性态	脱硫	合金化	调温	脱碳
钢包吹氩			√					√				√	
CAB	+		√				√	√		+	√		
DH		√				√							
RH		√				√							
LF	+	●	√		√	●	√	√		+	√	√	
ASEA-SKF	+	√	√	+	√	√	√	√		+	√	√	+

续表5-1

名称	精炼手段				主要冶金功能								
	造渣	真空	搅拌	喷吹	加热	脱气	脱氧	去除夹杂	控制夹杂物性态	脱硫	合金化	调温	脱碳
VAD	+	√	√	+	√	√	√	√		+	√	√	+
CAS-OB			√	√	√		√	√			√	√	
VOD		√	√	√		√	√	√					√
RH-OB		√		√		√							√
AOD				√		√							√
TN				√			√			√			
SL				√			√		√	√	√		
喂丝							√		√	√	√		
合成渣洗	√		√				√	√	√	√			

注：符号“+”表示在添加其他设施后可以取得更好的冶金功能；“●”表示 LF 增设真空装置后称为 LF-VD，具有与 ASEA-SKF 相同的精炼功能。

5.2　LF 钢包炉精炼法

LF（Ladle Furnace）钢包炉精炼法是在钢包内进行的炉外精炼法。这是一种集电弧加热、气体搅拌于一体的精炼法，通过强化热力学和动力学条件，使钢液在短时间内得到高度净化和均匀，从而达到各种冶金目的。其是在 1971 年日本大同钢铁公司大森钢厂开发出来的，因此有时也被称为日本式钢包炉精炼法。LF 法有加热功能，可以为连铸准备温度合适的钢水；钢水经过精炼后有很好的纯净度，可以减少连铸时的水口堵塞，减少铸坯缺陷；LF 法的吹气搅拌功能除了可以加快反应速度之外还可以促进钢水成分的快速均匀；LF 法的使用，可以协调初炼炉与连铸机工序，保证多炉连浇。LF 法是目前应用最广泛的炉外精炼技术之一。

LF 炉精炼主要是靠钢包内的白渣，在低氧的气氛中（氧含量低于 0.5%），由钢包底吹氩气进行搅拌并由石墨电极对经过初炼炉的钢水加热而精炼。由于氩气搅拌加速了渣-钢之间的化学反应，用电弧加热进行温度补偿，可以保证较长的精炼时间，从而可使钢水中的氧、硫含量大大降低（大约为 0.001%），夹杂物按 ASTM 评级为 0~0.1 级。LF 炉与氧气转炉（LD）匹配生产优质合金钢。此外，LF 炉还是连铸车间，特别是合金钢连铸生产线上不可缺少的控制成分、温度及保存钢水的精炼方法。因此 LF 炉的出现形成了 LD-LF-RH-CC 新的生产优质钢的联合生产线。在这种联合生产线上的还原精炼主要是靠 LF 炉来完成的。

5.2.1　LF 炉精炼钢液的功能特点

（1）炉内气氛。LF 炉本身一般不具备真空系统。在精炼时，即在不抽真空的大气压下进行精炼时靠钢包上的水冷法兰盘、水冷炉盖及密封橡胶圈的作用可以起到隔离空气的密封作用。再加上高碱度还原性渣以及加热时石墨电极与渣中的(FeO)、(MnO)、(Cr_2O_3)等氧化物作用生成CO气体，增加了炉气的还原性。除此之外，石墨电极还与钢包中的氧气作用生成碳-氧化物，从而可使LF炉内气氛中的氧含量减少到0.5%以下。如此阻止了炉气中的氧向金属熔池传递，保证了精炼时炉内的还原气氛。钢液在还原条件下精炼可以进一步的脱氧、脱硫及去除非金属夹杂物，有利于钢液质量的提高。

(2) 氩气搅拌。良好的氩气搅拌是LF炉精炼的又一特点。氩气搅拌有利于渣-钢之间的化学反应，它可以加速渣-钢之间的物质传递，有利于钢液的脱氧、脱硫反应的进行。吹氩搅拌还可以去除非金属夹杂物，特别是对Al_2O_3类型的夹杂物上浮去除更为有利。特别值得提出的是LF炉的吹氩气搅拌是在排除了大气的密封炉内进行的，因此还可以加大吹氩量。吹氩处理15min，可使钢中大于20μm的Al_2O_3夹杂全部去除，残留钢中的只是小颗粒Al_2O_3夹杂。吹氩搅拌的另一作用是可以加速钢液中的温度与成分均匀，能精确调整复杂的化学组成，而这对优质钢又是必不可少的要求。此外吹氩搅拌还可加速渣中氧化物的还原，对回收铬、钼、钨等有价值的合金元素极为有利。

(3) 埋弧加热。LF炉精炼是采用三根石墨电极进行加热的。加热时电极插入渣层中采用埋弧加热法，这种方法的辐射热小，对炉衬有保护作用，与此同时加热的热效率也比较高，热利用率好。浸入渣中的石墨电极与渣中氧化物反应：

$$C + (FeO) \longrightarrow Fe + CO$$
$$C + (MnO) \longrightarrow Mn + CO$$
$$2C + (WO_2) \longrightarrow W + 2CO$$
$$5C + (V_2O_5) \longrightarrow 2V + 5CO$$

其结果不仅能使渣中不稳定的氧化物减少，提高炉渣的还原性，而且还可提高合金元素的收得率。石墨电极与氧化物作用的另一结果是生成CO气体，CO的生成使LF炉内气氛具有还原性，钢液在还原性气氛下精炼，可进一步提高质量。

(4) 白渣精炼。LF炉是利用白渣进行精炼的，它不同于主要靠真空脱气的其他精炼方法。白渣在LF炉内具有相当强的还原性，这是LF炉内良好的还原气氛和氩气搅拌相互作用的结果。一般渣量为金属量的2%~8%。通过白渣的精炼作用可以降低钢中氧、硫及夹杂物含量。LF炉冶炼时可以不用加脱氧剂，而是靠白渣对氧化物的吸附而达到脱氧的目的。

以上是LF炉四大精炼功能，它们是互相影响、互相依存与互相促进的。炉内的还原气氛，有加热条件下的渣-钢搅拌，提高了白渣的精炼能力，创造了一个理想的炼钢环境，从而能生产出在质量上和生产率上与普通电弧炉不尽相同的钢种。LF炉精炼功能之间的相互关系如图5-4所示。

"LF精炼法的主要设备"微课视频

5.2.2 LF钢包炉精炼设备组成

LF炉精炼系统主要是由钢包、炉盖、石墨电极和石墨电极加热系统、吹氩系统、测温取样系统、控制系统、合金料和合成渣料添加装置、扒渣工位、喷粉工件

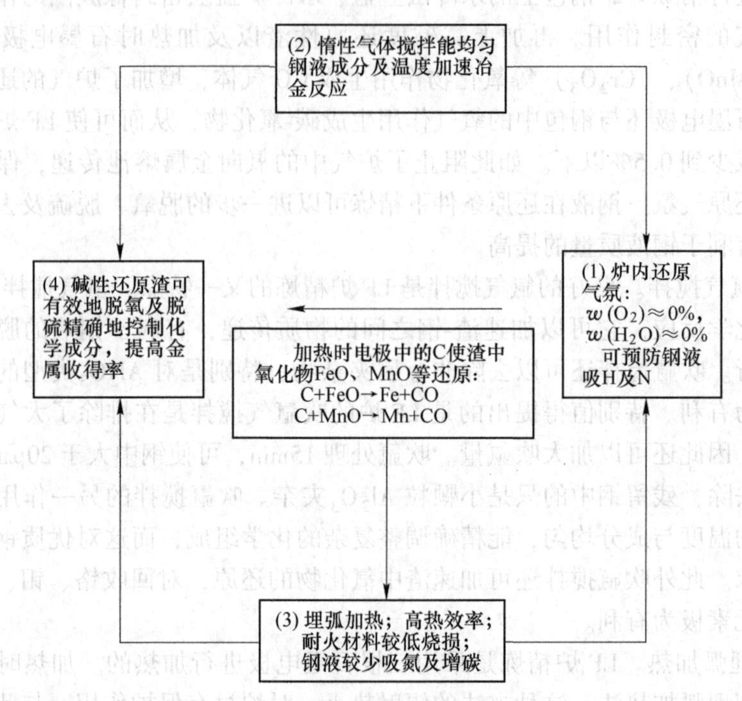

图 5-4　LF 炉精炼功能之间的相互关系

组、水冷系统等设备组成。通过安装在钢包底部的透气砖吹入氩气对钢液进行搅拌以加速渣-钢之间的反应。炉盖的作用是封闭钢包以保持钢包内的还原气氛。在炉盖上装有石墨电极加热系统，在钢包底部装有滑动水口用以进行浇注。LF 炉精炼炉设备如图 5-5 所示。

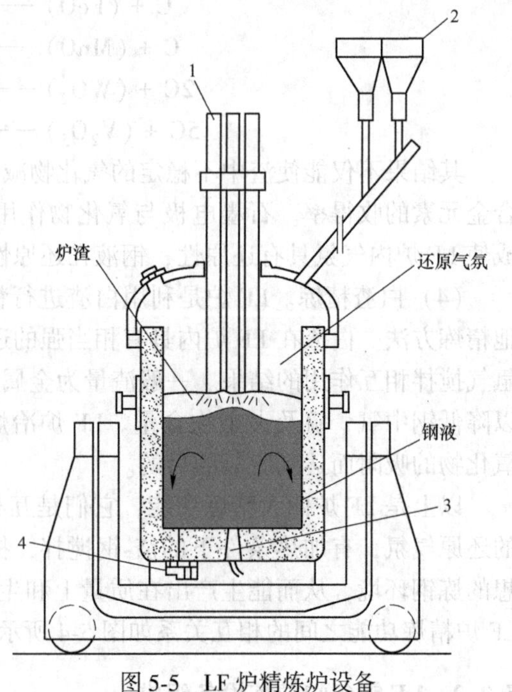

图 5-5　LF 炉精炼炉设备

1—电极；2—合金料斗；3—透气砖；4—滑动水口

LF 精炼炉的加热方式与电弧炉相同，以石墨电极与钢水之间产生的电弧热为热源。从工作条件来说，LF 精炼炉要比电弧炉好一些，因为 LF 没有熔化过程，其实质是取代了电弧炉的还原期，而且 LF 精炼炉大部分加热时间都是在埋弧下进行的，熔化的都是渣料和合金固体料，因此应选用较高的二次电压。LF 精炼时钢液面稳定，电流波动较小。如果吹气流量稳定并且采用埋弧加热，便基本上不会引起电流的波动，因此，不会产生很大的因闪烁造成的冲击负荷，所以从短网开始的所有导电部件的电流密度都可以选得比同容量的电弧炉大得多。

LF 精炼期，钢水已进入还原期，此时往往对钢水成分要求较严格。由于采用埋弧加热，低电压短电弧运行，因此有增碳的危险性。为了防止增碳，应装备灵敏的电极调节装置。

为了对钢水进行充分的精炼，得到纯净钢水，为连铸提供温度和成分合格的钢水，使钢水得到能量补充是十分必要的。但是应当尽量缩短时间，以减少吸气和热损失。提高升温速度仅靠增加输入电功率是不够科学的，还应注意钢包的烘烤，应提高钢包的烘烤温度和钢包的周转率。LF 的电耗用于以下几个方面：热散失、钢水升温、加热渣料、加热合金料。LF 精炼的加热速度一般达到 2~5℃/min。这主要是根据生产节奏的要求以及耐火材料的承受能力来决定的。

根据 LF 精炼炉容量的不同，钢包底部透气砖的数量一般不同。大的钢包，例如 60t 钢包可以安装两个透气砖，更大一些的可以安装三个透气砖。正常工作状态开启两个透气砖，当出现某个透气砖不透气时开启第三个透气砖。透气砖的合理位置可以根据经验决定，也可以根据水模型实验决定。

5.2.3 LF 精炼炉耐火材料的选择

LF 精炼钢包耐火材料的选择不但会影响精炼炉的使用寿命，而且会影响钢的质量。LF 精炼选择耐火材料的依据如下：

(1) 炉渣碱度。LF 精炼一般都在碱性炉渣下操作，因此应当选择碱性耐火材料，如镁质、镁白云石质、镁碳质、镁铝质等。

(2) 精炼温度。LF 精炼炉中炉渣、钢水的温度要比普通钢包中高得多，离电极较近的部位温度可达 3000K 以上。因此，要选择具有高耐火度的材料，也就是要求其具有高的抗高温蠕变性能。在精炼过程中应尽可能加快精炼速度，减轻耐火材料的负担。LF 精炼一般为间歇性操作，温度波动范围较大，所以要求耐火材料具有好的耐急冷急热性能。

(3) 精炼的钢种。LF 精炼炉处理的钢种大部分需要脱硫，因此一般选用碱性耐火材料。但是，有一些钢种需要防止点状夹杂物的产生，此时就不应使用碱性耐火材料。例如，冶炼轴承钢时包衬往往使用高铝砖，而仅在渣线部分使用碱性镁碳砖。

(4) 搅拌。由于底吹氩气搅拌作用，会形成对炉衬的冲刷。因此要求耐火材料具有良好的耐高温冲刷强度。

(5) 稳定性。高温会引起耐火材料的损坏，还会引起钢水增碳。因此，LF 精炼钢包的耐火材料应当在高温和真空下具有良好的稳定性。

(6) 成本。因为 LF 精炼炉的使用特性要求，所以对耐火材料的要求更严格。表 5-2 给出了一些 LF 精炼炉衬体不同部位使用的耐火材料。从这些数据可见，所有部位都达到 35 炉以上，可以说，耐火材料的选择是合适的。

表 5-2 LF 精炼炉钢包耐火材料的选择

公司	B	C	D	H	I	J
钢包容量/t	120	70	25	60	40、70	50

续表5-2

公　司		B	C	D	H	I	J
渣线	材质	MgO-C	MgO-C	MgO Al_2O_3-C	MgO-C	MgO-C	MgO-C
	厚度/mm	230	180	150	130	114	130
	寿命/炉	35~40	70	40	40	60~100	35
包底	材质	MgO-C	MgO-C	MgO-C	MgO-C	MgO-C	MgO-C
	厚度/mm	230	180	150	130		130
	寿命/炉	35~40	40	40	40		35
迎钢面	材质	MgO-C	MgO-C	MgO-Al_2O_3-C	MgO Al_2O_3-C	不烧成高铝砖	MgO-C
	厚度/mm	230	180	150	130	114	130
	寿命/炉	35~40	70	40	40	60~100	35
一般包壁	材质	不烧成高铝砖	MgO-C	MgO-Al_2O_3-C	不烧成高铝砖	不烧成高铝砖	不烧成高铝砖
	厚度/mm	230	180	150	130		130
	寿命/炉	35~40	70	40	40		35
衬垫	材质	不烧成高铝砖	氧化锆	MgO-Al_2O_3-C	MgO-Al_2O_3-C	氧化锆	氧化锆
	厚度/mm	180	180	114~130	180		150~180
	寿命/炉	70	70	40	40		35
处理时间/min		50~60	40~50	40	30~40		35~50
消耗量/kg · t^{-1}		6.0	3.9	5.5	4.4		

一个不容忽视的问题是：获得长的耐火材料使用寿命仅靠耐火材料的选择是不够的，必须充分注意耐火材料的使用。否则，即使选了好的耐火材料也不可能获得长的使用寿命。例如，使用高碱度耐火材料，如 MgO-C 质耐火材料，但是炉渣碱度一直很低，就会造成耐火材料的严重侵蚀。其表现就是渣中（MgO）含量很高，这种现象在我国的钢铁厂是很常见的。

5.2.4　LF 精炼炉的精炼工艺制度

"LF 精炼工艺制度"

LF 精炼要达到好的精炼效果，应当注重生产中的各个环节，但主要应抓住以下几个环节。

（1）钢包准备。

1）检查透气砖的透气性，清理钢包，保证钢包的安全。

2）钢包烘烤至 1200℃。

3）将钢包移至出钢工位，向钢包内加入合成渣料。

4）按照电弧炉最后一个钢样向钢包内加入合金及脱氧剂，以便进行初步合金化并使钢水初步脱氧。

5）准备挡渣或无渣出钢。

（2）出钢。

1）根据不同钢种、加入的渣料量和合金量确定出钢温度。出钢温度应当在液相线温度基础上增加渣料、合金料的加入引起的温降，再根据炉容的大小适当增加一定的过热温度，以备运输过程中的温降。

2）注意要完全挡渣，少量留钢。

3）需要深脱硫的钢种在出钢过程中可以向出钢钢流中加入合成渣料。

4）当钢水出至三分之一时，开始吹氩搅拌。一般50t以上的钢包吹氩气流量可以控制在200L/min左右（钢水面裸露1m左右），使加入钢水中的合成渣、合金充分混合。

5）当钢水出至四分之三时将氩气流量降至100L/min左右（钢水面裸露0.5m左右），以防温降过大。

（3）造渣。在LF精炼过程中，通过合理地造渣，可以达到脱硫、脱氧、脱磷的目的，还可以吸收钢中的夹杂物和控制夹杂物的形态，并且可形成泡沫渣（或者称为埋弧渣）淹没电弧，提高热效率，减少耐火材料侵蚀。因此，在LF精炼工艺中要特别重视造渣。

1）埋弧渣。要达到埋弧精炼的目的，就要有较大厚度的渣层。但是精炼过程中又不允许过大的渣量。因此就要使炉渣发泡，以增加渣层厚度。使炉渣发泡，从原理上讲有还原渣法和氧化渣法两种办法。在炉外精炼工艺中，除了冶炼不锈钢外，精炼过程都需要脱氧和脱硫，因此最好是采用还原性泡沫渣法。采用还原性泡沫渣法不但可以达到埋弧精炼的目的，而且可以同时脱硫。目前造还原性泡沫渣的基本办法是在渣料中加入一定量的石灰石，使之在高温下分解生成二氧化碳气泡，并在渣中加入一定量的泡沫控制剂$CaCl_2$等来降低气泡的溢出速度。

2）脱硫渣。脱硫的问题目前已经解决，某厂通过炉外精炼的有关操作已可将钢中硫降到0.0002%（2×10^{-6}）以下的水平。脱硫要保证炉渣的高碱度、强还原性即渣中自由（CaO）含量要高；渣中（FeO+MnO）含量要充分低，一般低于0.5%是十分必要的。较高的温度可以造成更好的动力学条件而加快脱硫反应。要使钢水脱硫，首先必须使钢水充分脱氧。此时钢中的铝含量应当高于0.02%。这时可以保证氧活度α_o不高于0.0002%～0.0004%（2×10^{-6}～4×10^{-6}）。经常使用的脱硫合成渣是45%～50%CaO、10%～20%CaF_2、5%～15%Al、0～5%SiO_2。过多的SiO_2会降低炉渣的脱硫能力，但是它却可以降低炉渣的熔点，使炉渣尽快参加反应，起到对脱硫有利的作用，其含量只要不超过5%就不会对脱硫造成不利影响。

3）脱氧渣。对于脱硫要求不高的钢种、再硫化钢种、防止点状夹杂物生成的钢种，LF精炼过程中应当造低碱度渣（$w(CaO)/w(SiO_2)$约为2左右）。

（4）LF精炼技术的成分和温度微调。

1）成分控制和微调。LF具备合金化的功能，钢水中的C、Si、Mn、Cr、Ti、Al、N等元素的含量都能得到控制和微调，而且易氧化元素的收得率也比较高。

2）温度控制和微调。LF精炼技术的加热可使钢水温度得到有效控制，温度范围可控制在±2.5℃内。浇注或连铸过程中的温降十分均匀而稳定，这使得钢坯的表面质量或连铸坯表面质量能够得到有效保证，而且为全连铸和实现多炉连浇创造了十分优越的条件。

LF精炼加热期间应注意的问题是采用低电压、大电流操作。由于造渣已经为埋弧操作做好了准备，因此此时就可以进行埋弧加热了。在加热的初期，炉渣尚未熔化好，加热速度应该慢一些，可以采用低功率供电。炉渣熔化后，电极逐渐插入渣中，此时，由于电极与钢水中氧的作用、包底吹入气体的作用以及钢包中加入的CaC_2与钢水中氧反应的作用，炉渣发泡，渣层厚度增加。这时可以采用较大的功率供电，加热速度可以达到3~4℃/min，加热的最终温度取决于后续工艺的要求。对于系统的炉外精炼操作来说，后续工艺可能会有喷粉、搅拌、合金化、真空处理、喂线等冶炼操作，所以要根据后续操作确定LF精炼加热结束温度。

（5）搅拌。LF精炼期间搅拌的目的是：均匀钢水成分和温度，加快传热和传质；强化渣-钢之间的反应；加快夹杂物排除速度。均匀成分和温度不需要很大的搅拌功率和吹气流量，但是像脱硫反应这样的操作，应该使用较大的搅拌功率。将炉渣卷入钢水中以形成瞬间反应，加大渣-钢接触界面面积，加快脱硫反应速度。对于脱氧反应来说，过去一般认为加大搅拌功率可以加快脱氧。但是现在在脱氧操作中多采用弱搅拌——将搅拌功率控制在30~50W/t之间。在LF精炼的加热阶段不应使用大的搅拌功率，功率较大会引起电弧的不稳定。搅拌功率可以控制在30W/t。加热结束后，从脱硫角度出发应当使用大的搅拌功率，对深脱硫工艺，搅拌功率应当控制在300~500W/t之间。脱硫过程完成之后，应当采用弱搅拌，使夹杂物逐渐去除。加热后的搅拌过程会引起温降，不同容量的炉子、加入的合金料不同、炉子的烘烤程度不同，造成温降会不尽相同。总之，炉子越大，温度降低的速度越慢，60t以上的炉子在0.5h以上的LF炉外精炼中，温降速度不会超过0.6℃。

LF精炼结束，当脱硅、脱氧操作完成之后，精炼结束之前需要进行合金成分微调。合金成分微调应当尽量争取将成分控制在较窄的范围内，通过LF精炼能够得到$w[S] < 1 \times 10^{-6}$、$w[TO] < 15 \times 10^{-6}$。成分微调结束之后搅拌3~5min。加入终铝，有一些钢种接着要进行喂线处理。喂线包括喂入合金线以调整成分；喂入铝线以调整终铝量；喂入硅钙线对夹杂物进行变性处理。要达到对夹杂物进行变性处理的目的，必须使钢水深脱氧，使炉渣深脱氧；钢中的硫也必须充分低；钢中的溶解铝含量$w[Al] > 0.01\%$。对深脱氧钢进行夹杂物变性处理，钢中的钙含量一般要控制在30×10^{-6}的水平，对深脱氧钢，钙的收得率一般为30%左右。对于需要进行真空处理的钢种，合金成分微调应该在真空状态下进行，喂线应该在真空处理后进行。

5.2.5　LF精炼炉的计算机控制

LF精炼炉的计算机控制主要功能有：

（1）以热模型为基础的电能控制，目的是调整钢液温度。

（2）合金计算，目的是调整化学成分，包括最优化学成分计算、合金添加量计算。

（3）最佳炉渣成分计算和渣料添加量计算。

（4）氩气流量的计算和控制。

（5）排气控制。

（6）打印生产报表，包括LF精炼时间、钢水炉号、电能消耗、平均功率因数、气体耗量、钢水重量、钢种、LF总处理时间、故障时间、添加合金量、渣料量、到达LF工位的温度、LF结束的钢水温度。

（7）监视，包括操作监视、添加料监视、故障监视等。

LF 的相关技术对于保证精炼过程的正常进行、精炼钢水的质量水平是十分重要的。与 LF 密切相关的配套技术主要有：挡渣技术、精炼钢包预热技术、精炼钢包底吹氩气与滑动水口自动开浇一体化的技术，精炼钢包耐火材料选择技术等。

5.2.6　LF 精炼常见问题与处理

（1）炉盖漏水。精炼前充分检查冷却水管道压力和流通情况。若精炼过程中发现炉盖漏水等情况，应按以下步骤处理：

1）关闭氩气阀，停止搅拌。

2）提升电极至高位，提升炉盖至高位。

3）若包内无水则将钢包车开至准备位，处理事故部位。

4）若炉盖水冷圈或 LF 炉水冷炉盖大量漏水，钢包内有积水，需首先关闭炉盖进水总节门，处理事故部位，待包内的水蒸发干后再动包车。

（2）炉盖塌陷。精炼前充分检查设备准备情况，防止设备在使用过程中发生事故。若炉盖塌陷，应按以下步骤处理：

1）停止精炼，开出钢包车，上小方坯钢水，若成分温度合适，则吊包浇注。

2）若炉盖耐火材料较少可二次精炼，浇完后倒渣时，必须把包内耐火砖清理干净。

（3）钢包漏钢。出钢前，对钢包进行充分检查。钢水进站时，对钢包壁进行观察，防止漏包事故发生。若发现钢壁发红，须立刻停止精炼，进行倒包或回炉处理，防止漏包。若在冶炼过程中漏钢，可按以下步骤处理：

1）立即停止精炼，将钢包车开至钢水接受跨，用吊车迅速吊离钢包车。

2）渣线漏钢，可用吊车将钢水倒出一部分，确保漏钢部位到渣面有效净距离大于 300mm，继续精炼，同时派人注意观察。

3）包壁漏钢或透气砖漏钢，可用吊车直接将钢水倒入或漏入事故包中（发生包壁漏钢时，钢包车要向漏钢反方向运行）。

（4）钢包大翻。正确准备精炼所需要的渣料和合金料，并制定完善的供氩制度，防止在精炼过程中发生钢包大翻事故。若冶炼过程中发现钢包大翻，可按以下步骤处理：

1）立刻停止电极供电，停止精炼。

2）提起电极、包盖。

3）开动钢包车，防止钢包被冷钢粘在钢包车上。

4）钢包车开出后，用行车试吊钢包，防止钢包被冷钢粘在钢包车上。

5）清理轨道，钢包车开出加热位，继续冶炼。

6）若吹氩软管烧坏，应立即更换。

7）重新开始冶炼后，观察钢水情况，视情况向炉内加入硅粉脱氧，并及时取样、测温。

（5）电极折断。操作过程中随时检查电极抱紧情况，发现异常及时处理，防止电极折断掉入钢包。若冶炼过程中发生电极折断，应按以下步骤处理：

1）停止电极供电。

2）停止吹氩或减小氩气至软吹流量。

3）抬起电极和包盖。

4）将钢包车开出，使用专用工具打捞折断电极。若折断的电极过长，无法开出钢包车，可用专用钢丝绳在炉盖上捆住电极吊出或用专用吊具吊出炉顶，再吊出断电极。

5）将电极夹持器中折断的上部分电极吊出。

6）装上备用电极。

7）恢复工作条件后，打开氩气，并及时取样。

（6）电极不能下降。精炼前充分检查电极升降设备是否运行正常，防止在精炼过程中发生事故。若出现电极不能下降情况，应按以下步骤检查处理：

1）检查液压泵是否正常运行。

2）精炼钢包车是否在精炼位。

3）检查炉盖是否降到低位。

4）检查机械系统有无卡阻。

（7）电极夹钳打火。电极准备过程中要按照操作规程进行操作，防止电极安装发生事故。若出现电极夹钳打火现象，应按以下步骤检查处理：

1）吹扫电极与夹钳接触面之间的灰尘。

2）检查夹钳内表面是否良好，如果表面不光滑通知钳工打磨处理。

3）电极夹钳发生漏水时要及时处理。

（8）电极下插，上飘。精炼前充分检查电极升降及通电设备，并在精炼过程中时刻观察掌控精炼动作。若出现电极下插，上飘现象，应按以下步骤检查处理：

1）及时调整液压设备。

2）配电工在自动加执过程中，手动调节电极升降，使电流稳定在规定范围内。

（9）底吹氩气微弱或堵塞。在冶炼前，观察底吹氩情况，若底吹效果不好或不通，可按如下步骤处理：

1）检查管路是否漏气。

2）若是管路漏气则及时更换管路。

3）若管路不漏气，打开氩气旁通阀，将钢包车开出加热位。

4）对钢水送电加热，加热时关闭炉门，防止加热过程中氩气冲开时钢水喷溅伤人。

5）送电几分钟后，抬起电极打开炉门，观察氩气情况。

6）若上述步骤均不奏效，则应及时进行换包处理，在等待换包前，送电加热，尽量提升钢水温度，以缩短处理时间。

（10）透气砖堵塞和透气性差。保证吹氩管路正常的情况下，检查包底透气砖，确保精炼正常进行。若发生透气砖堵塞和透气性差等情况，应按以下步骤检查处理：

1）首先检查管网和快速接头有无漏气现象，有漏气现象及时处理。

2）管网及快速接头无漏气现象时，把底吹氩阀门开至最大，同时降电极加热，观察流量变化。

3）仍无效时，通知调度，钢包热修班长确认，吊包浇注或倒包处理。

4）倒包前，精炼负责将吹氩管道与待接收钢水的钢包用临时吹氩管连接起来，倒包过程要吹氩搅拌。

（11）上料系统故障。在冶炼过程中，上料系统发生故障无法加料时，可按如下步骤处理：

1）若钢水硫含量不高，则可继续冶炼。

2）使用准备好的散状合金调整合金成分。

3）若温度满足吹氩精炼要求，则进行吹氩精炼处理。

4）钢水处理完毕，增加保温剂用量，以减小温降。

（12）喂丝事故及处理。准备喂丝线时，必须从线卷的椭圆形开口处抽出喂丝线，防止喂线过程中卡线，造成喂丝线断裂伤人。在线喂丝过程中，开始需缓慢进线，待喂丝线进入升降导管后再加速到规定速度，避免喂丝线跑偏，接触电极，引发触电。

（13）精炼炉盖喂丝孔粘钢、粘渣。精炼前充分检查设备，防止事故发生。若出现精炼炉盖喂丝孔粘钢、粘渣现象，可按如下步骤处理：粘渣量小，用烧氧管从上口向下冲击将其打掉。粘钢、粘渣较多，将喂丝机固定部分导丝管拆下，用烧氧管从导丝管上口向下冲击打掉钢渣。粘钢、粘渣严重，从上口无法清理时，将炉盖喂丝孔水冷管拆下，用火焰清理。为防止导丝管下口粘钢、粘渣、出钢量大、净空小，喂丝时将炉盖升至最高位，但要注意防火。

（14）操作平台事故及处理。观察孔平台附近原料堆放整齐，保持操作空间开阔，精炼职工在观察孔测温取样或加料时，注意侧身对应观察孔，避免钢渣、钢水溅出伤人。

（15）钢包内渣结壳不能引弧。出钢过程要控制渣量。若在精炼过程中出现钢包内渣结壳不能引弧现象，此时不能硬性下插电极，以免折断。若结壳较轻，可用吊车吊重物砸开渣面，同时加大吹氩流量，冲开渣面。若结壳严重将渣面烧开，回炉处理或倒入事故包。

（16）包沿超高。精炼时如果包沿超高，可按如下步骤处理：由自动运行改手动运行。手动开车要缓慢开向精炼位，行驶同时要有人监护，确认无事后再下令前行。经处理后仍不能进精炼位，做倒包处理。

（17）中包低温预防及处理。预防处理中包低温可按如下步骤进行：

1）新包、小修包及有包底炉次，吹氩后温度提高5~10℃，注意过程降温。

2）吊包温度要有代表性，测温枪保证准确，测温操作规范。

3）上、下道工序出现故障时加强联系适当提高吊包温度。

4）渣不能太稀，渣稀时适当增加保温剂用量。

5）与连铸协调好吊包时间，吊包不宜过早。

6）发现中包温度低时，下一包适当提前吊包，并提高吊包温度。

（18）精炼长时间压站。精炼过程中出现事故，导致精炼长时间压站，可按如下步骤处理：

1）确认钢包车及透气砖寿命。

2）炉下专人监视钢包包壁及透气砖部位，防止渣线或透气砖漏钢。

3）每隔 20min 取一次样，以便及时调整成分，发现成分趋于上限及时通知调度。

4）炼品种钢时，压站时间较长，要适当补加铝粉，确保渣中（FeO）含量小于1.0%。

5）每隔 20min 做一次炉盖升降运动，防止炉盖与钢包粘连。

（19）精炼所有控制系统停电。精炼过程中控制系统发生停电，可按如下步骤处理：

1）LF 炉首先将电极柱用机械锁定装置锁紧，防止电极下插。

2）LF 炉启动液压柴油泵，将电极炉盖升至高位，将钢包车用铲车拖出。

3）减小吹氩流量至钢水涌动，并且不裸露钢水。

4）低碳钢根据预测故障恢复时间长短，决定是否加保温剂，停电时间长，要加保温剂。电极不在高位，钢包车在精炼位时，保温剂要从炉盖电极孔加入。

5.3 RH 真空循环脱气精炼法

"RH 精炼法"
微课视频

RH 法是由联邦德国鲁尔（Ruhrstahl）钢公司和真空泵厂家赫拉乌斯（Heraeus）公司于 1959 年共同设计研制成功的，故简称 RH 法（Ruhrstahl Heraeus Process），也称真空循环脱气法。

鲁尔钢公司（后改为莱茵钢（Rheinstahl）公司，现为 AHT 公司）持续对大型锻造用钢锭的脱氢进行了深入的研究。为使处理设备小型化、降低处理成本并且易于在炼钢厂使用，鲁尔钢公司于 1956 年前后开始了 RH 法的研发，最后由赫拉乌斯公司提案，根据使用铅和汞做的模拟实验，确认了技术可能性之后，继而在 Ruhrsahl 钢公司进行了 100t 钢包的工业化试验，于 1959 年确定为 RH 法。

此法设计的最初目的是用于钢液的脱氢处理，由于解决一系列炉外精炼任务的需要，经过 60 多年的发展，RH 由最初单一的脱气设备发展成为一种包含真空脱气、脱碳、吹氧脱碳、喷粉脱硫、温度补偿、均匀温度和成分等的多功能炉外精炼设备。RH 处理工艺具有精炼效率高、适应批量处理、装备投资少、易操作等系列优点，在炼钢生产中获得了广泛应用和显著进展。它不仅提高钢产量、改善钢材质量、增加品种、降低成本、提高经济效益，而且极大地优化了现代炼钢工艺，是目前广泛应用的一种真空处理法之一。

5.3.1 RH 法精炼钢液的功能和特点

5.3.1.1 冶金目的及功能

早期的 RH 真空精炼是以脱除钢水中的氢为主要目的而发展起来的，随着 RH 真空精炼的实践和 RH 真空精炼技术的发展，RH 脱气处理的主要目的已经发展成为综合真空脱碳、脱气、脱氧、调节钢水温度和化学成分于一体的精炼方法，它的冶金功能得到了充分的发展，扩展到了十余项。现今 RH 法具有以下冶金目的及功能。

(1) 脱氢。早期 RH 以脱氢为主，开始时能使钢中的氢降低到 0.00015%以下。现代 RH 精炼技术通过提高钢水的循环速度，可使钢水中的氢降至 0.0001%以下。

(2) 脱氮。RH 真空精炼脱氮一般效果不明显，但在强脱氧、大氩气流量、确保真空度的条件下，也能使钢水中的氮降低 20%左右。

(3) 脱氧。经 LF 法+RH 法处理的钢水，钢水 $w[TO] \leqslant 0.001\%$。

(4) 脱碳。在 RH 中吹氧，减压下进行脱碳操作已可使钢中的碳含量降到 0.0015%以下。

(5) 脱硫。向真空室内添加脱硫剂，能使钢水的含硫量降到 0.0015%以下。如采用 RH 内喷射法和 RH-PB 法，能保证稳定地冶炼 $w[S] \leqslant 0.001\%$ 的钢，某些钢种甚至可以降到 0.0005%以下。

(6) 成分精调。向真空室内多次加入合金，可将碳、锰、硅的成分精度控制在 ±0.015%水平。

(7) 加热。采用化学热法（如铝热法）对钢水加热，能使钢水获得 4℃/min 的升温速度，可满足后续精炼的需要，满足连铸的温度需求，满足从连铸机返回钢水时的需要。

(8) 添加钙。向 RH 真空室内添加钙合金，其收得率能达到 16%，钢水中的 $w[Ca]$ 可达到 0.001%左右。

总之，通过 RH 处理的钢液质量可以满足用户对钢材多样化和高质量的严格要求，RH 已从单纯的脱氢装置变成一个多功能的炉外精炼装置。

日本 RH 真空精炼技术在发展过程中，形成了自己独特的特点。表 5-3 是其 RH 真空精炼技术达到的冶金功能的现状。

表 5-3 日本 RH 功能现状

元素		达到水平	应用的厂家	技术措施
降低不纯元素	$w[H]$	RH 内 $\leqslant 1.0 \times 10^{-6}$	川崎 水岛	提高环流速度，缩短处理时间
		RH 内 $\leqslant 1.5 \times 10^{-6}$	新日铁 名古屋	大口径浸入喷嘴，增大环流氩量
	$w[C]$	RH 内 $\leqslant 15 \times 10^{-6}$	日本钢管 福山	增大环流氩量，前期降低真空度
		RH 内 $\leqslant 15 \times 10^{-6}$	新日铁	椭圆形烧嘴 RH 来提高真空度，增大环流速度
	$w[TO]$	结晶器内 $\leqslant 20 \times 10^{-6}$	新日铁 名古屋	RH 单独处理 Al-Si 镇静钢，添加 $CaO-CaF_2$ 渣剂
		成品材 $\leqslant 10 \times 10^{-6}$	大同 知多	LF-RH，$CaO-CaF_2$ 强还原性渣，选择造渣材料
	$w[S]$	RH 内 $\leqslant 5 \times 10^{-6}$	新日铁 大分	RH 喷射，$CaO-CaF_2$ 渣剂
		RH 内 $\leqslant 10 \times 10^{-6}$	新日铁 名古屋	RH-PB，$CaO-CaF_2$ 渣剂
	$w[N]/\%$	脱氮率 20~40	日本钢管 福山	增大环流氩量，确保真空，强脱氧
添加 Ca		结晶器内 $w[Ca]$ $10 \times 10^{-6} \sim 20 \times 10^{-6}$ 收得率 16%	神户 加古川	RH 槽内添加 Ca 合金，低真空环流

续表 5-3

元素		达到水平	应用的厂家	技术措施
成分控制	w[C]/%	0.003±0.01	新日铁 大分	RH 综合控制系统（RH-TOP）
			新日铁 室兰	二次投入合金，自动取样分析
	w[Mn]/%	±0.015	新日铁 室兰	二次投入合金，自动取样分析
	w[Si]/%	±0.015	新日铁 室兰	二次投入合金，自动取样分析
	w[Al]/%	4.4×10^{-3}	新日铁 大分	铝镇静钢，RH 轻处理
		1.5×10^{-3}	日本钢管 京滨	弱脱氧钢，以测定游离氧调整 Al
	w[N]	$\pm15\times10^{-6}$	住友金属 鹿岛	w[N] $= 70\times10^{-6}$ 中碳铝镇静钢，以 N_2 代 Ar 作环流气体
升温/℃ · min^{-1}		4	新日铁 名古屋	RH-OB、Al 放热

而综合全部的 RH 真空精炼技术，其冶金功能可归纳总结为图 5-6 所示。

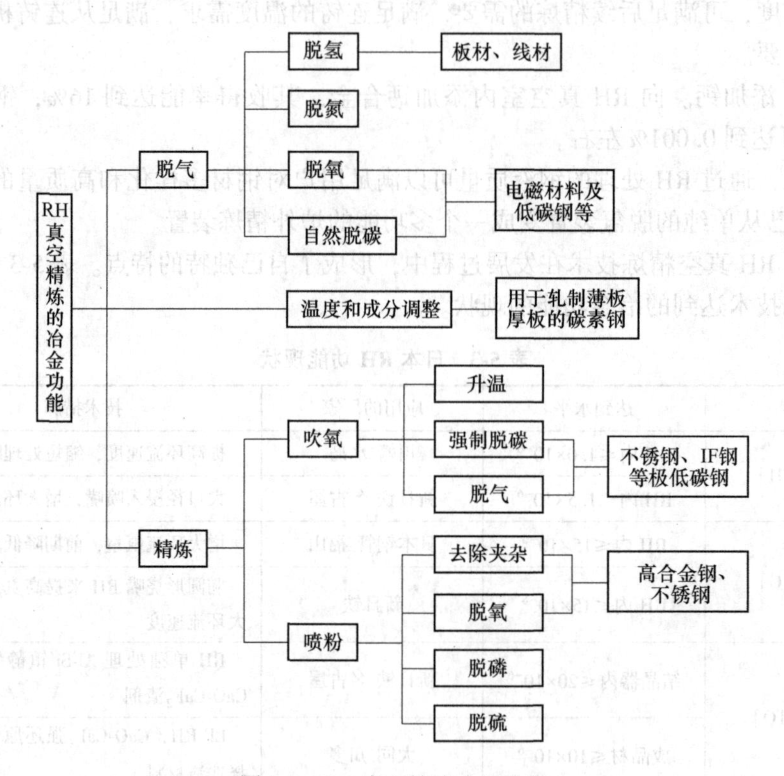

图 5-6 RH 真空精炼冶金功能

5.3.1.2 冶金特点

RH 法利用气泡泵原理将钢水不断地提升到真空室内进行脱气、脱碳等反应，然后回流至钢包中。因此，RH 处理不要求特定的钢包净空高度，反应速度也不受钢包净空高度的限制。和其他真空处理工艺相比，RH 技术的优点包括：

（1）处理速度快，处理周期短，生产效率高。一般来说，在一台 RH 上完成一次完整的处理约需 15min，即 10min 真空处理，5min 合金化及温度混均匀时间。

(2) 反应效率高，钢水直接在真空室内进行反应，可生产 $w[H] \leqslant 0.5 \times 10^{-6}$、$w[N] \leqslant 25 \times 10^{-6}$、$w[C] \leqslant 10 \times 10^{-6}$ 超纯净钢。

(3) 可进行吹氧脱碳和二次燃烧进行热补偿，减少精炼过程的温降。

(4) 可进行喷粉脱硫，生产 $w[S] \leqslant 5 \times 10^{-6}$ 的超低硫钢。

(5) 适用于大批量处理，操作简单，常与转炉配套使用。此外，RH 与新兴的超高功率大型电弧炉相配套，形成了大批量生产特殊钢生产体系。现今最大的 RH 为 300t。

由于 RH 处理效果好、功能多、处理速度快、处理批量大，特别适于现代钢铁冶金企业的快速炼钢节奏，因此，RH 的发展速度快，现在仅蒂森克虏伯公司注册的 RH 就有 100 多台。RH 法当初仅为保证少量特殊钢质量，如今已发展成为大部分钢种的大量钢水处理工艺之一。

5.3.2 RH 法的设备结构和原理

5.3.2.1 RH 法的设备结构

RH 法的设备结构如图 5-7 所示，RH 设备一般由以下部分组成：真空室、浸渍管（上升管和下降管）、真空排气管道、合金料仓、循环流动用吹氩气装置、钢包（或真空室）升降装置、真空室预热装置。

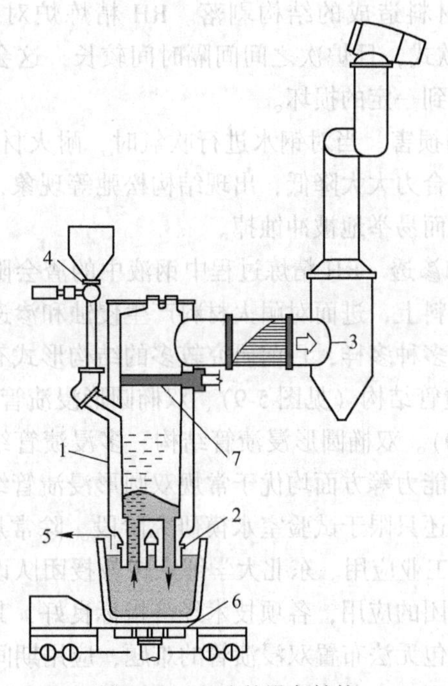

图 5-7 RH 法的设备结构

1—真空室；2—浸渍管；3—真空排气管道；4—合金料仓；5—循环流动用吹氩气装置；6—钢包（或真空室）升降装置；7—真空室预热装置

A　真空室

RH真空室是RH真空精炼钢水脱气处理的空间，精炼过程中的冶金反应主要发生在此处，又被称为脱气室或真空槽。现代RH精炼真空室一般设置2个真空室，采用水平或旋转式更换真空室，真空排气系统采用多个真空泵，以保证真空度维持在50~100Pa，极限真空度在50Pa以下。RH真空室有三种结构形式：真空室固定式、真空室垂直运动式和真空室旋转升降式。目前，应用较广泛的形式是真空室固定式，国内宝武集团、鞍本集团、梅山钢铁、河钢石钢等企业均采用此种形式。

B　浸渍管

浸渍管是RH精炼炉的重要部分，其内衬一般用尺寸精确的耐火砖砌筑，耐火砖和钢结构间用自流料填充，钢结构外焊有锚固件，并浇注刚玉质耐火材料加以保护。在使用时，钢液由上升管进入真空室进行精炼，结束后在经过下降管回流到钢包中。在这一过程中，浸渍管内耐火砖直接受到高温钢液的剧烈冲刷，同时由于浸渍管的非连续使用，浸渍管内冷热交替，使耐火砖受到热震的作用而损坏，从而限制了浸渍管的使用寿命。试验表明，浸渍管内耐火砖是整个耐火内衬结构的薄弱点，在使用过的浸渍管中被侵蚀损坏最为严重。浸渍管内耐火材料的主要损毁原因包括：

（1）钢液流动对材料的冲刷侵蚀。RH精炼过程中，钢液循环流动的速度很大，使耐火材料内衬在钢液的高速冲刷中产生磨损毁坏。

（2）温度变化对材料造成的结构剥落。RH精炼炉对钢水精炼时长为15~40min，工作方式为间歇式，且炉次之间间隔时间较长，这会使浸渍管产生很大的温度变化，耐火材料受到一定的损坏。

（3）真空、吹氧的损害。当对钢水进行吹氧时，耐火材料内物质的气化逸出，会使耐火材料之间的结合力大大降低，出现结构松弛等现象，使得耐火材料在钢液高速流动的冲击下，轻而易举地被冲蚀掉。

（4）炉渣的侵蚀和渗透。RH精炼过程中钢液中的渣会随着钢液的上升或下降而黏附在浸渍管内衬材料上，进而对耐火材料产生侵蚀和渗透作用。

浸渍管的结构形式多种多样，目前研究较多的结构形式有常规双圆形浸渍管结构（见图5-8）、单浸渍管结构（见图5-9）、双椭圆形浸渍管结构（见表5-4）和多浸渍管结构（见图5-10）。双椭圆形浸渍管结构、多浸渍管结构、单浸渍管结构等类型在循环流量、脱碳能力等方面均优于常规双圆形浸渍管结构，但由于维护、操作等方面的原因，目前还只限于试验室水模研究阶段。除常规RH外，目前只有单浸渍管结构的RH进入工业应用。东北大学邹宗树教授团队设计开发的单管弓形浸渍管专利经过在敬业集团的应用，各项技术经济指标良好，其既具备传统双浸渍管的功能，又解决了小钢包无法布置双浸渍管的难题，应用期间浸渍管寿命已达到80炉。此项技术为今后小型RH真空精炼炉的设计及应用指明了方向。

C　真空排气管道

真空排气管道即真空排气装置，其主要由蒸气增压泵、蒸汽喷射泵，并附带启

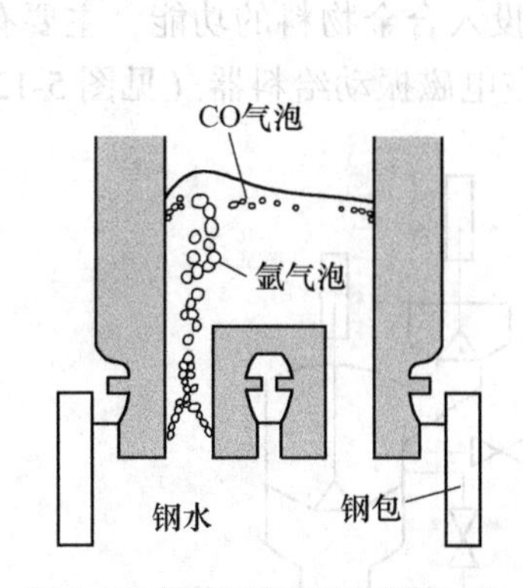

图 5-8 常规双圆形浸渍管结构

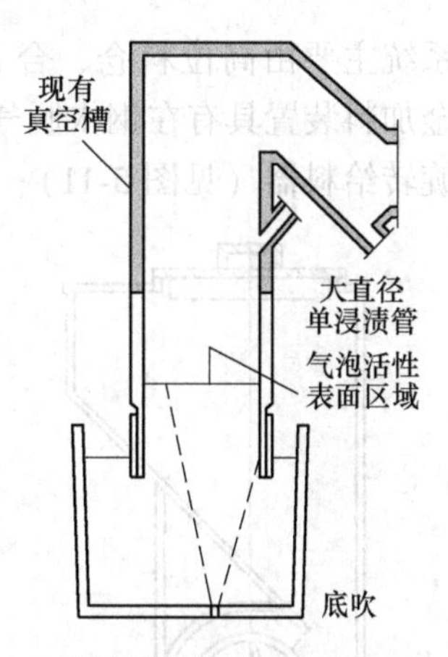

图 5-9 单浸渍管结构（又称 REDA 法）

表 5-4 双椭圆形浸渍管结构及参数

浸渍管形状	椭圆形	圆形
RH 真空槽底视图		
浸渍管顶视图		
浸渍管截面积	1320cm^2	707cm^2
吹氩管数量	16	8
氩气流量	1600L/min	500L/min
真空度	40~267Pa	40~267Pa

动用蒸汽喷射泵、冷凝器、雾滴分离器、密封水槽等设备组成。通常真空排气装置采用三级蒸汽喷射泵抽引真空室内的气体，蒸汽通过增压泵与喷射泵的喷嘴时，其压力能转变为动能，从而高速喷射的蒸汽抽吸在真空室内所产生的气体。蒸汽依靠冷凝器冷凝，然后被下一级喷射泵吸入，反复多次后用雾滴分离器除去水分后排入大气。在冷凝器中使用过的冷却水汇集在密封水槽内，再用返送泵送往水处理设备。另外，混入冷却水中的气体可从密封水槽通过排气管道排放入大气中。

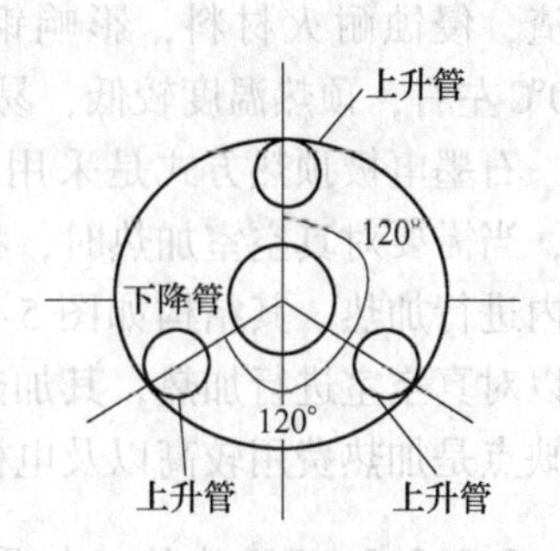

图 5-10 多浸渍管结构

D 合金料仓

合金料仓也即合金加料系统，其设备主要用于存储、称量和输送合金物料。合金加料系统主要由高位料仓、合金切出装置、合金称量装置以及合金加料装置组成。合金加料装置具有在钢水脱气过程中能随时投入合金物料的功能，主要有两种形式：旋转给料器（见图 5-11）、真空料斗及真空电磁振动给料器（见图 5-12）。

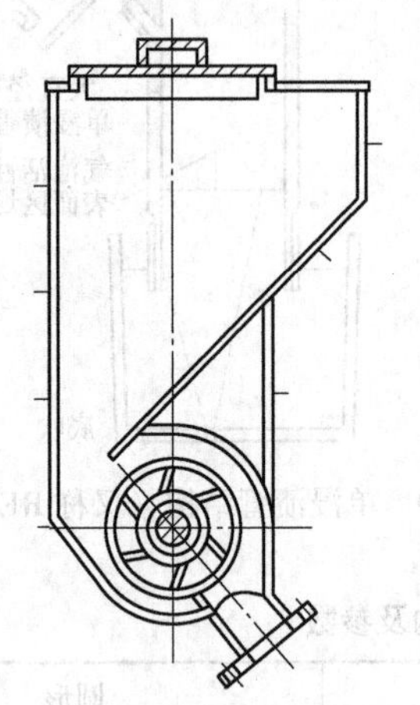

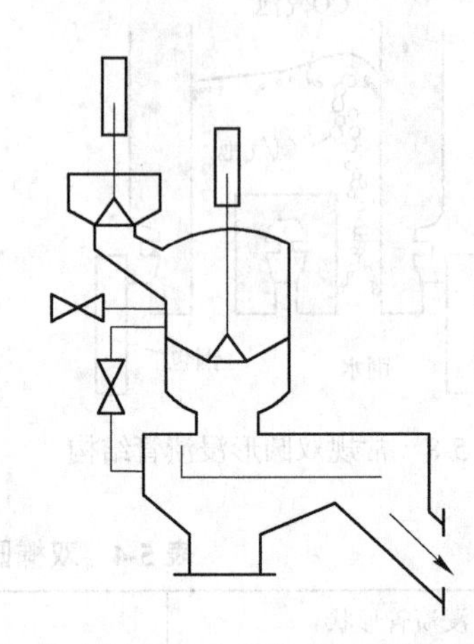

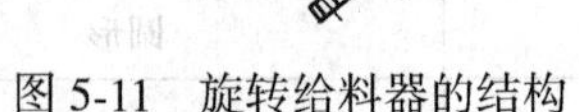

图 5-11　旋转给料器的结构

图 5-12　真空料斗及真空电磁振动给料器的结构

E　真空室预热装置

为了减少 RH 精炼脱气过程中的钢液温降和防止喷溅钢水液滴黏结在真空室内衬上，保证 RH 真空精炼的顺利进行，RH 真空室不但要对新砌筑的真空室预热干燥，而且要在处理前将真空室预热到一定的温度，还要在精炼的间隙时间及精炼过程中对 RH 真空室进行加热保温，使真空室内衬的温度基本保持不变，从而减少精炼过程中钢水温度的损失，并使钢水成分稳定。目前真空室的预热方式有两种：煤气预热方式和石墨电极预热方式。

煤气预热方式是采用气体或液体燃料通过预热孔喷入燃料燃烧的方式。该法煤气烧嘴结构简单、节约电能，但其处理过程中及间隙时间不能加热，会造成真空室内温度不稳定，并且加热过程中真空室处于氧化气氛，会造成残留钢液氧化，形成流渣，侵蚀耐火材料，影响钢水成分及质量。此外，煤气预热温度只能保持在 800℃左右，预热温度较低，易形成结瘤。煤气预热方式的具体结构如图 5-13 所示。

石墨电极预热方式是采用石墨电极产生电弧对 RH 真空室进行加热的一种方式，当需要对真空室加热时，将石墨电极通过 RH 真空室上设置的加热孔插入真空室内进行加热，其结构如图 5-14 所示。石墨电极加热在处理过程中及间隙时间均可以对真空室进行加热，其加热温度高且稳定，加热过程中真空室处于中性气氛，其缺点是加热费用较高以及电极的可能落入真空室带来增碳问题。

5.3.2.2　RH 法的工作原理

RH 法处理钢水时，真空室下端有两根吸入钢水和排放钢水的浸渍管，一根是上升管，另一根是下降管。脱气处理时，将这两根浸渍管插入钢水中，通过真空室抽成真空，使钢水从两根浸渍管内上升到压差高度约 1.5m，同时从上升管下部三分之一处吹入作为驱动气体的氩气，使上升管内的钢水中充满气泡。根据气泡泵原

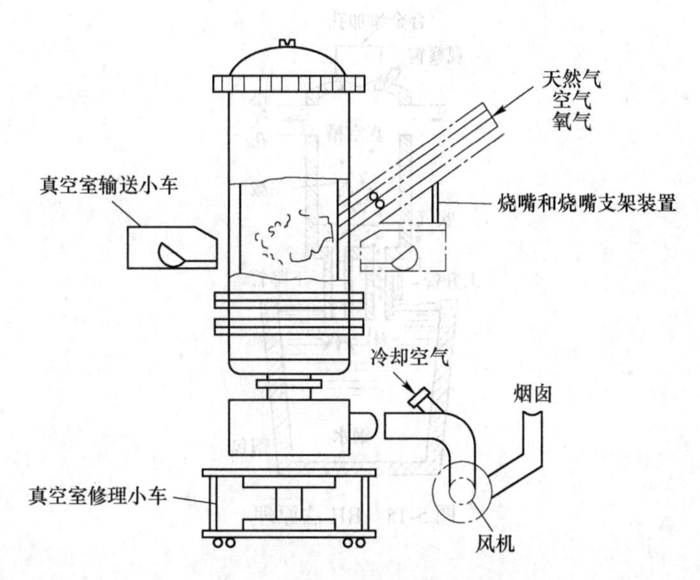

图 5-13　RH 真空室煤气预热方式结构

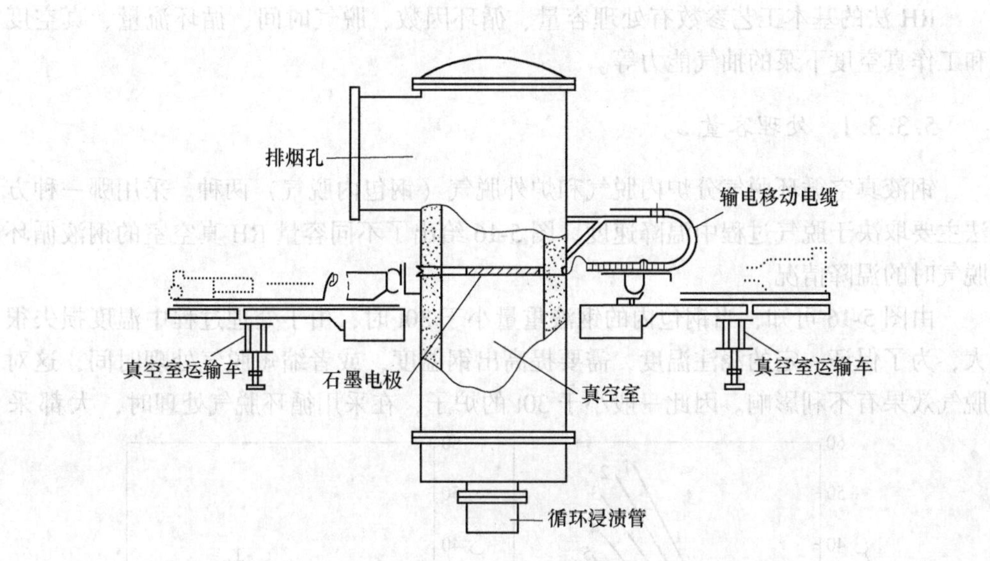

图 5-14　RH 真空室石墨电极预热方式结构

理（Gas Lift Pump），氩气经高温钢水加热，加之钢中气体向 Ar 气泡内扩散，其体积迅速膨胀。膨胀的气泡使上升管内的钢水密度变小，气泡带动钢水上升。当钢水进入真空室时，流速高达 5m/s 左右，氩气泡在真空下突然膨胀，使钢水呈雨滴状喷起，脱气后的钢水进入下降管，因其相对密度相对较大，钢水以 1~2m/s 的速度返回钢包中。如此周而复始多次循环，钢水顺次进入真空室和钢包，形成连续不断地循环流动，直到真空室内的真空状态被破坏，回到 1 个大气压为止。连续不断进入真空室的钢水在真空状态下被不断地脱气处理，在真空下完成脱气过程。RH 法原理如图 5-15 所示。

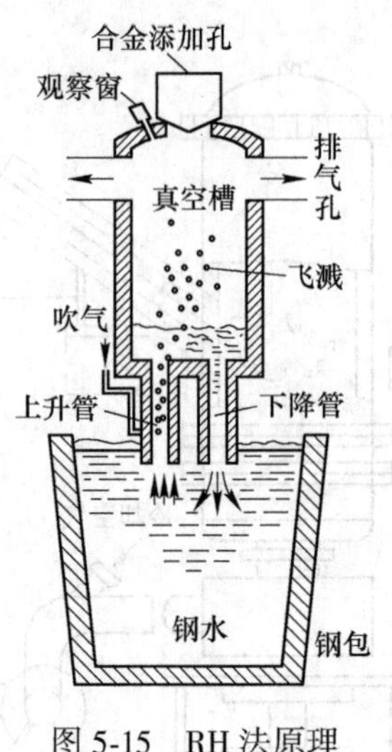

图 5-15　RH 法原理

5.3.3　RH 法基本工艺参数

RH 法的基本工艺参数有处理容量、循环因数、脱气时间、循环流量、真空度和工作真空度下泵的抽气能力等。

5.3.3.1　处理容量

钢液真空循环脱气分炉内脱气和炉外脱气（钢包内脱气）两种。采用哪一种方法主要取决于脱气过程中温降速度。图 5-16 给出了不同容量 RH 真空室的钢液循环脱气时的温降情况。

由图 5-16 可知，当钢包内的钢液重量小于 30t 时，由于处理过程中温度损失很大，为了保证一定的浇注温度，需要提高出钢温度，或者缩短脱气处理时间，这对脱气效果有不利影响。因此一般小于 30t 的炉子，在采用循环脱气处理时，大都采

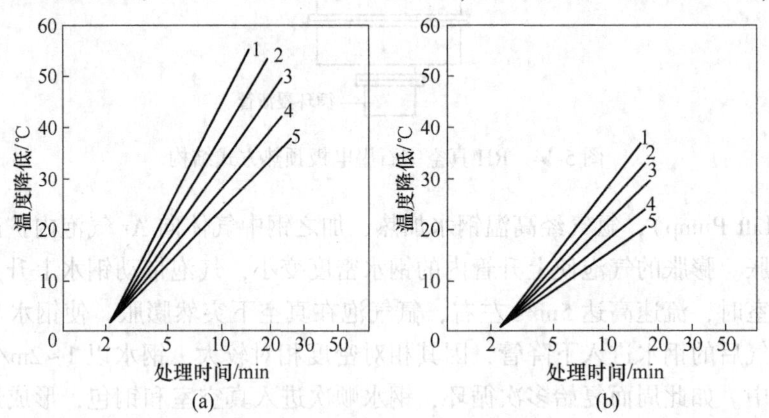

图 5-16　RH 法钢液脱气过程中的温度损失

（a）真空室预热温度 800℃；（b）真空室预热温度 1200℃

真空室容积：1—30t；2—40t；3—80t；4—100t；5—150t

用炉内处理。炉内最小的循环脱气设备容量约为 10t。处理不同容量的钢液时，可配制不同截面尺寸的上升管和下降管，并按处理钢液量所要求的循环流量配置真空室容积。

5.3.3.2　处理时间

为了使钢液充分脱气，就要保证足够的脱气时间，脱气时间 t 由式（5-1）确定：

$$t = \frac{T_C}{\bar{v}} \tag{5-1}$$

式中　t——脱气时间，min；

T_C——处理时允许的温度损失，℃；

$\bar{v}$——处理过程中平均温降速度，℃/min。

为了弥补处理过程中钢液的温度损失，处理钢的出钢温度比不处理的要高 20~30℃。处理后的钢液由于气体及夹杂物含量减少，黏度下降，因此浇注温度可比未经处理的同钢种低 20~25℃。除了提高出钢温度和降低浇注温度所赢得必要的脱气时间外，还要尽量减少从出钢到开始脱气处理和从处理完毕到开始浇注这些过程的温度损失，这样就需要提高钢包的运输速度和钢包的烘烤温度。真空循环脱气设备的工艺布置应尽量减少钢包的吊运距离，以免延误时间。

5.3.3.3　循环因数 u

循环因数 u 是指钢液在处理过程中循环钢液的当量次数，就是脱气过程中通过真空室的总钢液量与处理容量之比，见式（5-2）。

$$u = \frac{w \cdot t}{V} \tag{5-2}$$

式中　u——循环因数；

t——脱气处理时间，min；

w——循环流量，t/min；

V——钢包容量，t。

钢液的脱气效果和 u 值有关，u 值受钢包内钢液混合状况影响。如果下降管流出速度选择得适当，使脱气后的钢液恰好流到钢包底部（脱气后的钢液比未脱气的钢液相对密度大），然后沿钢包壁向上扩张而不产生涡流的话，就能达到最快的脱气效果。近来 RH 装置的下降管设计截面比上升管小，以便使钢液下降速度快一些。

生产实践中影响脱气速度的因素很多，为了保证钢液充分脱气，循环因数应选择大一些，一般采用 4~5 为宜。

5.3.3.4　循环流量 w

循环流量或称循环速率，就是每分钟通过真空室的钢液量。它是一个重要的工艺因素。循环流量主要取决于输入的驱动气体量和上升管截面面积。而真空度、钢液放气量、真空室内钢液高度和钢液黏度对循环流量影响较小，可忽略不计。图 5-17示出循环流量与驱动气体量和上升管内径的关系。当钢液本身气体含量比驱动气体多时，例如，在处理沸腾钢或半镇静钢时，所示的直线自然要朝着循环流量大的方向移动。

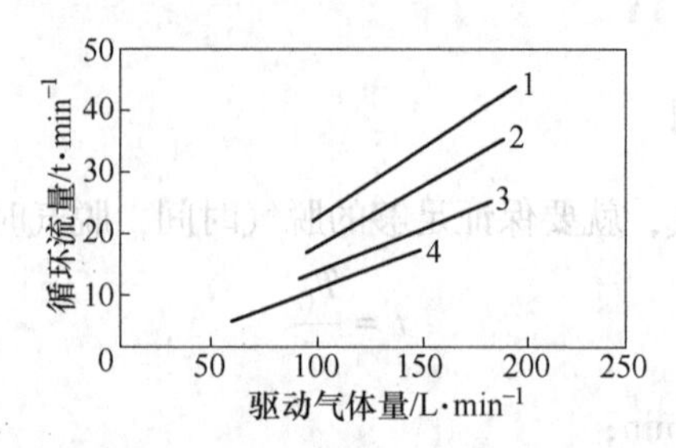

图 5-17　输入的驱动气体量与钢液循环流量的关系（操作压力 27~67Pa）

循环管内径：1—0.33m；2—0.27m；3—0.2m；4—0.15m

对于脱氧钢而言，循环流量与上升管内径和驱动气体量存在式（5-3）的关系：

$$w = a \cdot d^{1.5} \cdot G_0^{0.35} \tag{5-3}$$

式中　w——循环流量，t/min；

a——常数，对脱氧钢而言，$a=0.02$（测定值）；

d——上升管内径，cm；

G_0——通入上升管内的驱动气体量，L/min。

设计真空室时，循环流量 w 是根据处理容量 V，循环因数 u 和脱气时间 t 确定的，见式（5-4）。

$$w = \frac{u \cdot V}{t} \tag{5-4}$$

当循环因数 $u=4\sim5$ 时，根据处理不同容量所要求的脱气时间确定循环流量如下：

（1）钢包容量为 30~120t 时，循环流量取 15~25t/min；

（2）钢包容量为 120~200t 时，循环流量取 30~40t/min；

（3）钢包容量为 200~300t 时，循环流量取 40~60t/min。

5.3.3.5　极限真空度及真空泵抽气能力

RH 法精炼的一个主要手段是真空，极限真空度和抽气速度直接影响精炼的效果。极限真空度是指在 RH 处理过程中真空室内部可以达到并且能够保持的最小压力。真空度主要依靠真空泵工作来完成，所以，真空泵的抽气能力就决定了能够达到的真空度。真空泵的抽气能力越大，越有利于快速降低真空室内的压力，真空室内压力降低速度越快，不论是脱气还是脱碳速度都会加快。近几年国际 RH 精炼技术在提高真空泵的抽气能力方面，可使 RH 法达到极限真空度（66.7Pa）的抽气时间缩短到 2min。

5.3.4　RH 法的改进与发展

随着精炼技术的进步，RH 法也在不断改进与发展。现在，RH 法不仅能脱气，而且具有在减压条件下脱碳、脱硫等功能。

5.3.4.1 RH法的主要改进形式

(1) RH-OB法。1972年新日铁室兰厂依据VOD法（真空吹氧脱碳法）生产不锈钢的原理，开发了RH-OB真空吹氧技术。RH-OB与转炉配合，顺利地生产含铬不锈钢。紧接着，新日铁大分厂在室兰厂的基础上发展了RH-OB真空精炼工艺技术，利用RH-OB真空吹氧法进行强制脱碳、加铝吹氧升高钢水温度、生产铝镇静钢等技术，减轻了转炉负担，提高了转炉作业率，降低了脱氧的铝消耗。RH-OB法设备结构形式如图5-18所示。

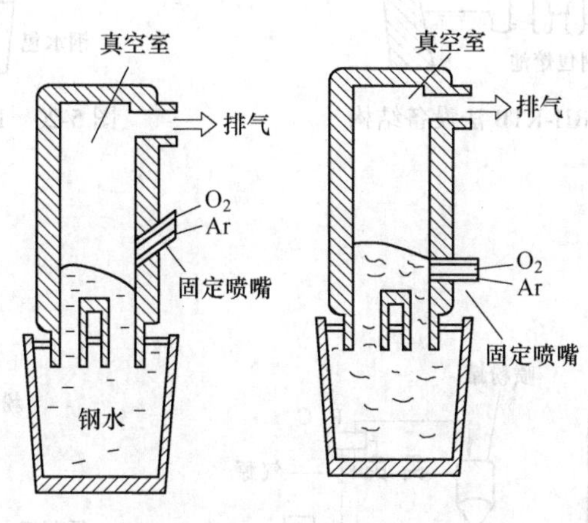

图5-18 RH-OB法设备结构

(2) RH-KTB法。RH法存在的问题之一是长时间处理钢水造成温度降低，导致金属黏附在真空室的内壁上。1989年，川崎制铁千叶制铁所开发出了设置顶吹氧气喷枪，在纯氧顶吹转炉进行软吹的RH-KTB法。此法设备结构形式如图5-19所示。

(3) RH-MFB法。和RH-KTB法相同，为了提高钢水温度和防止金属在真空室内壁上黏附的方法，同时也为了适合极低碳钢的吹炼。1993年新日铁开发出了上下升降自由、可以按照需要使用纯氧或纯氧加燃料的多功能烧嘴（MFB），其主要功能是在真空状态下进行吹氧强脱碳、铝化学加热钢水，在大气状态下吹氧气/天然气燃烧加热烘烤真空室及清除真空室内壁形成的结瘤物，真空状态下吹天然气/氧气燃烧加热钢水及防止真空室顶部形成结瘤物，结构形式如图5-20所示。MFB喷枪是四层钢管组成，中心管吹O_2，环缝输入天然气（LNG）或焦炉煤气（COG），外管间通冷却水。

(4) RH-PB和RH-PTB法。RH-PB是在处理过程中向真空室钢水上升管下部喷吹脱硫剂粉末（多用$CaO\text{-}CaF_2$）的方法。此法于1987年由新日铁公司开发。RH-PTB法（顶吹法）是通过水冷顶枪进行喷粉脱硫，于1994年同样由新日铁公司开发。采用这些方法，可以得到含硫量小于0.0005%~0.001%的钢水。此两种方法设备结构形式如图5-21和图5-22所示。

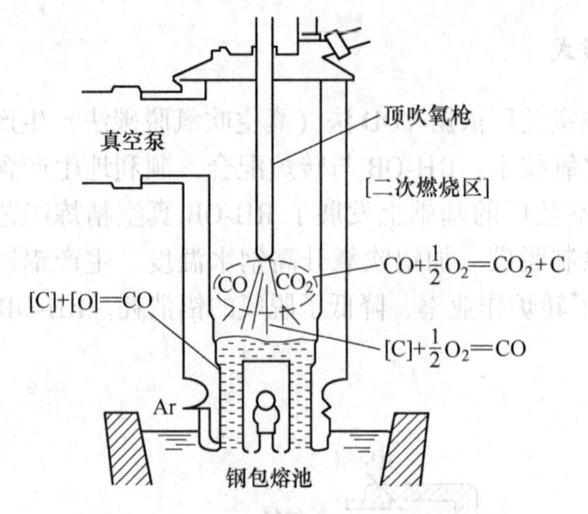

图 5-19　RH-KTB 法设备结构

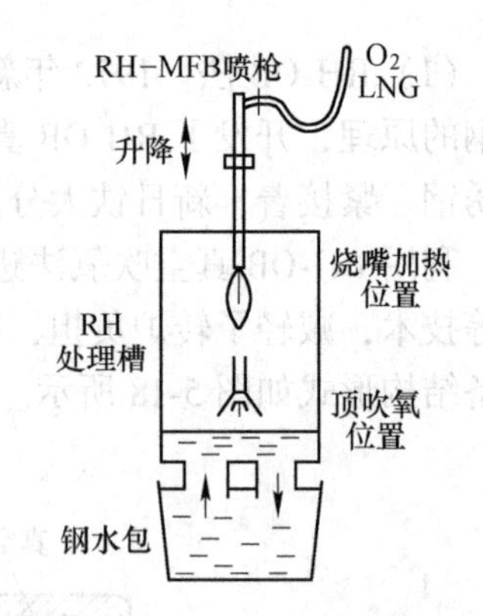

图 5-20　RH-MFB 法设备结构

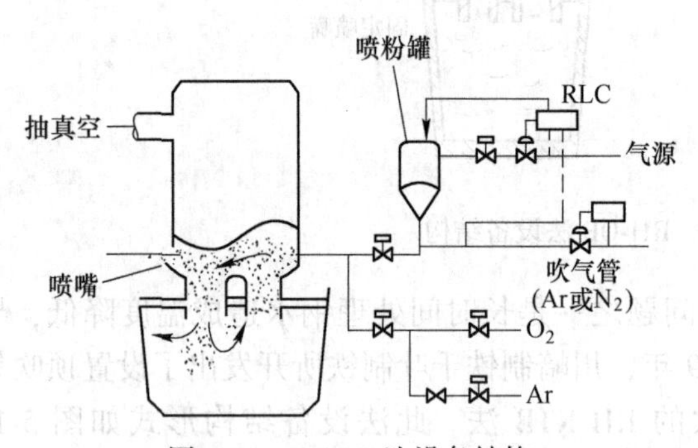

图 5-21　RH-PB 法设备结构

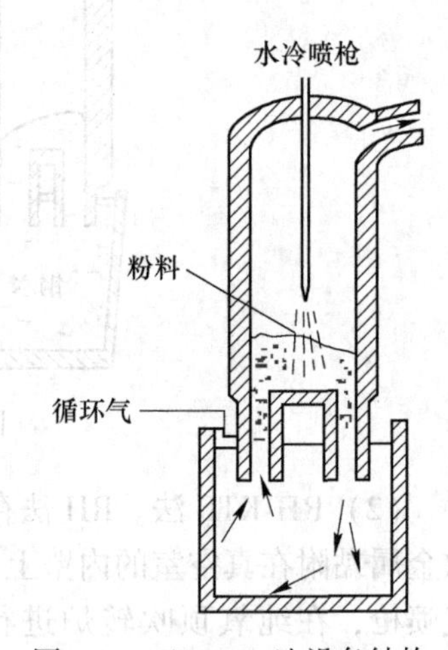

图 5-22　RH-PTB 法设备结构

（5）MESID 技术。1994 年比利时西德玛（SIDMAR）钢铁公司研制成功 MESID 技术，MESID 喷枪用脉冲气流工作，从而减少氧气射流对真空室内钢液面的影响。此法可向溶池表面喷吹用于脱硫的固体混合料，也可加热真空室内的耐火材料或保持一定的温度。此法设备结构形式如图 5-23 所示。

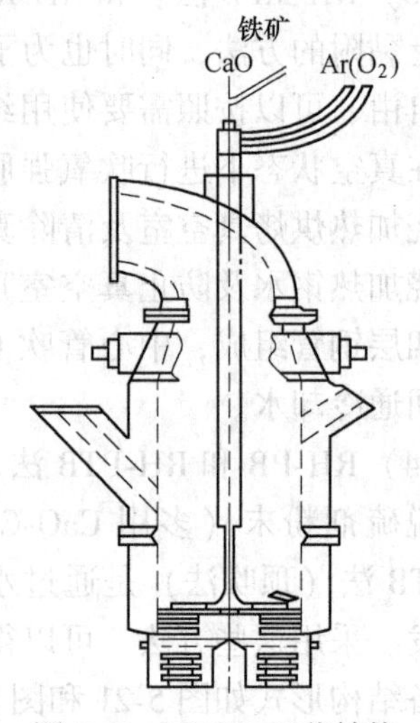

图 5-23　MESID 工艺结构

RH 精炼技术几十年来取得了巨大进展，由起初单一的脱气设备发展成为包含真空脱气、脱碳、吹氧脱碳、喷粉脱硫、温度补偿、均匀温度和成分等的一种多功能炉外精炼设备。表 5-5 对 RH 及 RH 多功能精炼技术作了比较。

表 5-5　RH及多功能RH法精炼技术的比较

序列	类型	开发厂家	主要功能	适用钢种	处理效果	备注
1	RH	1957年前西德鲁尔钢铁公司和赫拉欧斯公司	真空脱气(H_2)，减少杂质，均匀成分、温度	特别用于对含氢量要求严格钢种，主要是低碳钢、超低碳深冲钢等	$w[H] < 2\times10^{-6}$ $w[N] < 40\times10^{-6}$ $w[O] < 20\times10^{-6}$ ~ 40×10^{-6}	原为钢水脱氢开发，短时间可使$w[H]$降到远低于白点敏感极限以下
2	RH-OB	1972年新日铁公司名古屋厂	同1，并能吹氧脱碳、加热钢水	同1，还可生产不锈钢，多用于超低碳钢的处理	同1，且可使终点$w[C] \leqslant 35\times10^{-6}$	为钢水升温而开发
3	RH-PB	1985年新日铁公司分厂	同1，并可喷粉脱硫、磷	同1，主要用于超低硫、磷钢的处理	$w[H] < 1.5\times10^{-6}$ $w[S] < 10\times10^{-6}$ $w[P] < 20\times10^{-6}$	喷枪插入钢包内上升管下面
4	RH-KTB	1986年日本川崎钢铁公司	同1，并可加速脱碳，补偿热损失	同1，多用于超低碳钢、IF钢、硅钢的处理	$w[H] < 1.5\times10^{-6}$ $w[N] < 40\times10^{-6}$ $w[O] < 30\times10^{-6}$ $w[C] < 20\times10^{-6}$	快速脱碳至超低碳范围，二次燃烧补偿处理过程热损失
5	RH-PB(OB)	1987年新日铁	同3	同3	$w[N] < 40\times10^{-6}$ $w[S] < 10\times10^{-6}$ $w[P] < 20\times10^{-6}$	从OB孔喷入粉剂
6	RH-MFB	1992年日本新日铁	同1，即可喷粉脱硫、磷又可吹氧加速脱碳	同1，还可用于超低硫、磷钢的处理	同4	喷嘴既可喷入粉剂又可吹氧
7	RH-PTB	1994年日本住友金属工业公司	同3	同3	同4	从KTB喷嘴喷入粉剂
8	MESID	1994年比利时(SIDMAR)	同1，并可喷粉	同1，主要用于超深冲钢、超纯净钢	$w[H] < 1.5\mu g/g$ $w[N] < 20\mu g/g$ $w[C] < 15\mu g/g$	快速脱碳至低碳范围

5.3.4.2　RH法精炼技术的发展

为了提高RH法的生产效率，缩短处理周期，RH法在装备技术和长寿化及控制技术方面都在不断改进和迅速发展。

（1）提高RH真空室高度。从1959年到1987年RH法的高度已从5m左右增加至10m以上，其目的主要是为在真空下提高精炼反应速度提供充分的反应空间，还为实现在真空下吹氧和二次燃烧提供保证条件，并且还可以改善真空室上部的工作条件和减少凝结冷钢。RH法真空室高度的技术演变如图5-24所示。

（2）增大循环流量。RH的反应速度主要决定于钢水的循环流量，而钢水的循

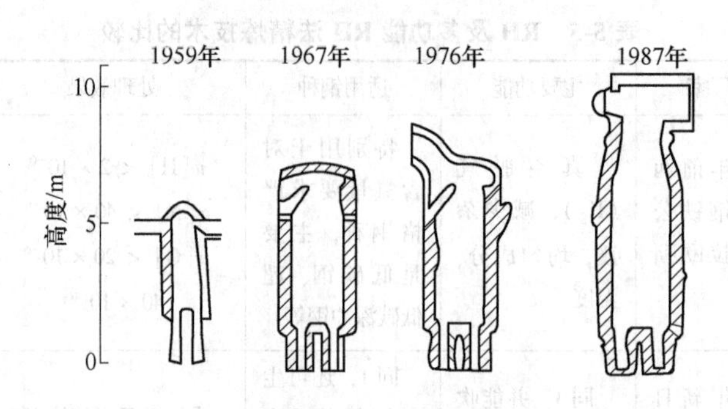

图 5-24　RH 法真空室高度的技术演变

环流量和下降管面积成正比。通过扩大浸渍管直径或采用椭圆形浸渍管等增大下降管面积的方法可以有效地提高钢水的循环流量，加快 RH 的反应速度。同等条件下，采用椭圆形浸渍管使下降管内径增大 50%，脱碳速度可明显提高。

（3）提高抽气能力。有文献表明，若将某 160t RH 的蒸汽喷射泵抽气能力由 300kg/h 增加为 400kg/h，并将吹氩气流量由 600L/min 提高到 680L/min，使钢水终点碳含量由（30~50）$\times10^{-6}$降低到 30×10^{-6}以下，脱碳时间由 20min 缩短到 15min。另有，美国内陆钢铁厂将 RH 的六级蒸汽喷射泵改造为五级蒸汽喷射泵/水环泵系统后，冷却水消耗量由 21t/炉减少到 5t/炉，能耗降低 73%。

（4）增大吹氩量，优化吹氩工艺。日本 NKK 福山厂通过 RH 技术改造，将浸渍管直径从 0.55m 扩大到 0.70m，浸渍管最大吹氩量由 $3m^3/min$ 提高到 $4m^3/min$，并在 RH 真空室底部增设 8 支直径 2mm 的吹氩管，取得了良好的精炼效果。RH 脱碳时间仅为 15min，使得钢水终点碳含量达到 10×10^{-6}。这主要是由于随着吹氩量的提高，RH 脱碳的体积传质系数 α_k 随吹氩量的提高而增大。

（5）增设多功能氧枪。RH 采用顶吹氧工艺，不仅提高了表观脱碳速度，而且同时由于二次燃烧使真空室上部耐火材料的壁面温度达到 1600℃，可以防止钢水结瘤。采用 RH 喷粉工艺，不仅实现了钢水脱磷、脱硫精炼的目标，而且有利于提高 RH 脱气能力。采用 RH 顶枪烘烤工艺可以在大气下加热真空室，防止钢水结瘤，并能熔化已经形成的钢渣结瘤，对提高 RH 的作业率有很大的贡献。因此，增设具有 RH 顶吹氧、喷粉和烘烤三大功能的多功能氧枪，对改善 RH 操作、提高精炼效率和 RH 作业率具有重要意义。

表 5-6 总结了近几年 RH 的主要技术参数和性能指标。

表 5-6　典型 RH 法的主要技术参数和性能指标

RH 设备参数	新日本钢铁公司			川崎钢铁公司水岛钢铁厂 4 号 RH	日本钢管公司福山钢铁厂 3 号 RH	住友金属工业公司鹿岛钢铁厂 2 号 RH	宝钢炼钢厂
	名古屋钢铁厂 2 号 RH	君津钢铁厂 RH	大分钢铁厂 1 号 RH				
吹 O_2 方式	OB	OB	OB	KTB	OB	OB	OB
钢水容量/t	270	305	340	250	250	250	300
浸渍管内径/mm	730	650	600	750	580	750	550

续表5-6

RH设备参数	新日本钢铁公司			川崎钢铁公司水岛钢铁厂4号RH	日本钢管公司福山钢铁厂3号RH	住友金属工业公司鹿岛钢铁厂2号RH	宝钢炼钢厂
	名古屋钢铁厂2号RH	君津钢铁厂RH	大分钢铁厂1号RH				
循环气体量/L·min^{-1}	3000	2500	4000	5000	5000	5000	1200~1400
抽气量（67Pa下）/kg·h^{-1}	1350	1007	952	1000	1500	1500	950
目标w(C)	10×10^{-6}	17×10^{-6}	18×10^{-6}	15×10^{-6}	15×10^{-6}	12×10^{-6}	$\leqslant50\times10^{-6}$
处理周期/min	15	22	18	15	15	15	20~25

（6）改进真空室顶部结构。美国Cleveland钢厂250t RH原采用斜顶结构，真空室顶部耐火材料的寿命只有169炉，后改造为圆顶结构，寿命超过真空室上部槽，从而使RH月处理量超过70000t。

（7）提高耐火材料抗侵蚀能力。日本川崎公司水岛钢厂4号RH主要生产超低碳钢，为了延长RH底部槽的使用寿命对耐火材料进行了材质优化。通过改变Cr和MgO的混合率，制造出表5-7所示的4种砖型，并进行抗腐蚀及耐急冷、急热性能测试，测试结果如图5-25所示。经比较，材料A具有最好的抗侵蚀性能。而材料B具有最好的耐急冷、急热性能，综合考虑价格等因素，采用材料B作为耐火材料。通过耐火材料的优化，并结合采用RH高效化生产工艺和完善RH终点控制技术，缩短RH的处理周期等技术措施，RH底部槽寿命从1200炉提高到2628炉，寿命得到了显著提高，并且创造了RH底部槽寿命的世界纪录。

表5-7 不同试验过程中Mg-Cr砖的性能

材　料	A	B	C	D
气孔率/%	15.4	14.5	13.6	12.5
体积密度/g·cm^{-3}	3.10	3.20	3.36	3.49
挤压强度/MPa	83.2	80.0	75.1	66.0
1400℃热荷数/MPa	9.8	12.2	13.4	17.5
$w(SiO_2)$/%	0.9	1.0	1.6	2.2
$w(Al_2O_3)$/%	5.5	8.2	8.7	12.1
$w(Fe_2O_3)$/%	4.9	7.3	8.0	10.7
$w(MgO)$/%	76.0	64.5	61.6	47.6
$w(Cr_2O_3)$/%	12.3	18.4	19.7	27.0

（8）提高RH浸渍管的使用寿命。RH浸渍管往往是RH使用寿命的限制环节，川崎公司水岛厂通过生产实践发现：RH浸渍管的损坏主要是由于浸渍管耐火材料内钢壳温度过高（达到1000℃），钢板变形，引起可塑耐火材料层产生纵向裂纹。当采用大直径浸渍管时，由于钢壳的膨胀变形大，这些裂纹将变得更大。过度的裂

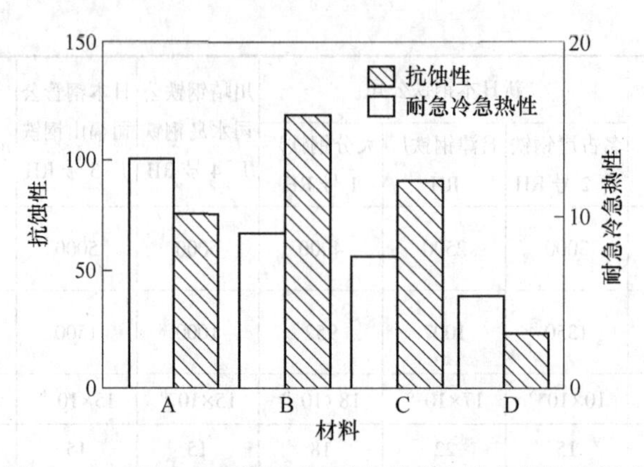

图 5-25　4 种 Mg-Cr 砖抗侵蚀性能及耐急冷急热性能测试

纹会引起耐火层脱落，使浸渍管失效。通过对比无冷却、风冷和水雾冷条件下钢壳温度的变化发现：钢壳未采用冷却，温度超过 1120℃时，可塑层外表面产生的应力会由压力转变为拉力，导致裂纹增大。而采用水雾冷时，可塑层外表面产生的应力为压力，裂纹大小不会增加，可塑层也不会失效。无冷却时钢壳温度为 1000℃，风冷时为 700℃，水雾冷条件下温度小于 450℃。此外，无冷却时钢壳变形量为 50~60mm，而水雾冷则可使变形量减少 10mm。采用浸渍管冷却技术，浸渍管的平均寿命达到 320 次。浸渍管耐火材料层和打结层（为可塑耐火材料）之间最容易产生裂纹，进入钢水造成浸渍管寿命降低。为解决这一问题，美国国家钢铁公司大湖厂采用两个浸渍管轮流修补、交错砖型和用 MgO 材料进行喷补 3 项技术，使浸渍管的寿命超过 180 炉。

（9）RH 精炼控制技术。为了提高 RH 法的作业率和终点控制精度，可通过连续测量废气成分和流量，开发 RH 在线过程动态监控和控制系统。控制系统主要包括 4 个子系统：取样系统、气体分析系统、数据采集系统、操作控制系统。

5.3.5　RH 精炼常见问题与处理

（1）RH 顶枪漏水。若 RH 顶枪在 RH 处理过程中漏水，报警系统仪器自动上升至槽内待机位，真空度急剧上升，应按以下步骤处理：

1）紧急复压至大气压，通知维修。

2）顶枪立即上升至上限位，检查漏水情况。

3）关闭顶枪冷却水进出口阀门。

若 RH 顶枪在非处理过程中漏水，报警系统仪器自动上升至槽内待机位，从 ITV 孔观察，应按以下步骤处理：

1）顶枪立即上升至上限位，通知维修。

2）检查漏水情况，关闭顶枪冷却水进出口阀门。

（2）真空度低无法处理钢水。影响真空度的因素比较多，但在设备正常的情况下，应逐一对容易出现漏气的位置进行检查，主要包括以下位置：中部真空室与热顶盖之间的连接处、顶枪的密封、真空室测温点、下料翻板阀、下料系统的各个密封胶圈、真空主阀、真空测漏点、冷凝器密封入孔等。在检查这些部位时绝不允许用手直接去试验，可以采取纸条、布条等去测试。

(3) 底部真空室连接处发红。底部真空室连接处由于连续过钢及无法冷却，在处理钢水过程中会出现发红现象，操作者应考虑发红的时间、面积，判断还可以处理钢水的罐数，及时采取风冷、更换真空室等措施，以免真空室烧穿。

(4) 真空室熔穿。由于真空室内耐火材料减薄，检查不到位，砌筑质量等原因，在环流管、底部真空室冲击侧、插入管与环流管焊接处、底部真空室连接处等部位会发生熔穿的生产事故，在处理钢水过程中，会发现这些部位变红、发白直至熔穿。一般情况下，熔穿较小会发生破空现象，但熔穿较大时会造成真空室内大翻。无论发生哪种情况都应采取紧急破真空操作以避免更大的损失。

(5) 提升气体管路堵死。提升气体管路通常共10支，上下两排，由于制作、处理间歇时熔渣流下、误操作等原因，提升气体管路经常堵死。根据水模型实验结果，一旦堵死个数超过一半，环流量将受到很大影响，如果是轻处理钢水还可以勉强维持，但无法生产超低碳钢水，此时应及时疏通被堵死管路或更换管路。

(6) 能达到真空度，但时间较长。当出现此情况时应对冷凝器冷却水和蒸汽的压力、流量及其温度进行确认。

1) 若冷却水温度高于40℃，应立即对浊环水进行补给（加大流量或是加快流速），以降低其供水温度。其中应对温度变化大的冷凝器开孔检查供水管的喷嘴是否有异物、排水管是否通畅等，要对供水管道上的气动蝶阀进行检查。

2) 若是蒸汽压力波动大，则应检查减温减压阀和冷却水系统的工作状况是否正常。

(7) RH处理过程中吸渣。RH处理过程中吸渣主要是由于钢包带渣多，呈现泡沫化；钢包钢液面较低，浸渍管插入钢包深度不足造成。若出现此情况，可按以下步骤处理：

1) 紧急复压至大气压。

2) 钢包下降至下限位并开出，钢水转运至LF等精炼工艺进行处理。

3) 立即移开真空室至待机位，检查气体冷却器、排气口伸缩节及密封胶圈有无损坏，真空室上部合金加入口、顶枪孔、ITV孔是否封掉。

4) 清除排气口伸缩节内黏附的渣钢。

(8) RH处理过程中黏附冷钢。RH处理过程中上升管吹入的氩气泡带动钢水向上进入真空室，破碎的液滴吸附于真空室内壁，多次堆积凝结形成冷钢。此种情况可按以下步骤处理：

1) 使用KTB或MFB真空室顶枪，处理前将真空室内壁预热至1534℃。

2) 尽可能保证真空室的连续使用。

3) 真空室在等待时间超过20min时，要及时喷吹天然气烘烤或使用石墨电极加热。

(9) RH处理过程中真空室体法兰漏水。RH处理过程中真空室体法兰漏水时可按以下步骤处理：

1) 确认真空室法兰漏水的部位。

2) 通知相关人员立即撤离至安全位置。

3）严禁钢包升降作业。

4）严禁复压。

5）将有关漏水的进出水阀门关闭。

6）所有人员经远离可能发生爆炸区域通道撤离至安全位置。

7）等待钢包中积水自然蒸发完后复压。

8）钢包下降至下限位，移动真空室至待机位维修、换真空室处理。

5.4 不锈钢冶炼

不锈钢指的是具有抵抗大气、水、酸、碱、盐等腐蚀介质作用的具有高的化学稳定性的合金钢，有的时候也把仅能抵抗大气、水等介质腐蚀的合金钢称为不锈钢，而把在酸、碱等介质中具有抗腐蚀能力的合金钢称为不锈耐酸钢，习惯上把它们都统称为不锈钢。

不锈钢是靠其表面形成的一层极薄而坚固细密的稳定的富铬氧化膜（防护膜），防止氧原子的继续渗入和氧化，而获得抗锈蚀的能力。这种不锈性和耐蚀性是相对的。一旦有某种原因，这种薄膜遭到破坏，空气或液体中氧原子就会不断渗入或金属中铁原子不断地析离出来，形成疏松的氧化铁，金属表面也就受到不断地锈蚀。这种表面膜受到破坏的形式很多，日常生活中多见的有如下几种：

（1）不锈钢表面存积着含有其他金属元素的粉尘或异类金属颗粒的附着物，在潮湿的空气中，附着物与不锈钢间的冷凝水，将二者连成一个微电池，引发了电化学反应，保护膜受到破坏，称为电化学腐蚀。

（2）不锈钢表面黏附有机物汁液（如瓜菜、面汤、痰等），在有水氧情况下，构成有机酸，长时间则有机酸对金属表面产生腐蚀。

（3）不锈钢表面黏附含有酸、碱、盐类物质（如装修墙壁的碱水、石灰水喷溅），引起局部腐蚀。

（4）在有污染的空气中（如含有大量硫化物、氧化碳、氧化氮的大气），遇冷凝水，形成硫酸、硝酸、醋酸液滴，引起化学腐蚀。

不锈钢的分类方法很多。其按室温下的组织结构分类，有马氏体型、奥氏体型、铁素体和双相不锈钢；按主要化学成分分类，基本上可分为铬不锈钢和铬镍不锈钢两大系统；按用途分有耐硝酸不锈钢、耐硫酸不锈钢、耐海水不锈钢等；按耐蚀类型可分为耐点蚀不锈钢、耐应力腐蚀不锈钢、耐晶间腐蚀不锈钢等；按功能特点分类又可分为无磁不锈钢、易切削不锈钢、低温不锈钢、高强度不锈钢等。由于不锈钢钢材具有优异的耐蚀性、成型性、相容性以及在很宽温度范围内的强韧性等系列特点，所以在重工业、轻工业、生活用品行业以及建筑装饰等行业中获得了广泛的应用。

不锈钢的生产过程是指从原料开始一直到不锈钢成品为止的整个生产过程，主要包括：电弧炉炼钢（转炉炼钢）、精炼炉、连铸、加热炉、粗轧机、中精轧机、退火酸洗、表面研磨、带钢准备机组、二十辊轧机、退火酸洗、平整机组、表面研磨机组、纵剪机组、横剪机组等工序。对于冶炼不锈钢来说，在冶炼过程中降低

CO 分压使钢水中的碳优先氧化，抑制铬的氧化以达到脱碳保铬的目的。为了降低 CO 分压，一系列能够控制 p_{CO}的方法被开发出来，主要有三种：

（1）减压法：VOD 法、RH-OB 法。

（2）稀释气体吹入法：AOD 法、CLU 法、K-BOP 法。

（3）两者组合法：AOD-VCR 法、VODC 法。

目前应用较多的生产不锈钢的方法主要是 AOD 法和 VOD 法。

5.4.1 AOD 法

AOD 法是氩氧脱碳法（Argon Oxygen Decarburizing）的缩写。所谓氩氧脱碳精炼法是把电炉/转炉粗炼好的钢水倒入一个炉型类似于侧吹转炉的 AOD 炉，如图 5-26 所示，然后用一定比例的氧气和氩气的混合气体从炉下部侧壁吹入炉内，在 O_2-Ar 气泡表面进行脱碳反应。由于氩气对所生成的 CO 具有稀释作用从而降低了气泡内的 CO 分压，因此促进了脱碳，防止了铬的氧化。AOD 法吹入不同比例的氧气和氩气混合气体可使 CO 分压不断降低，从而实现了在假真空下精炼不锈钢。脱碳保铬不是在真空下，而是在常压下进行。现今，该法在世界范围内是最主要的不锈钢冶炼手段之一。

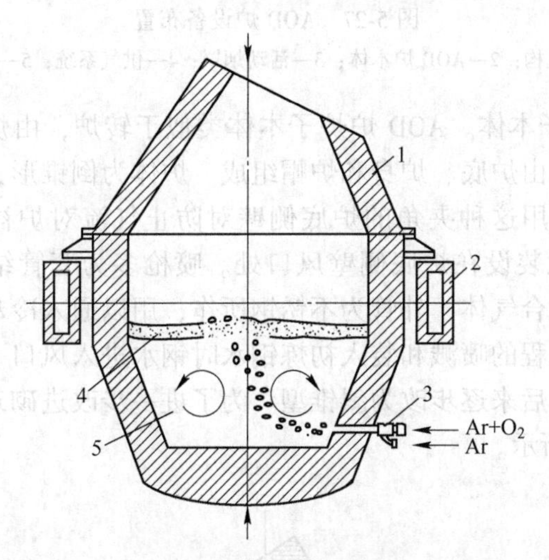

图 5-26 氩氧脱碳法

1—炉衬；2—耳轴；3—风口；4—炉渣；5—钢液

美国联合碳化物公司（UCC-Union Carbide Corporation）于 1954 年开始研究，最初是研究铬铁生产的脱碳保铬方法，于 1968 年在美国乔斯林公司（Joslyn Steel）成功用于生产。第一台 AOD 炉容量为 15t。现专利权为普莱克斯（PRAXAIR）公司所持有，已向全世界发放许可证 100 多台，其炉容量为 3～175t。目前日本 65%的不锈钢、美国 95%的不锈钢均采用 AOD 法生产。我国自制的第一台 AOD 炉是太原钢铁公司的 18t 氩氧脱碳炉，其是在 1983 年 9 月建成投产，现已改造为 40t AOD 炉。

5.4.1.1 AOD 炉的设备组成

AOD 炉的设备主要由炉体、倾动机构、氩氧枪、测温装置、气体混合调节装置、除尘设备和加料设备等组成，如图 5-27 所示。

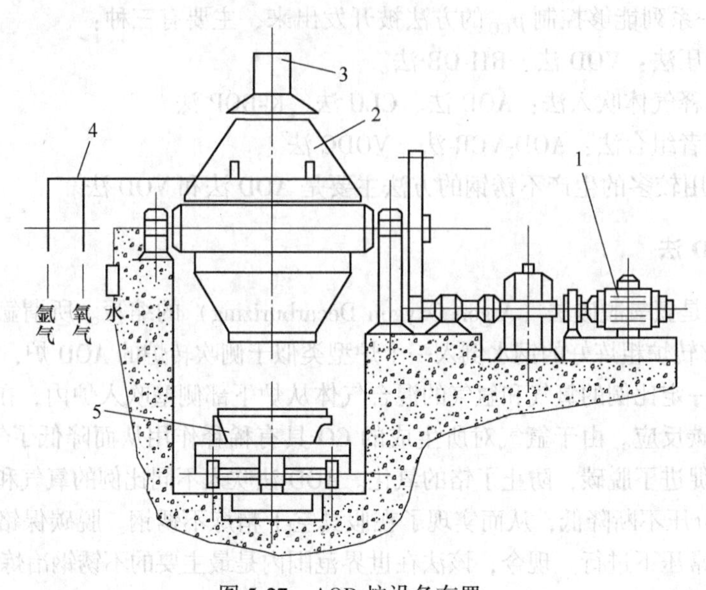

图 5-27　AOD 炉设备布置

1—炉体倾动机构；2—AOD 炉本体；3—活动烟罩；4—供气系统；5—渣盘及出渣车

(1) AOD 炉炉子本体。AOD 炉炉子本体类似于转炉，由炉体、托圈、支座和倾动机构组成。炉体由炉底、炉身和炉帽组成。炉体为倒锥形，其侧壁与炉身间的夹角为 20°~25°。采用这种夹角的炉底侧壁对防止气流对炉衬的冲刷有利。吹入氩、氧气体的喷枪就装设在炉底侧壁风口处。喷枪多为套管结构，内管为紫铜所作，用以通入氩氧混合气体，外管为不锈钢所作，用以通入冷却气体氩气。炉帽的作用在于防止吹炼过程的喷溅和装入初炼钢水时钢水进入风口。炉子最初采用圆顶型，由于砌筑困难，后来逐步改为斜锥型。为了进一步改进砌筑条件，目前又改为正锥型，如图 5-28 所示。

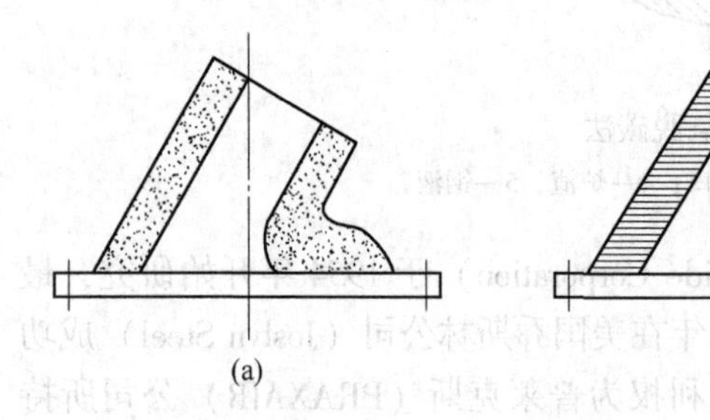

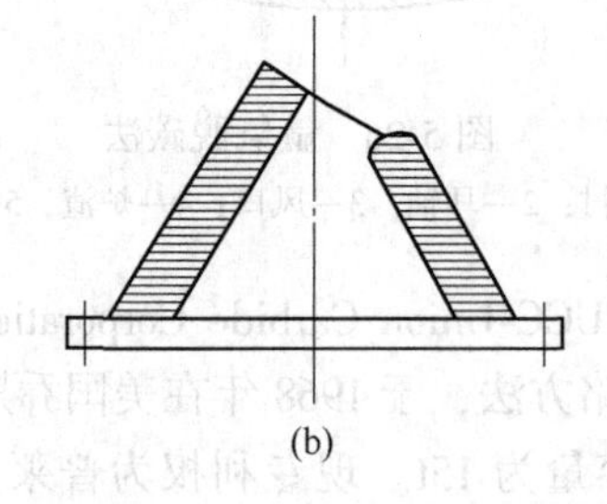

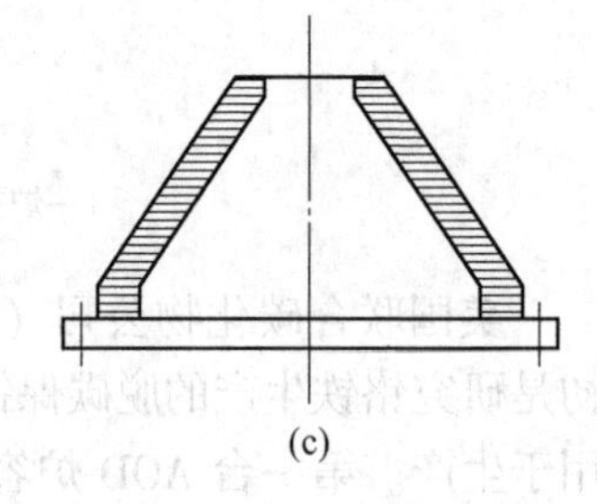

图 5-28　AOD 炉炉帽演变情况

(a) 圆顶型；(b) 斜锥型；(c) 正锥型

(2) AOD 炉炉体结构及主要参数。AOD 炉炉体是按照熔池深度、熔池直径、炉膛有效高度之比大体为 1∶2∶3 设计的，对于具体炉子来说，可能会有小的变动，如我国太原钢铁公司 18t 氩氧炉的上述比例为 1∶2∶3.86。

炉容比与同容量的氧气顶吹转炉相比要小一些，顶吹转炉的炉容比大体为

$1m^3/t$ 左右，而 AOD 炉的炉容比为 $0.6\sim0.7m^3/t$。

显然，适当增加炉膛有效高度和炉容比对提高炉内反应速度和防止喷溅都是极为有效的措施。

托圈起支撑、倾动和换炉体作用。托圈上拴有耳轴，耳轴通过轴承将全部炉体重量承担于两个支座上。

倾动机构通过马达和减速装置可使炉体向前或向后倾动以便进行兑初炼钢水、出钢、扒渣和测温、取样等操作。我国太原钢铁公司 18t AOD 炉可以前倾 160°，后倾 70°。

（3）供气系统。AOD 炉是氩气、氧气和氮气的消耗大户，为了保证 AOD 炉的正常生产，必须有大的能够分离氩气的制氩机为气源，否则建造 AOD 炉的理想只能变成空想。

为了贮存足够的气体，需要分别配置贮存氩、氧、氮气的球罐。为了向 AOD 炉输送气体，需要铺设相应的管道和配备必要的阀门。

AOD 炉使用两种气体：

1）按一定比例混合的气体，称工艺气体。

2）冷却喷枪的气体。为了按一定的压力和比例配备混合气体和冷却气体，需要装设相应的混气包和配气包以及流量计、压力调节阀和流量调节阀等。

（4）供料系统。为了减轻劳动强度，使造渣材料（石灰、萤石等）和铁合金（硅铁、硅铬等）装炉机械化，需要设置足够数量的悬空料仓以贮存这些散状材料。为了准确地进行称量，每个料仓下面均应装设电磁振动给料器。而为了运送这些材料还需要装置抓斗和皮带运输机等运输工具。

（5）除尘系统。由于在 AOD 炉中进行吹氧脱碳，排放的 CO、CO_2 等气体量极大，由此携带出的粉尘量也极为可观，如不采取措施消除，势必超过国家规定的粉尘排放标准。国外 AOD 炉上多采用干式滤袋除尘法，我国也不例外。实践结果表明，经除尘后烟气含尘量为 $45mg/m^3$，大大低于国家规定的粉尘排放标准（$<150mg/m^3$），这说明滤袋除尘器的净化效果是相当理想的。

5.4.1.2 AOD 法的基本操作工艺

AOD 炉可与电炉双联，可与转炉双联，也可与感应炉双联，但与电炉双联者占绝大多数。以 AOD 炉与电炉双联为例，其工艺流程如图 5-29 所示。

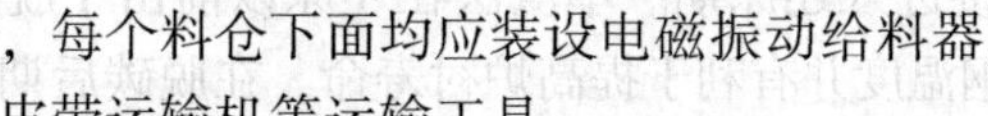

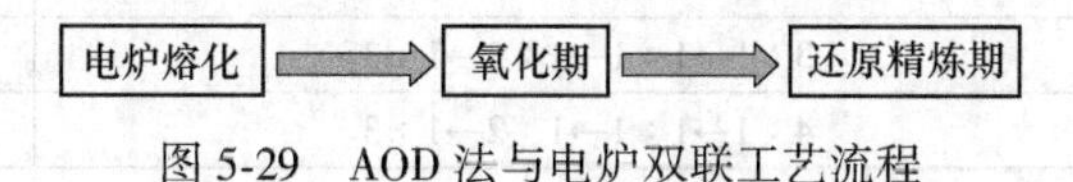

图 5-29 AOD 法与电炉双联工艺流程

A 电炉熔化

与 VOD 相比，对配碳量的要求比较宽松，一般熔清碳高达 1%～3%，这对采用廉价的高碳铬铁作原料以降低成本是非常有利的。铬、镍、钼含量应满足最后钢种规格要求。

硅含量可以有某些波动，但希望能限制在 0.25%以下，这样可以减轻炉渣对炉衬的侵蚀，缩短冶炼时间和防止升温过高。出钢温度应不低于 1550℃。

B　氧化期

该时期的主要任务是脱碳，采用氩气（或其他惰性气体）与氧气的混合气体经风口吹入钢水以实现低 CO 分压下的脱碳。O_2与 Ar 体积比在 3∶1 至纯 Ar 之间变化。

第一阶段：O_2与 Ar 的体积比为 3∶1，将碳脱至 0.25%左右，此时钢水温度大约为 1680℃；加入合金或废钢以降低钢水温度，减轻炉衬侵蚀。

第二阶段：随碳含量降低到一定值，O_2与 Ar 的体积比可降至 2∶1 或 1∶1，将碳脱至 0.1%左右，此时温度约为 1740℃。

第三阶段：继续到一预定碳含量，O_2与 Ar 的体积比可降至 1∶3 到脱碳终点，将碳脱至不高于 0.03%左右所需要的限度。

第四阶段：对碳含量小于 0.01%的钢种，O_2与 Ar 的体积比可为 1∶4 或用纯氩，同时还可以减少还原 Cr 的 Fe-Si 的用量。

以上每个阶段都应测温、取样、分析。

当要求钢中氮含量低时，可以使用纯氩吹炼；如不要求低氮含量时，则可用粗氩或部分氮气（40%~70%）代替纯氩。

吹氧完毕时约 2%的铬氧化进入炉渣中，$w[O]$ 高达 140×10^{-6}，因此到达终点后要加入 Si-Ca、Fe-Si、Al 粉、CaO、CaF_2等还原剂，在吹纯氩搅拌状态下进行脱氧还原。脱碳终了以后如果不是冶炼含钛不锈钢和不需要专门进行脱硫操作，作为单渣法冶炼，一般不扒渣直接进入还原期。单渣法在还原以前由于脱碳终点温度在 1710~1750℃。为了控制出钢温度并有利于提高炉衬寿命，在脱碳后期需添加清洁的本钢种废钢对钢水进行一定程度的冷却。随后加入 Fe-Si、Si-Cr、Al 等还原剂和石灰造渣材料，吹纯氩 3~5min 调整成分。当脱氧良好、成分和温度合适即可出钢浇注。整个精炼时间约 90min。表 5-8 给出了一些 AOD 炉生产实践中 O_2与 Ar 比例的变化类型。

表 5-8　一些 AOD 炉 O_2与 Ar 比例的变化类型

类型	O_2与 Ar 比例	采用工厂数
1	3∶1→2∶1→1∶1→1∶3	1
2	3∶1→2∶1→1∶2	2
3	3∶1→2∶1→1∶2→1∶3	4
4	3∶1→2∶1→1∶3	6
5	3∶1→1∶1→1∶2	2
6	3∶1→1∶1→1∶2→1∶3	2
7	4∶1→1∶1→1∶2→1∶3	1
8	3∶1→1∶1→1∶3	1
9	3∶1→1∶1→0∶1	1
10	3∶1→1∶3	2

C　还原精炼期

在 AOD 炉氧化期吹炼过程中会氧化一部分铬（大约 2%），为了还原此部分铬和稀释吹炼后十分黏稠的富铬渣，需控制钢水温度在 1700℃以上。此时，可用 Si-Ca、Fe-Si、Al 粉、CaO、CaF_2等作还原剂，并用氩气进行强烈搅拌和脱氧还原。由于渣-钢间反应剧烈，$(Cr_3O_4)+2[Si]=3[Cr]+2(SiO_2)$的反应进行的比较完全，所以铬的回收率可达99%，锰的回收率可达90%或以上。依据钢种对硫含量的要求及冶炼过程钢水中硫含量情况决定是否需要脱硫。若要脱硫，需首先扒除至少85%的炉渣，然后加入石灰和少量CaF_2造新渣，再加入Fe-Si和Al粉等还原剂进行氩气搅拌。因还原期具有碱性还原渣、高温和强搅拌等有利于脱硫的条件，很容易将硫脱除至0.01%以下的水平。如果所炼钢种对硫含量要求不高，并且钢水中硫含量不高时，宜采用单渣法脱硫；如果所炼钢种对硫含量要求较高（硫含量要求低于0.005%）或钢水中硫含量较高时，宜采用双渣法脱硫。一般的电弧炉-AOD炉冶炼不锈钢基本工艺如图5-30所示。

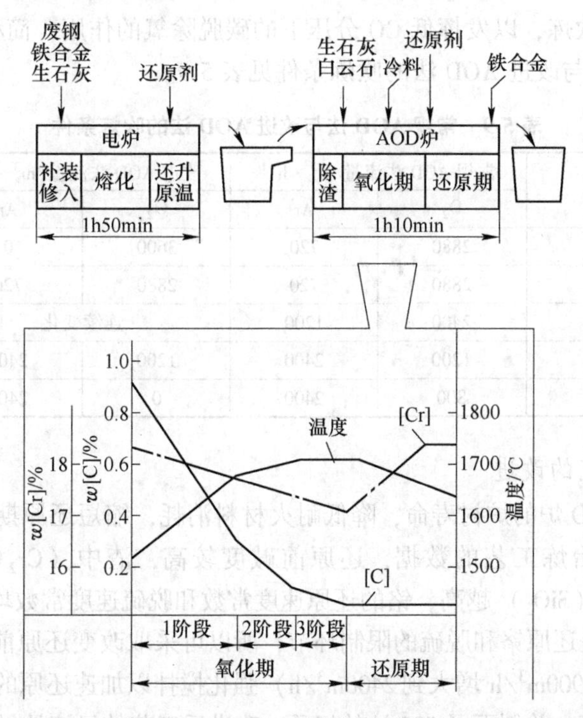

图5-30 电弧炉-AOD炉双联工艺的操作曲线（钢种：SUS304）

5.4.1.3 AOD炉的发展

A 完善吹炼工艺

(1) 脱碳工艺的改进。根据实际冶炼工艺实测高碳区（$w[C]>0.7\%$），$p_{CO}=101325Pa$，$w[Cr]=20\%$的条件下，按式（5-5）和式（5-6）可计算碳含量，其结果表明AOD炉的脱碳并不受氩气稀释的影响，故在高碳区可采用纯氧吹炼，简称为OOB，吹炼结果所得到脱碳的氧利用率与O_2与Ar比例为4∶1时是一样的。

$$\lg \frac{w[Cr] \times p_{CO}}{w[C]} = -\frac{13800}{T} + 8.76 \qquad (5\text{-}5)$$

$$\lg \frac{w[Cr]^{3/4} \times p_{CO}}{w[C]} = -\frac{11520}{T} + 7.58 - 0.02w[Cr] \qquad (5\text{-}6)$$

（2）根据 $w[C]<0.7\%$ 时，脱碳速度服从式（5-7）的动力学规律，为了加速脱碳速度，需要从降低 $w[C]_{平}$ 着手，而为了降低钢水平衡碳含量，就需要降低 CO 分压，此阶段采用了电子计算机连续控制 O_2 与 Ar 比例的措施，简称为 ORC。

$$\frac{dw[C]}{dt}=K(w[C]-w[C]_{平}) \tag{5-7}$$

（3）在第三阶段，需要通过式（5-8）和式（5-9）的化学反应从炉渣中将（Cr_2O_3）还原为［Cr］。

$$(Cr_2O_3) = 2[Cr] + 3[O] \tag{5-8}$$

$$[C] + [O] = CO \tag{5-9}$$

采用纯氩气吹炼，以发挥低 CO 分压下的碳脱除氧的作用，简称为 OAB。

常规 AOD 法与改进 AOD 法的吹炼条件见表 5-9。

表 5-9　常规 AOD 法与改进 AOD 法的吹炼条件

含碳量范围/%	常规 AOD 法流量/$m^3 \cdot h^{-1}$		改进 AOD 法流量/$m^3 \cdot h^{-1}$		名称
	O_2	Ar	O_2	Ar	
>0.7	2880	720	3600	0	OOB
0.5~0.7	2880	720	2880	720	↓
0.25~0.5	2400	1200	连续变化		ORC
0.11~0.25	1200	2400	1200	2400	↓
0.06~0.11	800	2400	0	2400	OAB

B　还原工艺的改进

为了延长 AOD 炉的炉衬寿命，降低耐火材料消耗，缩短还原期是其首要解决的问题。根据实际冶炼工艺的数据，还原前碱度较高，渣中（Cr_2O_3）越高。同时 $w(CaO+Cr_2O_3)/w(SiO_2)$ 越高，铬的还原速度常数和脱硫速度常数均越小。这说明黏稠的富铬渣的确是还原铬和脱硫的限制环节，所以可采取改变还原前炉渣成分和加大氩气流量（由原 $1900m^3/h$ 增大到 $2400m^3/h$）强化搅拌以加速还原的措施。AOD 炉的炉衬寿命明显提高，并创下了 525 炉的纪录。改进后工艺的经济效果见表 5-10。

表 5-10　改进后工艺的经济效果

技术措施	OOB	ORC	OAB	快速还原	总效果
缩短时间/min	3	—	—	11	14
吨钢节省氩气/m^3	2.8	—	—	3.1	5.9
吨钢节省氧气/m^3	—	0.3	1.0	—	1.3
吨钢节省 FeSi/kg	—	0.7	0.5	—	1.2

C　以空气代替氮气和氧气

美国 Allegheny Ludlum 公司提出可用无油干燥压缩空气代替外购氮气和氧气对 AOD 炉工艺进行改进。除 1∶9 阶段吹入 $178.38m^3$ 的氮气外，其余阶段均未使用氮气，结果可使氮气量降低为 $1.71m^3/t$。用上述供气方法后，用于脱碳的氧气利用率和铬的收得率与改进前工艺相比并未恶化，但却使外购气费用降低了 46.5%。表

5-11给出了用空气代替氮气的 AOD 炉吹炼制度。

表 5-11　用空气代替氮气的 AOD 炉吹炼制度

吹炼阶段	时间/min	实测气体耗量/m^3			空气分耗量/m^3		纯气总耗量/m^3	
		O_2	N_2	空气	O_2	N_2	O_2	N_2
4∶1	7.5	538	22.65	147.25	31.1	116.1	569.2	138.8
3∶1	23.5	1526	73.6	603.15	127.4	475.7	1653.7	549.3
1∶1	10.5	371	31.1	586.2	124.6	464.4	495.5	495.5
1∶3	27	147.2	82.118	2285	481.4	1806.6	628.6	1888.7
1∶9	2	19.82	178.38	—	—	—	19.82	178.38
总计	70.5	2602	209.47	3621.6	764.5	2862.8	3368.8	3072.2

D　AOD 炉吹炼过程中加铬矿石

日本住友金属工业和歌山制铁厂为了减少昂贵的铬铁消耗量，在 AOD 炉冶炼过程中试验了加铬矿的方法，其工艺流程如图 5-31 所示。

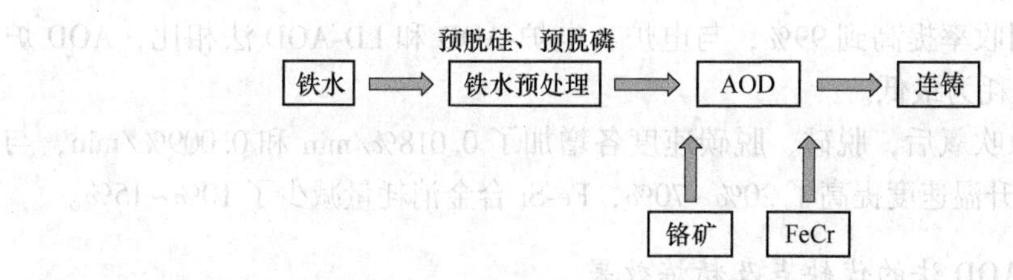

图 5-31　AOD 炉冶炼过程中加铬矿石工艺流程

铬矿石于脱碳初期加入 AOD 炉内，最大加入量为 50kg/t。靠铁水中的溶解碳可使 40%~80%的铬矿被还原，进一步可加入 Fe-Si 合金将其全部还原。提高钢水温度有利于加速还原过程，铬矿加入量超过 25kg/t 时，需增大吨钢 Fe-Si 合金加入量用于弥补冶炼过程热量的不足。

E　在 AOD 炉上采用顶吹氧

日本大同特殊钢公司星崎工厂为了减少 20t AOD 炉的 Fe-Si 合金消耗和初炼电炉的电耗，发展了 AOD 炉顶吹氧法（AOD-Counter-Blowing）。

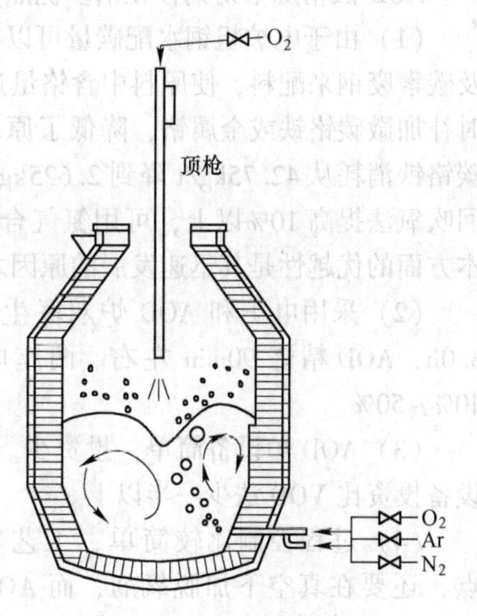

图 5-32　AOD 炉顶吹氧法

在 20t AOD 炉上部设置顶吹氧枪供给二次氧气以使从 AOD 炉熔池内放出的 CO 燃烧成 CO_2，由此产生的热量靠炉底侧面风口吹入的 O_2、Ar（N_2）等气体强烈搅拌而直接传入钢水，使钢水温度以更快的速度提升，并且显著提高金属熔池的脱碳速率，缩短冶炼时间。其工艺如图 5-32 所示。

在 AOD 炉第一阶段（$w[C]>0.3\%$）吹炼中使用此法可取得较好的冶炼效果：

（1）钢水升温速度从 7℃/min 上升为 17.5℃/min，提高了 150%；用于脱碳的氧气利用率提高了 5%。

（2）脱碳速度从 0.055%/min 上升为 0.087%/min，提高了 58%。

（3）电能消耗减少 78kW · h/t，吨钢电耗降到 385kW · h/t；Fe-Si 消耗减少了 25%；精炼时间缩短 11min（达到 68min）。

（4）炉衬寿命达到 235 炉，吨钢耐火材料消耗减少到 6.7kg/t（此中有用 MgO 为主对炉渣进行控制的效果）。

宝武集团宝钢特钢于 2004 年引进 SMS Demag 技术，即是 120t AOD 炉顶吹氧法，其生产不锈钢的工艺流程是脱磷铁水和液态铬铁直接热装加入电炉→AOD 炉顶吹氧→VOD 炉精炼。

F　AOD 炉直接吹炼法

日本太平洋金属公司八户工厂为了节约原材料和降低能耗，开发了用液态 Fe-Cr、Fe-Ni 原料直接冶炼不锈钢的方法。即直接用 Fe-Cr-Ni 铁水在 AOD 炉内进行吹炼。其效果如下：

（1）铬的回收率提高到 99%，与电炉、电炉-AOD 和 LD-AOD 法相比，AOD 炉直接吹炼法的能耗为最低。

（2）采用顶吹氧后，脱硅、脱碳速度各增加了 0.018%/min 和 0.009%/min，与此相应地，钢水升温速度提高了 20%～70%，Fe-Si 合金消耗量减少了 10%～15%。

5.4.1.4　AOD 法的优缺点及精炼效果

AOD 法精炼不锈钢存在诸多优点：

（1）由于电炉粗钢水配碳量可以在 2%以上，因此可大量使用廉价的高碳铬铁及碳素废钢来配料，使原料中含铬量达到成品规格要求，从而省去了采用返回吹氧时补加微碳铬铁或金属铬，降低了原料成本。例如美国一家公司采用 AOD 法后微碳铬铁消耗从 42.75kg/t 降到 2.625kg/t。铬的总回收率可达 98%以上，比电弧炉返回吹氧法提高 10%以上，可用氮气合金化，所以生产成本低。AOD 法在原料及成本方面的优越性是其迅速发展的原因之一。

（2）采用电炉和 AOD 炉双联生产不锈钢时，电炉进行熔化和升温需 2.5～3.0h，AOD 精炼 90min 左右。两座电炉配一座 AOD 炉，产量比电炉单炼提高 40%～50%。

（3）AOD 炉设备简单，投资少。因为是在大气压下吹入气体进行精炼，所以设备投资比 VOD 法少一半以上。

（4）过程控制比较简单，工艺容易掌握。VOD 要通过气相分析来判断终点，还要在真空下加脱氧剂，而 AOD 在大气压下稀释脱碳，可以造渣、测温、取样，相比之下方便得多。与返回吹氧法相比，AOD 法更易于冶炼超低碳不锈钢。

（5）钢的质量高，由于从炉下部吹入气体并可吹纯氩气，所以与电炉相比，氢、氧含量可分别降低 25%～65%和 25%～30%。由于氩气的强搅拌作用，硫含量很低，可生产 $w[S] \leq 0.001\%$ 超低硫不锈钢。

尽管 AOD 法具有诸多优点，但其仍存在一些缺点：

（1）由于氩气消耗量大，因而操作费用高，氩气费用占 AOD 法生产不锈钢成本的 20%以上，AOD 炼普通不锈钢耗氩量为 $11 \sim 12m^3/t$，炼超低碳不锈钢时为 $18 \sim 23m^3/t$。大气中含氩不足 1%，同时 Ar 是制 O_2 的副产品，不能生产大量的 Ar，而随着炼钢和连铸技术的发展，用氩气的地方越来越多，如转炉复吹、钢包吹氩、等离子加热等，所以 AOD 法的发展在很大程度上受氩气的限制。

（2）炉龄比较低，耐火材料消耗高，致使成本高。但是由于 AOD 法可以使用廉价的高碳铬铁原料，因而可使其成本降低。Cr 的收得率高，$\eta_{Cr} = 98\% \sim 99\%$。钢的收得率可达 95%。电炉和 AOD 炉双联冶炼不锈钢时，电炉仅是熔化炉，可使其生产率提高，电耗降低，操作条件改善，使电炉炉体寿命提高。AOD 炉投资省，这些经济效果足以抵消氩气费用和 AOD 炉耐火材料的费用。

AOD 法的精炼效果如下：

（1）脱硫。AOD 炉对脱硫十分有效。由于加入石灰、Fe-Si 可造高碱度炉渣，又有强烈的氩气搅拌，因此可以深度脱硫，其脱硫能力超过电炉白渣法冶炼。[S] 可降至 0.005%，这是电炉难以达到的。有人认为 AOD 法最低可将 [S] 脱除至低于 0.001%或以下。总之 AOD 法有极强的脱硫能力是毋庸置疑的。

（2）脱氢。AOD 法虽然没有真空脱气过程，但是吹入氩气搅拌，也有明显的脱氢效果，$w[H]$ 为 $(1 \sim 4) \times 10^{-6}$，比电炉钢低 25%~65%。

（3）脱氮。比电炉钢低 30%~60%。

（4）脱氧。AOD 炉氩气的强烈搅拌，可使钢中的氧化物分离上浮，$w[O]$ 比电炉钢低 10%~30%，基本上比电炉-DH 真空处理还低 10×10^{-6} 左右。

（5）去除夹杂物。由于钢中氧化物夹杂易于分离上浮，因此纯净度提高，不仅夹杂物含量少，而且几乎不存在大颗粒夹杂。夹杂物主要由硅酸盐组成，其颗粒细小，分布均匀。

5.4.1.5 AOD 法一般冶炼操作步骤及注意事项

AOD 法一般冶炼操作步骤如下：

（1）兑钢水至氩氧炉（AOD）。

（2）倾侧炉体，部分扒渣，测温取样，温度不够可加 Al 升温。

（3）摇炉至开吹位置，开吹Ⅰ期主管 O_2 与 Ar 或 O_2 与 N_2 的比例为 3∶1，根据原始 [C]、温度确定脱碳速度、时间、吹氧量。

（4）当 $w[C] = 0.2\% \sim 0.25\%$ 时吹炼停止，测温取样分析。

（5）进入吹炼Ⅱ期，主管 O_2 与 Ar 或 O_2 与 N_2 的比例为 1∶1~3∶2，重新确定脱碳速度、时间、吹氧量。

（6）当 $w[C] \leq 0.05\%$ 时吹炼停止，测温取样分析。

（7）进入吹炼Ⅲ期，主管 Ar 与 O_2 的比例为 3∶1，根据 C-O 反应效率控制终点 [C]。

（8）倾侧炉体取样测温。

(9) 当满足终点要求时，加入 Fe-Si 预还原并吹氩，精炼时间不低于 4min。

(10) 当［S］达不到工艺要求时进行扒渣添加石灰，并用 Fe-Si、Al 粉还原，再次摇炉至开吹位置吹氩搅拌。

(11) 按分析结果精调成分。

(12) 终脱氧。

(13) 出钢。出钢过程按工艺要求配加必要的合金或脱氧剂。

AOD 法注意事项有：

(1) 兑钢水前检查 AOD 设备是否正常，气体压力是否符合要求。

(2) 氩气与氧气压力流量控制阀门不要混淆。

(3) 倾侧炉体时，炉口正对面不要站人。

5.4.1.6 AOD 法常见问题与处理

(1) AOD 除尘器滤袋烧坏事故。AOD 炉除尘系统中存在可燃物质，正常吹炼时，部分进入除尘系统的火星遇到可燃物质，当通过混合室时，因体积扩大，同时遇到来自二次除尘的大量空气，从而引起燃烧，使气体温度迅速上升，导致除尘器滤袋烧损。此时可按以下步骤处理：

1) 烧坏的布袋及时更换。

2) 在未查明引起燃烧的原因之前，慎重采用石墨添加剂。

3) 彻底检查除尘系统包括管道和设备现况，尤其是烟气混合室及后续设备，及时清除系统积灰。

(2) 风枪及风口区域侵蚀严重事故。AOD 炉的侧吹风枪及风口区域的蚀损是较为严重的部位，很多时候是因为风枪周围严重凹陷（热剥落或被侵蚀掉）而导致炉子下线的。为此，可按需要将风枪和该区域用耐火材料砖改成高耐侵蚀砖，例如可使用高温烧成富镁白云石砖（$w(MgO)=57.5\%$、$w(CaO)=36.5\%$）。

(3) AOD 炉体倾翻事故。AOD 炉在生产冶炼中，耐火材料的减薄和炉口钢渣堆积，造成炉体质心上移。在检测钢水时，当倾翻力矩大于电动机起动力矩，可能会引发炉体倾翻，造成事故。该事故重在预防，可在 AOD 炉增加一定的配重，防止冶炼过程中炉膛内砖层被钢水冲刷。随着炉龄增加，炉口还会堆积钢渣，这也会造成炉体质心上移而使炉体有自动倾翻的可能。为防止失电状况下造成“冻钢”事故，可额外设计一套紧急倾动系统。系统不采用电动马达，额外设计一套气体回路，利用现场的储气罐带动气动马达，手动操作完成炉体的倾动动作。保证在特殊情况下的生产安全和设备安全。

5.4.2 VOD 法

VOD 法是真空吹氧脱碳法（Vacuum Oxygen Decarburization）的缩写。这是由德国威登特殊钢厂（Edd-stahl-werk Witten）和标准梅索公司（Standard Messo）于 1967 年共同研制成功的，故有时又称为 Witten 法。这是为了冶炼不锈钢所研制的一种炉外精炼方法。由于在真空条件下很容易将钢液中的碳和氮去除到很低的水平，因此该精炼方法主要用于超纯、超低碳不锈钢和合金的二次精炼。其方法特点是向处在真空室内的不锈钢钢水进行顶吹氧和底吹氩气搅拌精炼，达到脱碳保铬的目的。现今，该法同AOD法一样在世界范围内是最主要的不锈钢冶炼手段之一，尤其在低碳或超低碳不锈钢精炼方面更加突出。

早在1939年，Wacker就提出专利，认为在大气压下吹氧，能把$w[C]$降到1.5%，而铬没有严重氧化损失，再继续吹氧脱碳，Cr会大量被氧化，因而不经济；如$w[C]<0.45\%$时在减压下吹氧，则能将C脱除到0.06%而Cr基本不氧化。当时受真空技术和透气砖的限制，该设想直到VOD问世前未能实现。

20世纪中期，大功率蒸汽喷射泵的研制成功为真空下吹氧脱碳的实现创造了条件。依据冶炼过程中降低p_{CO}使碳在较低的温度优先于铬氧化的理论，1967年德国威登（Witten）特殊钢厂制造出世界上第一台容量为50t的VOD炉。1976年日本川崎公司在VOD钢包底部安装2个透气塞，增大吹氩搅拌强度，称之为SS-VOD，专门用于生产超纯铁素体不锈钢（$w[C]=0.0003\%\sim0.0010\%$、$w[N]=0.0010\%\sim0.0040\%$）。美国人芬克尔公司开发了KVOD/VAD双联精炼炉。VOD炉容量最大为150t，建于日本新日铁八幡制铁厂，最小容量为5t。

5.4.2.1 VOD炉的设备组成

VOD炉的主要设备由钢包、真空罐、抽真空系统、吹氧系统、吹氩系统、自动加料系统、测温取样装置和过程检测仪表等部分组成，如图5-33所示。

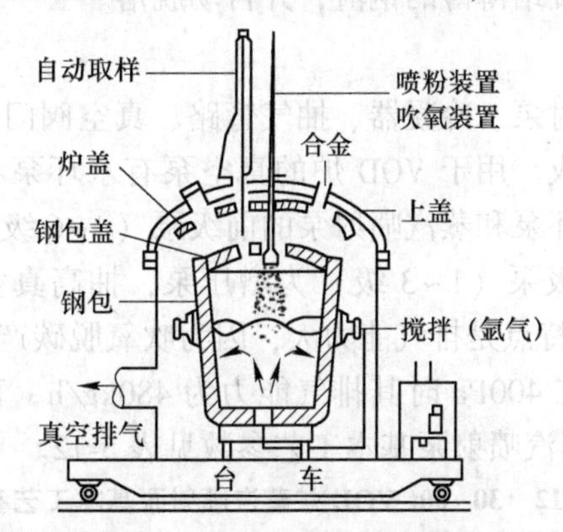

图5-33 VOD炉的设备组成

A 钢包

VOD炉精炼用钢包承担着真空吹氧、脱碳精炼和浇注等三个功能。VOD法钢包和其他炉外精炼方法相比，所用钢包具有如下特点：工作温度高，约为1700℃；精炼过程钢液搅动激烈，钢包衬砖受化学侵蚀和机械冲刷严重，因此，尽管使用高温烧成的耐火材料，其寿命也较低，一般只有10~30次。为了适应长时间高温和真空的环境，钢包内衬采用高级耐火材料：水口用铬镁质材料、渣线用铬质或高铝砖砌筑、包底设有吹氩用的透气砖，并采用滑动水口浇注。为防止吹氧脱碳过程中钢液产生喷溅并从钢包沿溢出，VOD炉钢包的高度与直径比要比普通钢包大一些，钢液面以上自由空间较大，通常为900~1200mm。VOD炉钢包由熔池、渣线、自由空间三部分组成。渣线部位寿命最低，一般一个熔池可设置两个渣线。

通常 VOD 炉在钢包包底中心或半径 1/3～1/2 处安装吹氩透气砖。为保证良好的透气性，透气塞由上下两块透气砖组成。透气砖一般采用刚玉质或镁质耐火材料烧制而成。透气方式有弥散式、狭缝式、管式三种，通常采用弥散式，透气能力约为 500L/min（标态），透气砖寿命为 5～10 次。

为减少喷溅和热量损失，VOD 炉钢包上扣有钢包盖。该盖可以悬挂在真空罐盖内，也可以不挂，炼钢时用吊车吊扣在钢包上。包盖圈坐在钢包沿上部通水冷却，包盖圈由 15mm 厚钢板焊成，圈内拱型砌筑高铝砖。

B　真空罐

真空罐是盛放钢包，获得真空条件的熔炼室。它由罐体、罐盖、水冷密封法兰和罐盖开启机构组成。罐盖上安装有测温、取样、加合金料和吹氧的设备。为了防止喷溅，在钢包和真空盖之间设中间保护盖，盖上砌有耐火材料砖。真空罐罐体可以坐在地下阱坑内，罐盖做旋转升降运动；罐体也可以坐在台车上做往复运动，罐盖定位做升降运动。真空罐内设有钢包支架，钢包支架起支撑钢包和钢包入罐时导向、定位作用。钢包下方放置防漏盘，用于包底漏钢水时起到盛接作用，有效容积应能盛下熔炼钢水量。

真空罐盖内为防止喷溅造成氧枪通道阻塞和顶部捣固料损坏，围绕氧枪挂一个直径 3000mm 左右的水冷挡渣盘，通过调整冷却水流量控制吹氧期出水温度在 60℃左右，使挡渣盘表面只凝结薄薄的钢渣，并自动脱落。

C　真空系统

真空系统由蒸汽喷射泵、冷凝器、抽气管路、真空阀门、动力蒸汽、冷却水系统、检测仪表等部分组成。用于 VOD 炉的真空泵有水环泵和蒸汽喷射泵组或多级蒸汽喷射泵组两种。水环泵和蒸汽喷射泵的前级泵（4～6 级）为预抽真空泵，抽粗真空。蒸汽喷射泵的后级泵（1～3 级）为增压泵，抽高真空，极限真空度不大于 20Pa。VOD 法真空泵的特点是排气能力大，因为吹氧脱碳产生大量 CO 气体需要排出。例如 50t 的设备，在 400Pa 时其排气能力为 480kg/h，真空泵的极限真空度为 20Pa。30～60t VOD 炉蒸汽喷射泵基本工艺参数见表 5-12。

表 5-12　30～60t VOD 炉蒸汽喷射泵基本工艺参数

项　目	工艺参数	指　标
蒸汽	工作压力/MPa	1.6
	过热温度/℃	210
	最大用汽量/$t \cdot h^{-1}$	10.5
冷却水	工作压力/MPa	0.2
	进水温度/℃	≤32
	最大用水量/$m^3 \cdot h^{-1}$	650
真空度/Pa	工作真空度	<100
	极限真空度	20

续表5-12

项　目	工艺参数	指　标
抽气能力/kg · h^{-1}	133.322Pa 时	340
	5332.88 Pa 时	1800
	1600 Pa 时	1800

真空泵抽气能力可用式（5-10）计算：

$$G = D_0^2 \times \frac{\pi}{4} \times 233.8829 \times 3600 \tag{5-10}$$

式中　D_0——喷嘴直径，m；

G——真空泵抽气能力，kg/h。

D　吹氧系统

吹氧系统由高压氧气管路、减压阀、电动阀门及开口大小指示盘、金属流量计及流量显示记录仪表、氧枪及氧枪链条升降装置、氧枪冷却水和枪位标尺等组成。氧枪采用与转炉氧枪类似的水冷拉瓦尔型氧枪和消耗型氧枪两种。消耗型氧枪为外包耐火泥的吹氧管，吹氧时枪口距液面 250~500mm，下降速度为 20~30mm/min。消耗型氧枪吹氧喷溅严重，吹氧时间受限制。水冷拉瓦尔型氧枪下部外套耐火砖，枪头结构尺寸如图 5-34 所示。氧枪升降由马达链条传动。如 30t VOD 水冷拉瓦尔型氧枪最大行程为 3m，升降速度为 3.4m/min；氧气工作压力为 0.1MPa，最大流量为 25m³/min；冷却水流量为 16m³/h，压力为 0.8MPa；吹氧时枪位 1000~1200mm，开吹时碳高取上限，碳低和吹氧后期取下限。

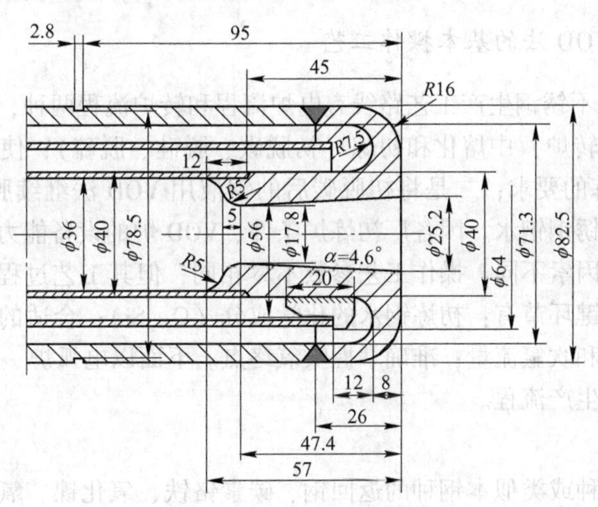

图 5-34　30t VOD 炉水冷拉瓦尔型氧枪喷头结构及尺寸

E　吹氩系统

VOD 法氩气用量少，一般用瓶氩，经汇流排 3~5 瓶一组减压至 1MPa 送到炉前，工作压力为 0.3MPa，氩气纯度为 99.99%。钢包入罐首先用 1MPa 的压力吹开透气塞，然后改用工作压力经流量计调整流量。

F　加料系统

VOD 设备配置有自动加料系统，它由料仓、称量料斗、皮带运输机、回转溜管、上下料钟和 PLC-780 计算机等部件组成。

G　冶炼过程控制仪表

VOD 法精炼过程，尤其是吹氧期操作，完全靠各种计量检测仪表的显示做指导，吹氧终点靠对各项仪表数值的综合分析确定，因此，用于冶炼过程计量仪表必须准确可靠。这类仪表有：

(1) 氧气金属浮子流量计，显示氧气流量和累计流量。冶炼碳大于 0.03%的钢种时，通过耗氧量计算确定吹氧终点。采用耗氧量确定吹氧终点冶炼非超低碳钢，可以缩短吹氧时间，减少铬氧化从而减少还原剂加入量。

(2) 废气温度记录仪。由安装在 VOD 真空罐抽气管路入口处的热电偶测量，显示吹炼过程反应放出气体的温度变化。发生喷溅或漏包事故时，温度会突然升高很多。

(3) 真空计和真空记录仪。测量点在主真空管路上，显示并记录冶炼过程真空罐内气体压力变化。碳氧反应开始压力升高，反应结束压力降低。

(4) 微氧分析仪。气体取自真空系统排气管道处，以空气为参比电极与被抽气体构成氧浓差电池产生电动势，通过记录氧浓差电动势的起落，显示碳氧反应的开始和结束。它是指导 VOD 操作的主要依据。

(5) CO 与 CO_2 气体分析仪、质谱仪等。用于分析排出气体中的 CO、CO_2 含量，算出氧化去除的碳量确定吹氧终点。

5.4.2.2　VOD 法的基本操作工艺

VOD 法冶炼不锈钢生产工艺路线有电炉流程和转炉流程两种，具体步骤为：一是在电弧炉（或转炉）中熔化和初炼（初脱碳、脱硅、脱硫），使钢水含碳量和温度达到 VOD 精炼的要求；二是将初脱碳后的钢液用 VOD 法继续脱碳和还原精炼，生产出合格的不锈钢钢水。因各厂初炼炉条件、VOD 炉的设备能力与生产条件、原材料状况等诸多因素不同，操作工艺参数不尽相同，但其工艺过程大同小异。VOD 法冶炼不锈钢关键环节有：初炼钢水的化学成分（C、Si）；合适的吹氧真空度、氧流量、氧枪高度和吹氩流量；准确掌握吹氧终点。下面以电弧炉→VOD 冶炼不锈钢工艺为例说明其生产流程。

A　配料

炉料由本钢种或类似本钢种的返回钢、碳素铬铁、氧化镍、氧化钼、高硅返回钢、硅铁和低磷返回钢等组成。

B　电弧炉操作工艺

首先在电弧炉内熔化钢铁料并吹氧降碳，使［C］含量降到 0.4%～0.5%；除硅以外，其他成分都调整到限定值，因为硅氧化能放出大量热，而且有利于保 Cr，配料时配硅到 1%。钢液升温到 1600～1650℃时出钢。出钢温度一般铬镍不锈钢不低于 1630℃，超低碳氮不锈钢不低于 1650℃。钢渣混冲出钢，出钢后彻底扒净初炼渣，并取化学分析样 2 个。

C VOD 炉操作工艺

钢包接通氩气放入真空罐，吹氩、调整流量到 30～30L/min（标态），测温 1570～1610℃，测自由空间不小于 900mm。然后，扣 VOD 包盖、真空罐盖。这时边吹氩搅拌边抽空气，将罐内压力降低。溶解于钢液内的 C、O 开始反应，产生激烈的沸腾。当罐内压力（真空度）降到 6700Pa（50mmHg）左右时，开始吹氧精炼。在这个过程中保持适当的供氧速度、氧枪高度、氩气搅拌强度、真空度等是十分重要的。由于真空，在几乎 Cr 不氧化的条件下进行脱碳。当入罐碳大于 0.60%甚至到 1.00%以上时，为避免发生喷溅，应延长预吹氧时间，晚开 5 级、4 级泵，低真空度小吹氧量将碳去到 0.50%后再进入主吹。随着［C］含量下降，真空度逐渐上升，吹炼末期可达 1000Pa(7mmHg) 左右。尽管没有加热装置，但是由于氧化反应放热，钢水温度略有升高。吹炼进程由真空度和废气成分的连续分析来控制终点。吹氧完毕后，仍继续氩气搅拌，进行残余的碳脱氧，还要加脱氧剂脱氧，经调整成分和温度后，把钢包吊出去进行浇注。停氧条件即吹氧终点判断，应以氧浓差电势或气体分析仪为主，结合真空度、废气温度变化、累计耗氧量进行综合判断。决定停止吹氧的条件是：

（1）氧浓差电势下降为零。

（2）真空度、废气温度开始下降或有下降趋势。

（3）累计耗氧量与计算耗氧量相当（$\pm 20m^3$）。

（4）钢液温度满足后期还原和加合金料降温需要。

冶炼碳大于 0.03%的不锈钢、合金结构钢，碳高时吹氧去碳，可以采用耗氧量计算决定吹氧终点，即当累计耗氧量达到计算耗氧量时停氧。这样可以缩短吹氧时间，减少合金元素氧化。

冶炼碳含量大于 0.03%的一般的不锈钢时，不用进行真空碳脱氧操作，停氧后直接进行测温加渣料、合金料、脱氧剂及后续操作，用高碳料或增碳剂调碳到成品规格。

冶炼碳不高于 0.03%和质量有特殊要求的不锈钢时，需要进行真空碳脱氧操作。在碳含量比规格稍高时结束吹氧精炼，过剩的碳在真空下与钢液内的氧继续反应脱氧和去除夹杂物。在真空下继续吹氩搅拌还可以促使夹杂物上浮排除。即停氧后立即打开高真空喷嘴，抽真空到极限真空度，同时增大氩气流量到 2～3L/(min·t)(标态)，此时氧浓差电势再次升起，称为二次峰，时间为 5～15min，二次峰再次下降到零，真空碳脱氧结束。真空下或解除真空后，测温加渣料、合金料、脱氧剂。抽真空 3～5min 渣料熔化，加入脱氧剂和合金料。含钛钢解除真空前 3～5min，温度为 1630～1610℃时加入钛铁。终脱氧铝解除真空前 3min 加入。最后，解除真空，测温，停氩气，出罐浇铸。VOD 法还原操作工艺参数见表 5-13。

如果温度高，可通过吹氩降温，温度过高，可抽真空降温，此时含钛钢需补加钛铁 2～4kg/t。不同钢种的出罐温度见表 5-14。

表 5-13　VOD 法还原操作工艺参数

技术条件		真空度/Pa	保持时间/min	氩流量（标态）/L·min^{-1}		终脱氧铝用量/kg·t^{-1}
				加料	精炼	
抚钢	一般	≤300	≥10	60	40~50	
	特殊	≤100	≥15	60	40~50	1
上海钢研究所		≤133	15~20	30	20	

表 5-14　不同钢种的出罐温度

钢种	1Cr18Ni9Ti	0Cr19Ni9	1Cr13	00Cr14Ni14Si4	00Cr18Ni12Mo2Cu2
温度/℃	1560~1580	1555~1575	1580~1600	1550~1570	1560~1580

5.4.2.3　VOD 炉的发展

（1）LD-VAC 法。电弧炉作为熔化设备效率是很高的，特别是采用超高功率变压器供电后，炉料熔化时间可缩短到 1h 左右，但是吹氧氧化及还原的效率却远不如氧气转炉及真空处理。为了使各种生产环节均达到高效率，日新制铁厂采用 4 台 40t 电弧炉专门进行熔化，熔化后的含碳 2.5%~3.5%的高 Cr 铁水直接兑入顶吹转炉中。以高供氧强度快速脱碳到 $w[C]$ 为 0.3%~0.5%，此时铬氧化不多，然后再在 VOD 装置中进一步脱碳到规格范围，并还原渣中的铬。这种工艺流程为 LD-VAC 法。

（2）MVOD 法。该法是在 VAD 设备基础上增设水冷氧枪，从而在真空下吹氧脱碳。因为真空脱碳是放热反应，所以省去了 VAD 法的真空电弧加热装置，其操作过程与 VOD 法相同，所以称为 MVOD 法。

（3）RH-OB 法。这是把 LD 转炉精炼与 RH 真空室的真空脱氧组合在一起的一种方法，其是 1969 年由新日铁开发。该法的特点是在转炉里进行脱 P 和脱 C 之后，出渣出钢，再把钢水兑入转炉加高碳铬铁后进行铬铁的熔化与脱氧吹炼，待铬铁熔化后出钢到钢包。将钢包移到 RH 真空室下方进行循环脱气。同时从设置在 RH 真空室侧壁部的吹氧管向钢液表面吹氧，控制［Cr］氧化的同时，使［C］脱到很低范围。

5.4.2.4　VOD 法的优缺点及精炼效果

VOD 法精炼不锈钢有诸多优点：

（1）在真空条件下冶炼，钢的纯净度高，碳氮含量低，一般 $w(C+N)<0.02\%$，而 AOD 法则在 0.03%以上，因此 VOD 法更适宜冶炼 C、N、O 含量极低的超纯不锈钢。

（2）降碳保铬效果好。通过控制真空度，可在铬几乎不被氧化的情况下脱碳。脱碳后用于还原渣中氧化铬的还原剂用量少，VOD 法吹炼不锈钢铬的回收率一般为 98.5%~99.5%。

(3) 脱氧效果好。

VOD 法仍存在一些缺点：与顶底复合吹炼转炉和 AOD 相比，VOD 设备复杂，冶炼费用高，脱碳速度慢，初炼炉需要进行粗脱碳，生产效率低。VOD 法和 AOD 法在投资、生产成本和其他方面的比较见表 5-15。

表 5-15 VOD 法和 AOD 法的比较

项　目	AOD 法	比较	VOD 法
投资成本（含公辅设施）/万元	800~1000	>	1500~2000
原辅材料	可用高碳铬铁、部分铬矿代替低碳铬铁，费用低	>	返回钢和碳素铬铁
操作费用	使用氩气和硅铁用量大	<	使用少量氩气和硅铁
总铬收得率/%	96~98	=	96~98
成分控制	大气中操作，测温、取样方便	>	真空下操作，只能间接控制
温度控制	用改变氧气氩气比例和冷却剂用量即可控制温度	>	真空密封，调温不方便
提高电炉生产率/%	50~100	>	30~50
对环境影响	需要布袋除尘系统	=	需要真空除尘系统
适用性	主要用于冶炼低硫不锈钢	<	可用于低碳不锈钢、超纯不锈钢，同时可以冶炼其他精密合金、纯铁等，有时还可以作为 VD 炉（真空脱碳炉）使用

注：“>”代表高于或优于；“<”代表低于或差于。

从表 5-15 中可以看出，VOD 法在冶炼超低碳和氮的钢种方面优于 AOD 法，据介绍 VOD 法可生产 $w([C]+[N])<200\times10^{-6}$ 的超纯铁素体不锈钢。

VOD 法作为冶炼低碳或超低碳不锈钢的精炼方法，能脱碳保铬，脱气效率高，可实现钢水中的［C］降低到 0.03%以下，最低降到 0.005%，［O］降到 $(40\sim80)\times10^{-6}$，成品材中［O］为 $(30\sim50)\times10^{-6}$，［H］降到 2×10^{-6}以下，［N］降到 300×10^{-6}以下，可用于生产超低 C、N 不锈钢。

5.4.2.5 VOD 法一般冶炼操作步骤

(1) 检查气路、水路、真空加料罐、液压系统等设备，确保其运行良好。

(2) 检查气体流量表、氧浓差电池、真空度测量显示仪等，要求全部正常。

(3) 钢水包入 VOD 炉前 10min，确定能源介质条件达到要求，并检查好石灰、硅铁、测温枪等材料是否齐全。

(4) 座包前清理干净真空罐内杂物，对罐沿上密封胶垫处进行吹扫，确保无残渣等杂物。

(5) 钢水包到 VOD 平台后接通氩气，指挥天车将钢水包落入罐内，调整氩气流量大小，保证钢水液面露出直径在500mm左右。

（6）真空工位测温、取样，确定初钢水温度及成分，从而确定真空处理制度、加料种类及数量。如温度低的偏离钢种要求不多，可加入少量硅铁提温；差太多则需转至LF升温。

（7）开动移动弯头到对应钢包落入真空工位，落下落到最低并落严，开动罐盖车到真空脱气工位，落下罐盖，密封扣严。定氧枪高度，氧枪下端距熔池液面1.5~1.6m，打开氧枪的氮气保护。

（8）抽真空，并将真空度维持在15kPa左右，开始吹氧，氧压控制在0.5~0.6MPa，吹氧结束前3~5min，以0.4~0.45MPa的压力缓吹，同时加大吹氩压力，保证氩气流量和氧气流量比值控制在1/30左右为宜，同时观察罐内反应，如果炉渣外溢，则手动破空调整氩气压力或调整尾气调节阀。

（9）停止吹氧条件：废气温度最高值显著下降（出现拐点）；氧浓差电势$E\to0$；累计耗氧量不小于计算量。以上条件根据所炼钢种不同，综合考虑，决定是否延长吹氧时间5min。停氧时，先提升氧枪至极限位置后，然后停氧，停止吹氧后，关闭尾气调节阀，调整氩气流量。

（10）当真空度达到8kPa时，观察罐内反应，反应减弱时，开启三级真空泵。当真空度达到2.2kPa时，待反应减弱，开启二级真空泵。当真空度达到480Pa时，待反应减弱时，开启一级真空泵。当真空度达到67Pa以下时，极限真空保持5min。关闭一级、二级、三级真空泵，打开尾气调节阀，当真空度回到8kPa左右时，准备加料。

（11）根据真空加料斗的大小，决定是否两次加入，根据每炉钢到位的分析样和钢种要求，决定渣料和脱氧剂的加入量。脱氧剂的加入量同样根据具体实际情况而定。

（12）关闭真空料斗下气缸，对真空料斗破空，破空后，开启真空料斗上盖气缸，打回旋转溜管，采用先加脱氧剂后加渣料的顺序把配好的脱氧剂、渣料加入真空料斗，旋开溜管，关闭真空料斗上盖气缸，打开下气缸加料，分次加料依上操作。加料完成，关闭尾气调节阀。

（13）真空度再次达到67Pa以下时，极真空保持8~15min（根据钢种要求而定）。

（14）还原完成后，调小氩气流量（根据钢包透气性而定），保证钢水不裸露渣面，依次关闭5级泵。

（15）破真空，先用氮气防爆破空，待真空度到20kPa，关闭氮气阀门，采用空气破真空，到罐内压力达到大气压时，关闭该大气阀门。

（16）提升罐盖到上限位，并开动罐盖车至停车工位。开罐后，测温、取样分析。根据取样分析结果和相应钢种的要求控制成分范围，进行成分调整。勤测温，根据测温结果和连铸浇钢时间确定软吹时间，软吹时间大于10min，期间取样（喂线后3min）。

（17）当温度、化学成分及气体含量符合钢种要求后，软吹时间结束，关闭氩气，同时加入钢包覆盖剂。指挥天车吊包，摘卸氩气管，出钢。

5.5 炉外精炼技术主要发展趋势

当前国际钢铁工业技术进步的方向已集中于对传统的钢铁生产工艺流程进行合理组合、系统优化，以及对以薄板坯连铸-连轧技术为核心的新流程进一步优化开发。在这两方面，炉外精炼技术都是不可缺少的重要组成部分。

当前炉外精炼技术主要发展趋势如下：

（1）在线配备快速分析设备。随着对钢材成分的控制越来越严格，炉外精炼作为最终钢水成分控制的工序，为缩短精炼周期，需在线配备快速分析设备，实现数据联网，减少等待时间。

（2）向组合多功能精炼站的方向发展。多功能化是指由单一功能的炉外精炼设备发展成为多种处理功能的设备，并将各种不同功能的装置组合到一起，建立综合处理站，如 LF-VD、CAS-OB、IR-UT、RH-OB、RH-KTB。这些装置中均配备了喂合金线（铝线、稀土线）、合金包芯线（Ca-Si、Fe-B、C 芯等）等。多功能化不仅适应了不同品种钢生产的需要，提高了炉外精炼设备的适应性，而且还提高了设备的利用率、作业率，缩短了流程，在生产中发挥了更加灵活、全面的作用，可以满足超纯净钢生产的社会需求。

（3）提高精炼设备生产效率和二次精炼比。影响二次精炼设备生产效率的主要因素是：钢包净空高度、吹氩速度和混匀时间、升温速度和容积传质系数以及冶炼周期和包衬寿命。随着钢材纯净度的日益提高，要求真空处理的钢种逐渐增多，真空精炼技术的应用将更加普遍。

（4）逐步实现炉外精炼技术的控制智能化。随着科技的不断进步，计算机网络技术被应用在多个领域，逐渐改变了人们的生产方式，促进各行各业快速发展。通过使用通讯技术、多媒体技术、实时监控技术和远程操控技术，炉外精炼也将逐步实现设备的智能化控制。主要的发展方向包括：对钢水精炼终止点成分及温度进行准确的预报，选择最为科学的精炼技术有针对性地生产钢材产品，实现计算机对精炼全过程的操控，包括搅拌作业、加料作业、钢水加热、温度调节与合金调整等操作，达到整个精炼流程智能化的目的。

（5）提升当前炉外精炼技术的高效化和高速化。连铸工艺和转炉工艺的发展，都将提高生产速度作为主要目标，通过选择高速吹炼与高拉速工艺来提升生产效率，对生产节奏进行调整，从而有效地缩短生产周期，提高整体产量。以此发展情况为背景，精炼技术逐渐成为炼钢生产过程中的阻碍，影响了速度的提升。尤其是当前得到广泛应用的 LF 工艺，由于受到生产中温度与速度的限制，所以生产节奏无法有效适应高效转炉和连铸基本要求。针对这一问题，如何提高炉外处理设备的加热功率，提升钢材精炼速度成为炉外精炼技术发展的必要方向和重要要求。

（6）炉外精炼技术和发展不断促进钢铁生产流程优化重组，不断提高过程自动控制和冶金效果在线监测水平。例如：LF 钢包精炼技术促进了超高功率电弧炉生产流程的优化，AOD、VOD 实现了不锈钢生产流程优质、低耗、高效化的变革等。逐步实现炉外精炼技术与真空精炼技术的完美结合。应用真空处理技术，能够显著提升钢材的纯净程度，从而满足市场对钢材质量的要求。所以，炉外精炼技术在未来的发展当中，应该将真空处理技术进行改进和优化，提高炉外精炼技术与真空精炼技术的完美融合，为提高钢材质量打下坚实基础。

目前，炉外精炼技术发展中仍存在一些亟需进一步解决的问题，例如钢液温度补偿技术——加热方法的选择、炉外精炼用耐火材料的研究与开发、精炼后钢液的再污染、旧车间生产工艺流程的系统优化等。但随着我国钢铁制造业的蓬勃发展，炉外精炼技术必将更加广泛地得到应用，继续促进不锈钢企业进一步发展。通过在实践当中不断总结经验，炉外精炼技术的应用效果也终将得到明显提升。未来，随着科技的发展，炉外精炼技术必然会为炼钢行业提供更加高质量的技术支持。

课后复习题

5-1 名词解释

炉外精炼；搅拌；循环因数；AOD 法；VOD 法；不锈钢。

5-2 填空题

（1）透气砖一般采用刚玉质或镁质耐火材料烧制而成，透气方式有______、______、______三种。

（2）RH 真空室装置有三种结构形式：______、______或______。

（3）炉外精炼主要的精炼手段有______、______、______、______、______。

5-3 判断题

（1）电磁搅拌比氩气搅拌效果均匀、更充分。（ ）

（2）脱磷的有利条件是低温、高碱度、高（FeO）。（ ）

（3）碳在常压与真空下的脱氧能力是一样的。（ ）

5-4 选择题

（1）真空处理不能获得下列哪种冶金效果？（ ）

A. 脱氢 B. 脱氮 C. 脱氧 D. 升温

（2）钢包喂丝工艺可将钢中夹杂物形状改变为（ ）。

A. 树枝状 B. 球状 C. 长条状 D. 片状

（3）专用于生产不锈钢的精炼炉为（ ）。

A. LF B. CAS-OB C. VD D. VOD

5-5 简答题

（1）简述 RH 法主要的基本工艺参数。

（2）炉外精炼的目的有哪些？

（3）AOD 法冶炼不锈钢各阶段氩、氧比例操作是什么？

6 连续铸钢

6.1 连续铸钢概述

"连铸生产工艺过程"微课视频

6.1.1 连续铸钢的概念及生产流程

连续铸钢简称连铸，是把液态钢水用连铸机浇注、冷凝、切割而直接得到铸坯的工艺。它是连接炼钢和轧钢的中间环节，是炼钢厂或炼钢车间的重要组成部分。连续铸钢的生产工艺流程可用图 6-1 所示的弧形连铸机来说明。

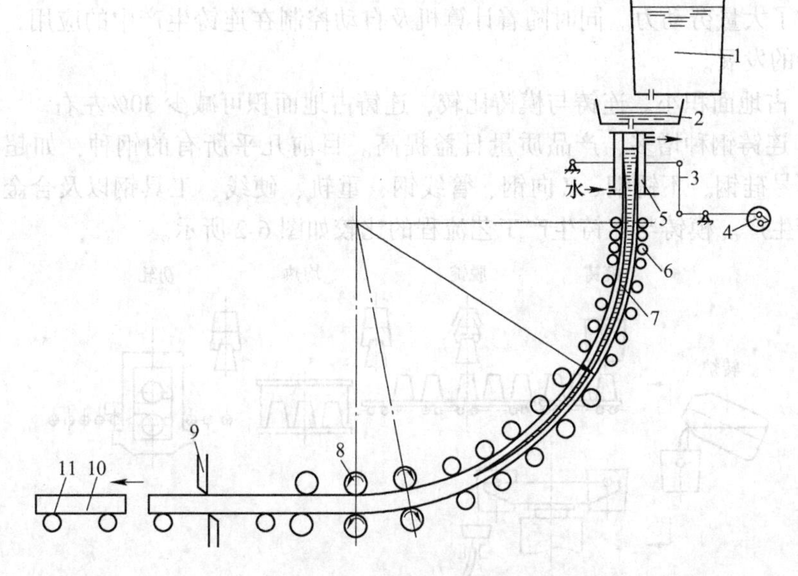

图 6-1 连铸机工艺流程

1—钢包；2—中间包；3—振动机构；4—偏心轮；5—结晶器；6—二次冷却夹辊；7—铸坯中未凝固钢水；8—拉坯矫直机；9—切割机；10—铸坯；11—出坯辊道

从转炉或电炉出来的钢水注入到钢包内，经炉外精炼处理后被吊运到连铸机上方的钢包回转台，通过中间包注入强制水冷的结晶器内。结晶器是一种特殊的无底水冷铸锭模，在浇注之前先装上引锭杆作为结晶器的活底。注入结晶器的钢水与结晶器内壁接触的表层急速冷却凝固形成坯壳，且坯壳的前部与引锭头凝结在一起。引锭头由引锭杆通过拉坯矫直机的拉辊牵引，以一定拉坯速度把形成坯壳的铸坯向下拉出结晶器。为防止初凝的薄坯壳与结晶器壁黏结撕裂而漏钢，在浇注过程中，既要对结晶器内壁进行润滑，又要通过结晶器振动机构使其上下往复振动。铸坯出结晶器进入二次冷却区，内芯仍是液体状态，需进一步喷水冷却，直到完全凝固。

铸坯出二次冷却区后经拉坯矫直机将弧形铸坯矫直成直坯，同时使引锭头与铸坯分离。完全凝固的直坯由切割设备切成定尺，经出坯辊道进入后步工序。随着钢水的不断注入，铸坯连续被拉出，并被切割成定尺运走，形成了连续浇注的全过程。

6.1.2　连续铸钢的优点

连铸与普通模铸相比较有诸多优点：

(1) 提高金属收得率和综合成材率。连铸钢坯不存在类似模铸钢锭的切头损失，传统模铸通常采用钢锭开坯方式，切头切尾损失达 10%～20%。连铸钢坯的金属收得率为 96%～99%，比模铸钢锭的金属收得率要高 10%～15%。金属收得率的提高必然会使综合成材率提高，一般模铸的综合成材率为 80%左右，而连铸的综合成材率可达 95%以上。

(2) 节省热能消耗。用连铸取代了加热炉、开坯工序，由于省掉或减少了加热炉内钢锭再加热工序，故可使能量消耗减少 50%左右，成本可降低 10%～20%。

(3) 实现浇注的机械化和自动化。连铸的出现，改变了过去铸锭工作的劳动条件，节省了大量劳动力。同时随着计算机及自动控制在连铸生产中的应用，连铸得到进一步的发展。

(4) 占地面积小。连铸与模铸比较，连铸占地面积可减少 30%左右。

(5) 连铸钢种增多，产品质量日益提高。目前几乎所有的钢种，如超纯净度钢、高牌号硅钢、不锈钢、Z 向钢、管线钢、重轨、硬线、工具钢以及合金钢都可采用连铸生产。模铸与连铸生产工艺流程的比较如图 6-2 所示。

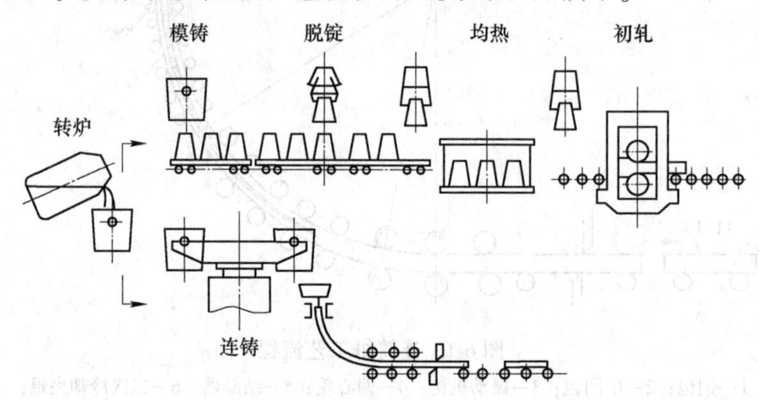

图 6-2　模铸与连铸生产工艺流程比较

6.1.3　连铸机的种类

承接钢水浇注的全套连铸装置称为一台连铸机。凡是具有独立的拉矫和传动系统，可以单独运行的一组连铸设备，称为连铸机的一机。中间包内的钢水可以同时浇注的铸坯根数（结晶器数）称作连铸机的流数。凡一台连铸机只有一个机组，又只能浇注一根铸坯称为一机一流；如能同时浇注两根以上的铸坯称为一机多流。凡一台连铸机具有多个机组又分别浇注多根铸坯的，称为多机多流。例如，某炼钢厂连铸机为 1 台 2 机 4 流连铸机。

现在世界各国使用的连铸机有立式、立弯式、弧形、辊式、轮带式和水平式等多种类型，如图 6-3 和图 6-4 所示。弧形连铸机的优点是：弧形连铸机的高度仅为立式的三分之一，建设费用低，钢水静压力小，铸坯在辊间的鼓肚小，铸坯质量好；加长机身也比较容易，故可高速浇注，生产率高。弧形连铸机的缺点是：因铸坯弯曲矫直，容易引起内部裂纹；铸坯内夹杂物分布不均匀，内弧侧存在夹杂物的集聚；设备较为复杂，维修也较困难。弧形连铸机虽有缺点，但由于设备和工艺上的技术进步，仍然是世界各国钢厂采用最多的一种机型。

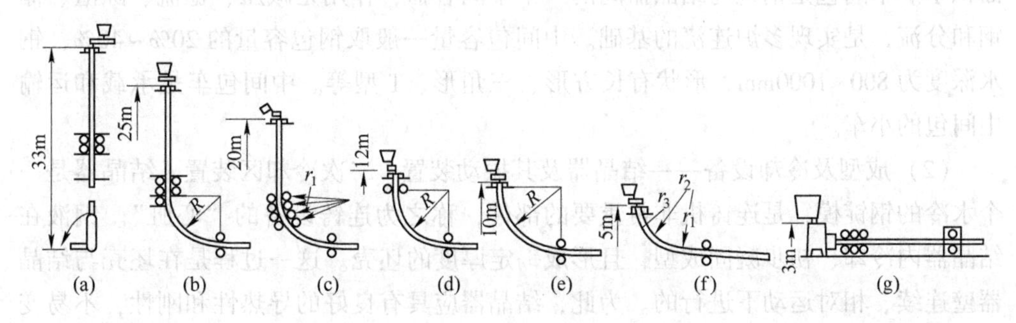

图 6-3 采用固定式结晶器的连铸机类型

(a) 立式连铸机；(b) 立弯式连铸机；(c) 直结晶器多点弯曲连铸机；(d) 直结晶器弧形连铸机；(e) 全弧形连铸机；(f) 椭圆形连铸机；(g) 水平式连铸机

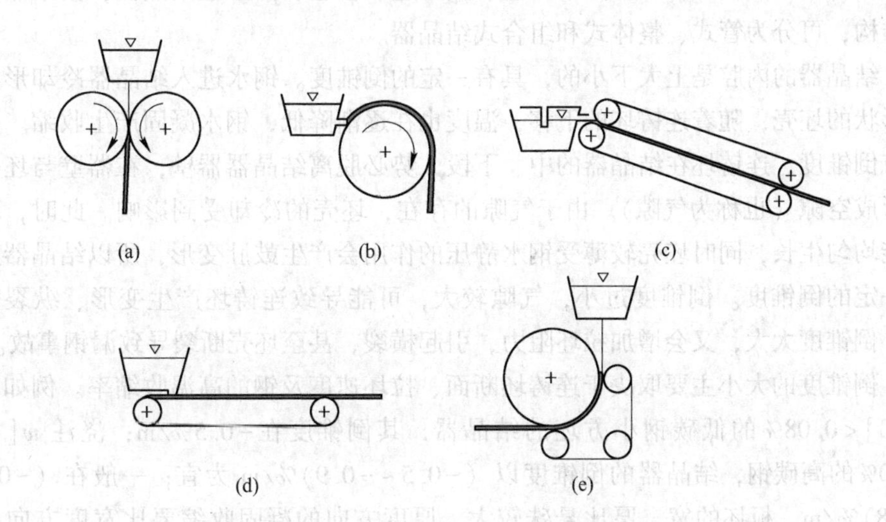

图 6-4 采用同步运动式结晶器的连铸机类型

(a) 双辊式连铸机；(b) 单辊式连铸机；(c) 双带式连铸机；(d) 单带式连铸机；(e) 轮带式连铸机

"连铸机主要设备组成"微课视频

6.2 连铸机的设备组成

连铸机是机械化程度高、连续性强的生产设备。其中弧形连铸机是连铸生产中使用最多的一种机型。弧形连铸机由主体设备和辅助设备两大部分组成，其主体设

"钢包及钢包回转台"

"连铸中间包系统"微课

"结晶器及振动装置"微课视频

备由下面几部分组成：

（1）钢液浇注及承载设备——钢包、钢包回转台、中间包、中间包车。钢包是用于盛接钢水并进行浇注的设备，也是钢水炉外精炼的容器。钢包回转台是用来承载钢包的设备。钢包回转台能够在转臂上同时承载两个钢包，一个用于浇注，另一个处于待浇状态。钢包回转台的设置可以减少换包时间，有利于实现多炉连浇；而钢包回转台本身即可完成钢水的异跨运输，对连铸生产进程的干扰也少，并且占地面积小。中间包是钢包与结晶器间的一个中间容器，作用是减压、稳流、除渣、储钢和分流，是实现多炉连浇的基础。中间包容量一般取钢包容量的20%~40%，钢水深度为800~1000mm，形状有长方形、三角形、T型等。中间包车是承载和运输中间包的小车。

（2）成型及冷却设备——结晶器及其振动装置、二次冷却区装置。结晶器是一个水冷的钢锭模，是连铸机非常重要的部件，称之为连铸设备的"心脏"。钢液在结晶器内冷却、初步凝固成型，且形成一定厚度的坯壳。这一过程是在坯壳与结晶器壁连续、相对运动下进行的。为此，结晶器应具有良好的导热性和刚性，不易变形；重量要小，以减少振动时的惯性力；内表面耐磨性要好，以提高其使用寿命；结构要简单，以便于制造和维护。结晶器按连铸机形式，可分为直的和弧形两大类；按铸坯规格形状，可分为小方坯、大方坯、板坯和异形坯结晶器；按结晶器本身结构，可分为管式、整体式和组合式结晶器。

结晶器的内腔是上大下小的，具有一定的倒锥度。钢水进入结晶器冷却形成一定形状的坯壳，随着连铸坯的下移，温度也在逐渐降低，钢水凝固产生收缩。如果没有倒锥度，连铸坯在结晶器的中、下段，势必脱离结晶器器壁，在器壁与坯壳之间形成空隙（也称为气隙）。由于气隙的存在，坯壳的冷却受到影响。此时，坯壳不能均匀生长，同时坯壳较薄受钢水静压的作用会产生鼓肚变形，所以结晶器必须有一定的倒锥度。倒锥度过小，气隙较大，可能导致连铸坯产生变形、纵裂等缺陷；倒锥度太大，又会增加拉坯阻力，引起横裂，甚至坯壳断裂导致漏钢事故。

倒锥度的大小主要取决于连铸坯断面、拉坯速度及钢的高温收缩率。例如浇注$w[C]<0.08\%$的低碳钢小方坯的结晶器，其倒锥度在$-0.5\%/m$；浇注$w[C]>0.40\%$的高碳钢，结晶器的倒锥度以$(-0.5\sim-0.9)\%/m$为宜；一般在$(-0.5\sim-0.8)\%/m$。板坯的宽、厚比悬殊较大，厚度方向的凝固收缩要比宽度方向小得多，所以板坯结晶器宽面的倒锥度在$(-0.9\sim-1.1)\%/m$，窄面倒锥度约为$-0.6\%/m$。采用保护渣浇注的圆连铸坯，结晶器的倒锥度通常在$-1.2\%/m$。此外，结晶器还可制成多锥度结构，这更符合钢液凝固的体积变化规律，坯壳得以均匀生长，有利于提高冷却强度、拉坯速度和连铸机生产能力。

二次冷却系统装置又称为二次冷却段或二次冷却区，简称二冷区。铸坯进入二次冷却区时，其内部钢水尚未完全凝固，为加速铸坯冷却，在二冷装置上装有许多喷嘴。从结晶器拉出来的铸坯进入二次冷却区接受喷水冷却，此时铸坯坯壳很薄（约20mm），里面有高温钢水，又有钢水静压力的作用，如果铸坯外面没有一定的支承装置，坯壳就容易向外膨胀，产生鼓肚变形。轻者产生裂纹，重者坯壳破裂而发生漏钢事故。因此，在二次冷却区既要有喷水冷却装置，又要有铸坯支撑装置。

（3）拉坯矫直设备——拉坯矫直机、引锭装置、脱引锭装置、引锭杆收集存放装置。拉坯矫直机用于牵引铸坯并将铸坯矫直。在开浇前，拉坯矫直机要把引锭杆送到结晶器内，浇注开始后，拉坯矫直机将铸坯拉出，脱锭。在各种连铸机中，必须要有拉坯机或拉矫机。它是布置在二次冷却区导向装置的尾部。连铸坯的矫直按矫直时铸坯凝固状态分为全凝固矫直和带液芯矫直，如按矫直辊布置方式分有一点矫直、多点矫直和连续矫直。

（4）切割设备——火焰切割机/机械剪切机。切割机将铸坯按照规定的长度进行切割。连铸坯的切割方法有两种：火焰切割和机械剪切。火焰切割的优点是：设备重量轻，投资少，不受铸坯断面大小及温度限制，切口断面平整，切口附近铸坯不产生变形，设备易于维护。机械剪切割的优点是：没有金属的烧损，约可节省1%。此外由于机械剪切割速度快，铸坯可以剪成较短的定尺长度。

（5）出坯设备——辊道、冷床、推钢机、打号机等。在连铸设备中，辊道是输送铸坯并把各工序连接起来必不可少的设备。迅速准确而平稳地输送铸坯是辊道的基本任务。

输送辊道的辊子形状一般是圆柱形光面辊子，也有采用凹凸形辊面或分节辊子的，后两种辊子用于输送板坯。输送辊道的结构如图 6-5 所示。辊道的驱动可分为分组驱动（通过电动机、减速箱和链传动装置）和单独驱动（每个辊使用一个电动机）两种。单独驱动轮的灵活性较大，检修时容易更换，但电气部分配线复杂。分组驱动辊恰好相反。因此在输送较长定尺的板坯时通常采用单独驱动辊，而输送较短定尺的铸坯时采用分组驱动辊。

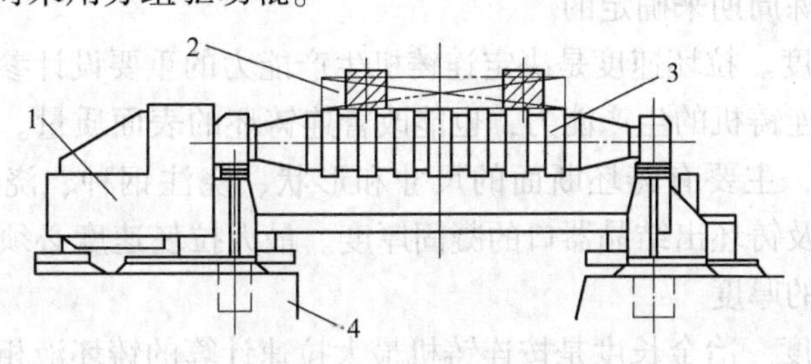

图 6-5 输送辊道结构
1—悬挂减速器；2—铸坯；3—盘形辊；4—冲渣沟

冷床是一个收集和冷却铸坯的平台。当铸坯冷却到一定程度时，就可以用吊机和吊具把铸坯吊装到堆放处。冷床的类型有滑轨冷床和翻转冷床两种。

推钢机有液压传动和电传动两种形式。液压推钢机设备动作平稳，但不便于维护，易泄漏，造成环境污染。电动推钢机体积大，设备重，但易于维护。目前广泛采用液压推钢机。

图 6-6 所示为摆动杠杆式液压推钢机。它是由推头小车、摆杆同步轴和液压缸组成。液压缸布置在负荷与支承之间，在行程上起放大作用；在推力上由于摆杆的杠杆作用，受力也相应减小。推头的行程可以通过行程开关来调节。

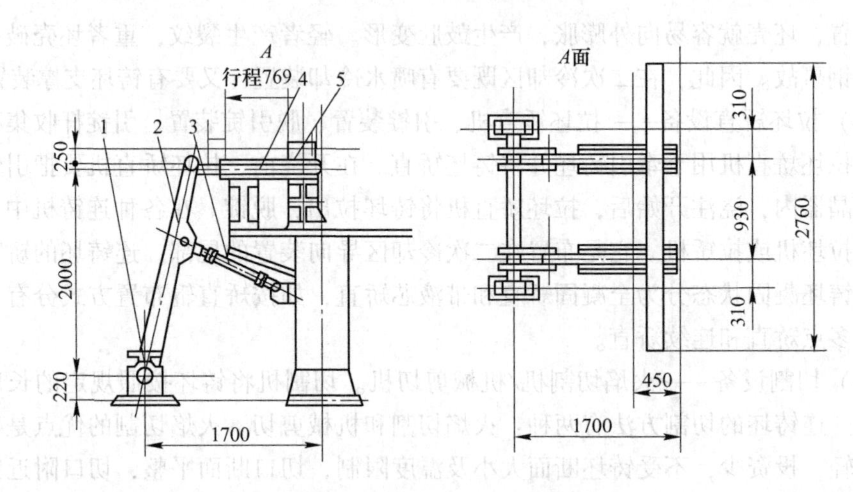

图 6-6　摆动杠杆式液压推钢机

1—轴承；2—摆杆；3—液压缸；4—导轨；5—推头小车

6.3　连铸设备的主要设计参数

连铸设备的主要设计参数有铸坯断面的尺寸和形状、拉坯速度、冶金长度、基本圆弧半径、连铸机流数、连铸机生产能力等。

（1）铸坯断面的尺寸和形状。铸坯断面的尺寸和形状是连铸机最基本的设计参数，其他设计参数都是根据它来选定的。铸坯断面的尺寸和形状是按照下道轧钢工序与成品的形状、规格要求，结合当前连铸生产实际能达到的质量水平以及炼钢生产的出钢量、冶炼周期来确定的。

（2）拉坯速度。拉坯速度是决定连铸机生产能力的重要设计参数。合适的拉坯速度，既能发挥连铸机的生产能力，也能改善连铸坯的表面质量。影响拉坯速度的因素是多方面的，主要有铸坯断面的尺寸和形状、浇注钢种、浇注温度、机身长度、拉坯阻力以及铸坯出结晶器口的凝固厚度。最大拉坯速度必须保证铸坯出结晶器后铸坯有足够的厚度。

（3）冶金长度。冶金长度是按连铸机最大拉速计算的铸坯液相长度，与铸坯厚度、拉坯速度以及铸坯的冷却强度有关。冶金长度关系到连铸机机身长度和基本圆弧半径的确定。

（4）基本圆弧半径。基本圆弧半径指的是连铸机辊列的外弧基本曲率半径，它影响连铸机机身高度、浇注铸坯最大厚度的确定以及铸坯质量。基本圆弧半径的确定应满足铸坯矫直前的凝固要求、设定的表面温度要求，并满足铸坯内弧矫直时允许的表面延伸率的要求。

（5）连铸机流数。连铸机流数指一台连铸机能同时浇注的铸坯数量。连铸机流数的确定应满足连铸机浇钢能力、浇注周期与炼钢生产能力、钢包容量等。一般来说一机多流有利于发挥设备的生产能力，但这对设备状况、操作水平提出了更高要求。

（6）连铸机生产能力。连铸机生产能力指的是一台或一流连铸机在单位时间内铸坯产量，一般以小时产量或年产量表示。连铸机生产能力主要取决于连铸机流数、拉坯速度、铸坯端面尺寸及连铸作业率等因素。为提高连铸机的生产能力应组织多炉连浇，因此炼钢车间必须按照连铸车间多炉连浇的生产要求，准时、定量提供成分、温度合格的钢水，并做到生产均衡、节奏稳定、衔接准确、质量保证。在连铸机设备方面，为了实现多炉连浇，可采用钢包回转台、大容量中间包，并加强设备维护，避免故障发生。

6.4 连铸生产的技术指标

连铸生产的技术指标主要有钢液镇静时间、连铸平台钢液温度、钢液供应间隔时间、中间包平均包龄、结晶器的使用寿命等。

（1）钢液镇静时间。钢包自离开吹氩或精炼位置至开浇之间，钢液的等待时间为钢液镇静时间。生产过程中，应根据钢包运行路线长短和钢包散热情况等因素，确定适合实际状况的钢液镇静时间范围。

（2）连铸平台钢液温度。钢包到达浇注平台后，在开浇前5min所测温度为连铸平台钢液温度。该指标的统计考核，有利于保持连铸在较小的温度范围内稳定浇注。生产中应根据所浇钢种、钢包与中间罐容量、连铸坯断面、拉速等因素，制定出合适的钢液温度控制范围。

（3）钢液供应间隔时间。钢液供应间隔时间可以用前一钢包浇毕，关闭水口至下一钢包水口打开开浇间的时间间隔来表示（也可用每前后两包钢液到达连铸平台的时间间隔来表示）。它与冶炼、精炼周期及铸机拉速等因素有关。间隔时间最好控制在5min以内，以利于稳定拉速。

（4）中间包平均包龄。中间包平均包龄也是中间包使用寿命。它是指连铸在某一时间段内浇注的钢液炉数与使用的中间包个数之比（可以按月、季、年为时间单位统计计算）。

$$\text{中间罐平均罐龄(炉/个)} = \frac{\text{浇注总炉数}}{\text{中间罐使用个数}}$$

生产中，应根据中间包内衬耐火材料的性质、质量、中间包容量、所浇钢种等因素确定安全使用的最长寿命，即中间包允许浇注的最长时间，一般正常生产中不能随意超出规定的使用次数。

（5）结晶器的使用寿命。结晶器的使用寿命是指结晶器从开始使用到更换时的工作时间，也就是结晶器保持原设计参数的时间，可用在这段时间内浇注的炉数或钢液总量来表示。更换结晶器的原因主要是结晶器在浇钢过程中有磨损变形，改变了原设计参数，影响了铸坯的质量。

另外，还可以以月、季、年为单位统计计算结晶器的平均使用寿命，即用通过结晶器铜管或铜板的钢液量与使用结晶器个数之比来表示。

6.5 连铸生产工艺制度

6.5.1 拉坯速度的控制

拉坯速度是正常浇注操作中的重要控制参数。拉坯速度是指连铸机单位时间每流拉出的铸坯长度（m/min），也可以用每一流单位时间内拉出铸坯的重量来表示（t/min）。

铸机工作稳定后的拉速，又称为工作拉速。稳定的拉速是实现顺利连浇和保证铸坯质量的重要前提。铸坯的液相深度等于冶金长度的拉速，称为最大拉速。它是连铸机设备本身允许达到的最高拉速，是衡量设备最大生产能力的依据。最大拉速为工作拉速的1.15~1.2倍。

（1）铸机工作拉速的确定。拉速高，铸机产量高。但操作中拉速过高，出结晶器的坯壳太薄，容易产生拉漏。设计连铸机或制订操作规程时都根据浇注的钢种、铸坯断面确定工作拉速范围。

确定铸机工作拉速方法有多种，一般由凝固定律式（6-1）决定拉速。

$$v=\left(\frac{\eta}{\delta}\right)^2 L_m \tag{6-1}$$

式中 v——拉坯速度，m/min；

η——结晶器凝固系数，mm/min$^{1/2}$，一般取20~24mm/min$^{1/2}$；

L_m——结晶器的有效长度，m；

δ——结晶器出口处的坯壳厚度，mm。

为确保出结晶器下口坯壳的强度，防止坯壳破裂漏钢，出结晶器下口的坯壳必须有足够的厚度。根据经验和以钢液静压力分析，一般情况下小方坯的坯壳厚度必须大于8~12mm，板坯的坯壳厚度必须大于12~15mm。对于高效连铸机，由于整个系统采取了措施，其凝固壳厚度还可取得更小。也就是说大断面铸坯的拉速要慢一些。对于有裂纹倾向性的钢种来讲，为增加坯壳强度，防止漏钢，必须增加坯壳厚度，这样也必须降低工作拉速。

（2）铸机最大拉速确定。当出结晶器下口的坯壳为最小厚度时，此厚度称为安全厚度（δ_{min}）。此时，对应的拉速为最大拉速，使用式（6-2）计算。

$$v_{max}=\left(\frac{\eta}{\delta_{min}}\right)^2_m \tag{6-2}$$

当完全凝固正好选在矫直点上，此时的液相穴深度为铸机的冶金长度，对应的速度为最大拉速，使用式（6-3）计算。

$$v_{max}=\frac{4K_{综}{}^2 L_{冶}}{D^2} \tag{6-3}$$

式中 v_{max}——拉坯速度，m/min；

$K_{综}$——综合凝固系数，mm/min$^{1/2}$；

$L_{冶}$——铸机冶金长度，m；

D——铸坯厚度，mm。

6.5.2 影响拉坯速度的因素

(1) 钢种的影响。不同钢种凝固系数不同，凝固系数小的钢种在冷却过程中产生的热应力大，只能采用较小的拉速。碳素钢凝固系数最大，合金钢凝固系数最小。因此，断面相同的碳素钢拉速要比合金钢的拉速大。这是因为一般合金钢的浇注速度比碳素钢低 20%~30%。表 6-1 所示为钢种和铸坯断面对拉坯速度的影响。

表 6-1 钢种和铸坯断面对拉坯速度的影响

铸坯断面 /mm×mm	铝镇静钢 $K=28$ /mm · min$^{-1/2}$		低合金钢 $K=26$ /mm · min$^{-1/2}$		合金钢 $K=24$ /mm · min$^{-1/2}$	
	冶金长度/m	拉速/m · min^{-1}	冶金长度/m	拉速/m · min^{-1}	冶金长度/m	拉速/m · min^{-1}
100×100	10.8	3.4	9.2	2.5	8.7	2.0
150×150	16.5	2.3	15.8	1.9	16.6	1.7
200×200	22.9	1.8	23.7	1.6	22.6	1.3
200×1000	22.9	1.8	23.7	1.6	22.6	1.3
200×2000	20.4	1.6	20.7	1.4	19.1	1.1
300×500	37.3	1.3	36.6	1.1	35.2	0.9
300×1000	37.3	1.3	36.6	1.1	35.2	0.9
300×2000	34.4	1.2	36.3	1.0	35.3	0.8

注：表中 K 为凝固系数。

(2) 铸坯断面形状及尺寸的影响。断面面积相同，不同断面形状的铸坯，冷却的比表面不同。圆形断面比方形和矩形的比表面小，冷却慢，故拉坯速度要小一些；矩形与方形相比，矩形坯在结晶器中凝固时，窄边比宽边凝固快，凝固壳脱离器壁形成气隙的时间早，使凝固速度降低，故矩形坯比方坯的拉速应小一些。此外，不同断面形状的铸坯有不同的结晶凝固特点，因此拉速也不同。

(3) 拉速对铸坯质量的影响。降低拉坯速度可以阻止或减少铸坯产生内部裂纹和中心偏析的发生，而提高拉速则可防止铸坯表面产生纵裂和横裂，缩短铸坯在结晶器内的停留时间。为了防止矫直裂纹的产生，拉坯速度应使铸坯通过矫直点时铸坯的表面温度避开钢的热脆区。普通碳素钢热脆区是 800~900℃，低合金钢是700~900℃。浇注厚板钢时减慢注速能促进夹杂物上浮，但生产冷轧用的铝镇静钢时应提高浇注速度，加大中间包流出的钢液量，冲洗结晶器内的凝固前沿，防止 Al_2O_3 为凝固捕捉，以提高铸坯的质量。

(4) 结晶器导热能力的限制。拉速增加，钢液在结晶器内的停留时间减少，出结晶器的凝固壳变薄，甚至发生漏钢。

(5) 注温及钢中硫、磷含量的影响。注温高时，凝固时间延长，拉速应减小，反之亦然。在连铸生产实践中要根据中间包中钢水温度来调整拉坯速度。

当注温偏高或钢水中硫、磷较高时，要适当降低拉速。工厂实践中允许注温偏差在一定范围内，如最佳温度偏差小于±5℃时，可按正常拉速拉坯；若温度偏差在

±(5~10)℃时，则拉速应相应降低或提高 10%左右；若温度偏差大于±10℃时，就不应进行拉坯。当钢中含硫量 $w(S)>0.025\%$ 或 $w(S)+w(P)>0.045\%$ 时，拉速应按低限控制。

除了上述因素外，其他如拉坯力的限制、结晶器振动、保护渣性能、二冷强度、结晶器传热能力等对拉速也有一定的影响。

6.5.3 拉速控制和调节

6.5.3.1 拉速控制调节方法

连铸浇注过程中的拉速控制是先根据钢水浇注温度、铸机状态、钢种等因素制定一合理拉速，然后通过控制中间包向结晶器注入的钢水量的多少来适应和调节结晶器液面的高度，保证一定的液面高度，从而稳定连铸过程中的拉速。当然，不同的中间包浇注方法，对拉速的控制调节方法与特点是不尽相同的。

（1）滑动水口浇注法。中间包滑动水口是利用滑板的开口度来控制钢流的。它可自动控制，也可手动控制。这种方法多用于板坯连铸生产。其特点是能精确调节钢液的流量，易于自动控制，工作安全可靠，寿命较长。

（2）定径水口浇注法。定径水口浇注法主要用于小方坯连铸机。当中间包加入覆盖剂后，液面达到预定高度（200~300mm）时，可导出水口内的引流砂，水口自动开浇，钢液流进摆槽；若不能自动开浇，需烧氧引流；烧氧时注意不要造成水口内径变形，以免钢液流速改变。出苗的脏钢液通过摆槽流入渣盘中，在主流圆滑饱满时移开摆槽，钢液流入结晶器。

直接起步开浇，就是在大包水口开启之后，中间包定径水口不堵直接下流，中间包浇钢工根据实际情况进行开浇操作。

（3）塞棒浇注法。塞棒控制是通过控制塞棒的升降来控制钢流大小的。其按结构分有组合式和整体式两种；按控制方式分为手动控制和自动控制。组合式塞棒在使用过程中，钢液易从接缝中浸入而引起塞棒断裂和掉塞头事故，因而使用铝碳质整体塞棒效果较好。塞棒控制的优点是开浇时控制方便，常能做到一次开浇成功。此外，悬于水口上方的塞棒，能够有效地防止钢水发生旋涡，从而可避免把钢渣带入结晶器。但是塞棒方式不便于自动控制且控制精度差。目前技术较成熟的结晶器液面自动控制系统已能精确控制高度，使结晶器液面始终控制在一个稳定的范围内，保持拉速基本稳定。

6.5.3.2 拉速控制调节操作

根据操作规程每一台连铸机都制定了不同钢种、不同断面的拉速表。开浇前连铸机机长和浇钢工确认要浇注的钢种和铸坯断面。根据钢种、断面和钢流实际温度选择开浇拉速和正常拉速。

（1）开浇拉速。开浇后调整中间包水口开度，保持稳定的结晶器钢液面，使拉速保持在开浇拉速。开浇拉速一般为工作拉速的 80%，同时还需一定的出苗时间。出苗时间指中间包开浇到开始起步拉速的间隔时间。其目的是保证钢液有足够的冷凝时间，铸坯头部与引锭头连接牢固，避免起步漏钢。

（2）正常拉速。根据铸机操作规定的转快时间（开浇拉速保持时间，一般待引锭头进入二次冷却后），逐步提高拉速，并调整水口开度，保持稳定的钢液面，拉速每次调整 0.1m/min 为一档，每调整一次要保持 1~2min 时间作稳定过渡（小方坯的稳定过渡时间可短一些，板坯则长一点）。

拉速达到规定的工作拉速后，控制中间包水口开度，保证钢液面的稳定。铸机正常浇注时要求拉速稳定不变。

1）当钢液温度变化时，工作拉速要适当调整，一般在规定温度范围内，较高温度的钢液选择低限的工作拉速；反之，则选择为高限的工作拉速（连铸机制定的拉速表一般有一定范围）。

目标温度一般规定在液相线之上 15~25℃范围内（中间包钢液温度）。当钢液温度超过目标温度时，要采取以下措施：

①当中间包温度低于下限温度时，要提高拉速 0.1~0.2m/min。

②当中间包温度高于上限温度 5℃之内时，降低拉速 0.1m/min。

③当中间包温度高于上限温度 6~10℃时，降低拉速 0.2m/min。

④当中间包温度高于上限温度 11~15℃时，降低拉速 0.3m/min。对于更高温度的钢液，中间包应作停浇处理。

2）装有中间包等离子加热装置时，当中间包钢液温度偏低时，可进行加热提温，保持正常拉速。

3）当钢液流动性差，水口发生黏堵，钢流无法开大，拉速下降到规定下限以下 0.2~0.3m/min 时，中间包水口必须作清洗工作。

4）当钢液含氧量过高或其他原因造成水口无法控制，拉速高于规定上限 0.3m/min 以上时，中间包水口要做水口失控处理。

（3）多流浇注时的工作拉速。多流浇注时，由于钢液注入位置的影响，中间包各流水口的流速有一定的差别，因此，各流的拉速也不相同。距离钢液注入点较远的水口流速比距离注入点近的流速要小。在实际生产中，对注入点较远的水口可适当加大孔径，注入点近的水口可适当缩小或维持正常水口孔径，以保持各流拉速相对均衡和平稳，这对减少漏钢事故有一定效果。

（4）更换中间包拉速。为实现多炉连浇和不同钢种连铸，在浇注过程中，需要更换中间包。在更换中间包时拉速控制为：

1）多炉连浇。随着中间包液面降低，拉速应逐渐降低，中间包钢水浇完后，可继续维持低拉速，此时拉速可保持起步拉速，然后根据铸坯断面大小，逐步恢复到正常工作拉速。如果在更换过程中，铸坯离结晶器下口 300~350mm，即达到引锭头位置，应停止拉坯。

2）异种钢浇注。中间包钢水浇完后立即停止拉坯，以便连接件能插入钢液中并在钢液面上撒上 20mm 冷却铁屑，然后低速拉至引锭头停放位置，最后按铸机的起步拉速和出苗时间执行并及时平稳地转入工作拉速。

（5）封顶拉速。当要停止浇注时，必须控制封顶拉速。随中间包液面降低，拉速逐渐降低，中间包钢水浇完后，可维持低拉速或停止拉速，以利于进行封顶操作。铸坯拉出结晶器后，可恢复工作拉速或1.3倍的工作拉速将尾坯输出，以防止铸坯温度损失太大，造成矫直和切割操作困难。

6.5.4 冷却制度的控制

冷却制度的控制包括两方面：结晶器冷却制度的控制和二次冷却段冷却制度的控制。前者决定结晶器中初生凝固坯壳的形成厚度和连铸坯的一些表面缺陷；后者决定连铸坯的内部组织和内部缺陷。

6.5.4.1 结晶器冷却制度

为了保证钢液在短时间内形成坚固外壳，要求结晶器有相应的冷却强度，这就要求结晶器有合适的冷却水量。

A 结晶器冷却水量的确定原则

确定结晶器冷却水量主要考虑防止漏钢（形成一定厚度的坯壳）和减少铸坯表面缺陷。水量过大，铸坯会产生裂纹，会造成能量浪费；水量过小，冷却能力不够，会使坯壳太薄造成拉漏。

结晶器冷却水水量大小的设定与铸坯断面大小密切相关，断面大需要结晶器带走的热量大，冷却面积也大，水量要求也大。小方坯结晶器的冷却水水量一般按每1m长度的结晶器周边2.0~3.0L/min水量供水。板坯结晶器则分宽边和窄边，宽边每1m长度供水1.5~2.0L/min；窄边每1m长度供水1.3~1.8L/min。

B 对结晶器水质的要求

一般须达到以下技术条件以避免结晶器水槽内铜板表面结垢，影响结晶器传热：固体含量不大于10mg/L；总悬浮物量不大于400mg/L；硫酸盐含量不大于150mg/L；氯化物含量不大于100mg/L；总硬度（以$CaCO_3$计）不大于10mg/L；pH值为7.5~9.5。

小方坯连铸机结晶器常用工业清水，板坯连铸机结晶器常用软水。

C 结晶器冷却水量的计算

结晶器冷却水量根据热平衡法来确定，即假定结晶器钢液热量全部由冷却水带走，则结晶器钢液凝固放出的热量与冷却水带走的热量相等。

在浇注过程中，结晶器的冷却水流量通常保持不变。在开浇前10~20min开始供水，停浇后10~20min停水。结晶器水量可根据式（6-4）计算。

$$Q = 0.0036F \cdot v$$
$$F = BD \tag{6-4}$$

式中 Q——结晶器冷却水量，m^3/h；

F——结晶器水缝总面积，mm^2；

B——结晶器的水缝断面周长，mm；

D——结晶器的水缝断面宽度，取4~5mm；

v——冷却水在水缝内的流速，方坯取6~12m/s，板坯取3.5~5m/s。

D 结晶器冷却水的控制

(1) 对结晶器冷却条件的特定要求。根据不同断面、不同铸机、不同的钢种，确定结晶器冷却水的特定要求。浇注过程中要随时监视仪表显示（或中央控制室显示屏）以保证结晶器冷却条件。其特定要求如下：

1) 水压控制。压力控制在 0.4~0.6MPa。合适的水压可保证水缝内水的流速在 6~12m/s，防止结晶器水缝中产生间断沸腾，影响其传热。如水压低于操作规程时，应停止浇注。

2) 水温控制。进水温度不应超过 40℃，进出水温差不应超过 10℃。水温过高，易在结晶器水缝内产生污垢，减弱传热。如进水温度和进出水温差太大时，应联系维修及时处理。

3) 水量控制。水量的控制可根据结晶器水缝的断面积和水缝内水的流速来确定。如：方坯 140mm×140mm 的断面流量为 72~146m^3/h（每流）；板坯 220mm×1600mm 的断面流量宽面为 407.5m^3/h，窄面为 46.5m^3/h。

4) 水质控制。需用软水。

(2) 开浇前，通知水处理站开泵送水，使水量和水压在工艺规定的范围内。

(3) 对结晶器和进出水管道作渗漏水检查，发现异常必须停泵停水，待检修后再送水，确保供水正常。

(4) 在连铸准备和浇注过程中，结晶器冷却水一般不作调节，只要控制在规定的水量和水压范围内就可以。否则可在现场或水处理站调节阀门。

(5) 浇注过程中除监视结晶器冷却水水量和水压外，还要监视出水温度和进出水温差。凡在规定值以下一般可不作控制，当温度超标时，必须加大供水量和水压或作降速处理。

(6) 经过调节无法控制（降低）水温或水温突然升高时，铸机必须作停浇处理。

(7) 供水前和供水过程中，必须按规定作水质分析，保证供水条件。

(8) 浇注结束，铸坯全部吊离输送辊道、冷床后，结晶器冷却水作关闭操作，通知水处理站停泵停水。

6.5.4.2 二次冷却制度

在结晶器内仅凝固了 20%左右钢液量，还有约 80%钢液尚未凝固。从结晶器拉出来的铸坯凝固成一个薄的外壳，而中心仍然是高温钢液，边运行边凝固，结果形成一个很长的液相穴。为使铸坯继续凝固，在结晶器出口到拉矫机长度内设置一个喷水冷却区，使铸坯完全凝固，同时控制铸坯表面温度以避开高温脆性区安全进入拉矫机。

A 二次冷却的要求

将雾化的水直接喷射到高温铸坯的表面上，加速热量的传递，使铸坯迅速凝固。铸坯表面纵向和横向温度的分布要尽可能均匀，防止温度突然变化。铸坯一边走，一边凝固，到达铸机最后一对夹辊之前应完全凝固。由于钢液静压力的作用，在二冷区必须防止铸坯鼓肚变形。

B　冷却强度

二次冷却区的冷却强度，一般用比水量来表示。比水量的定义是：所消耗的冷却水量与通过二冷区的铸坯重量的比值，单位为 kg/kg 或 L/kg。比水量与铸机类型、断面尺寸、钢种等因素有关。比水量参数选择比较复杂，考虑因素较多。钢种与比水量大致关系可见表 6-2。

表 6-2　不同钢种的冷却强度

钢　种	冷却强度/$L \cdot kg^{-1}$
普通钢	1.0~1.2
中高碳钢、合金钢	0.6~0.8
裂纹敏感性强的钢（管线、低合金钢）	0.4~0.6
高速钢	0.1~0.3

C　二次冷却方式

(1) 水喷雾冷却。所谓水喷雾冷却就是靠水的压力使其雾化的一种冷却方式。喷嘴根据喷出水雾的形状可分为实心圆锥形、空心圆锥形、矩形、扁平形等，如图 6-7 所示。方坯冷却一般采用实心圆锥形喷嘴，也有采用空心圆锥形喷嘴。板坯冷却采用矩形或扁平形喷嘴。

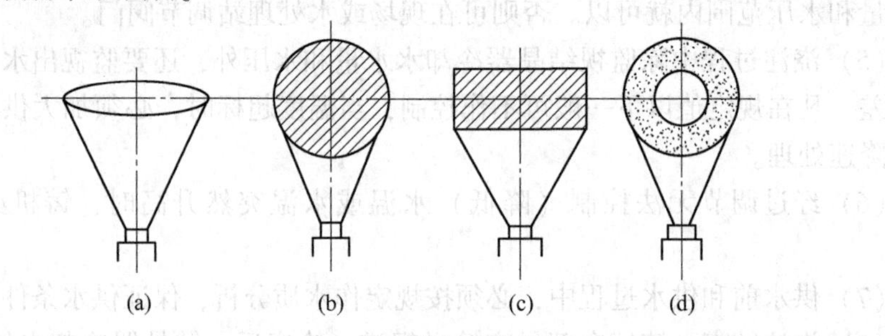

图 6-7　雾化喷嘴的喷雾形状

(a) 扁平形；(b) 圆锥形（实心）；(c) 矩形；(d) 圆锥形（空心）

1) 板坯二冷区喷水系统。板坯二冷区喷水系统根据喷嘴数量的排列区分可分为单喷嘴系统和多喷嘴系统，如图 6-8 所示。

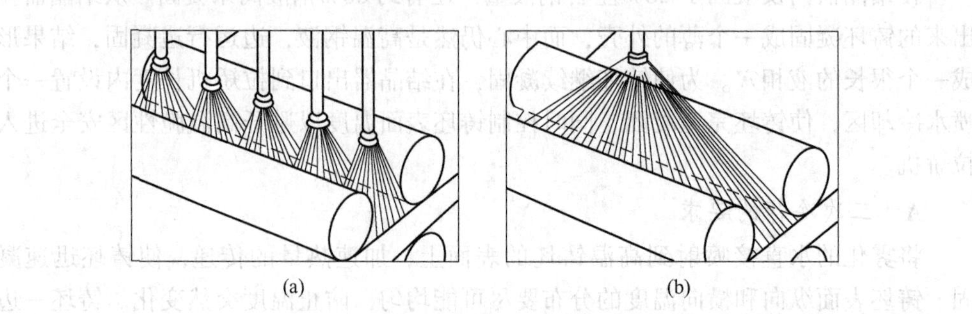
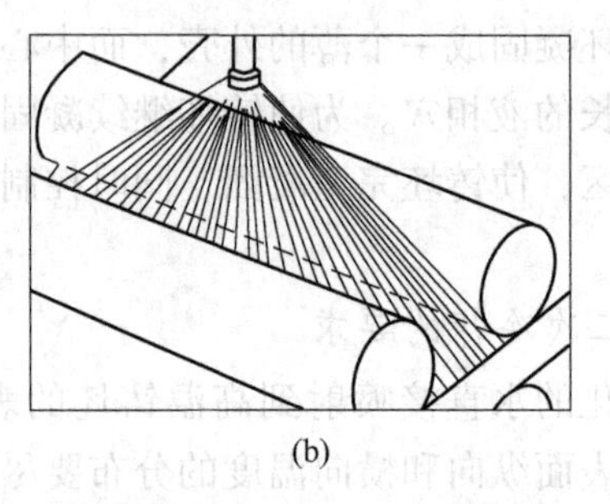

图 6-8　二冷区喷水系统

(a) 二冷区单喷嘴系统；(b) 二冷区多喷嘴系统

单喷嘴系统是每个辊缝间隙内只设一个大角度扁平喷嘴（有时也设两个），就把全部冷却面覆盖住。多喷嘴系统是每个辊缝间隙内设若干个较小角度实心喷嘴，排成一行，组成一个喷雾面把冷却面覆盖住。现代板坯连铸机都开始由多喷嘴系统向单喷嘴系统过渡，这样就消除了多喷嘴系统堵塞频繁和管线复杂的缺点。

2）小方坯二冷区喷水系统。小方坯连铸机二冷区喷水布置有环管式和单管式两种，如图6-9所示。由于单管式布置维修方便，所以采用此种布置较多。

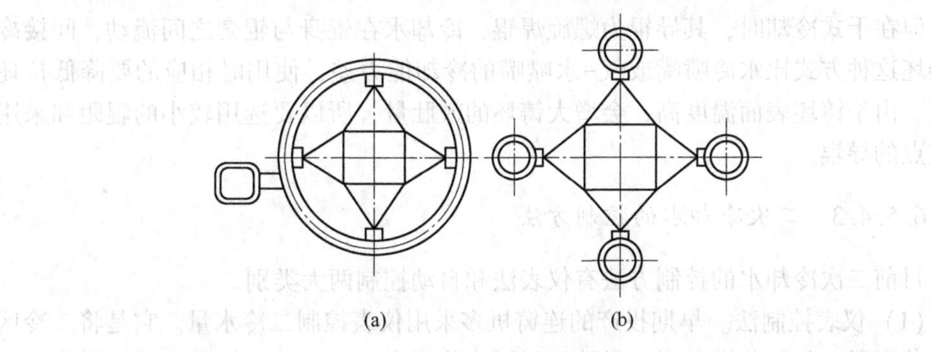

图6-9　小方坯喷嘴布置

（a）环管式；（b）单管式

（2）气-水喷雾冷却。气-水喷雾冷却就喷嘴数量而言也有单喷嘴和多喷嘴之分。它的特点是将压缩空气引入喷嘴，与水混合后使喷嘴出口形成高速“气雾”，这种“气雾”中含有大量颗粒小、速度快、动能大的水滴，即喷出雾化很好、高冲击力的广角射流股，以达到对铸坯很高的冷却效果和均匀程度。此冷却方式多用在板坯及大方坯连铸机上，大大改善了板坯及大方坯的冷却效果。

用于二冷区气-水喷雾冷却系统如图6-10所示。

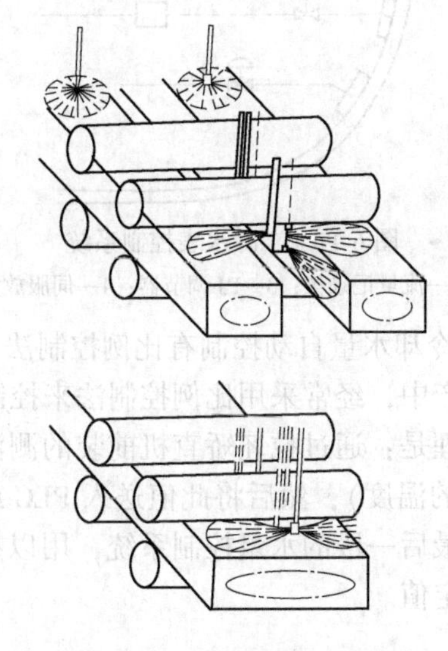

图6-10　气-水喷雾冷却

气-水喷雾冷却具有以下优点：

1）喷水量容易控制，能在较宽范围内调节冷却能力。

2）水的雾化性能好，冷却效率高。

3）在水或气体流量改变时，喷嘴的喷射角保持不变，从而使冷却面积稳定。

4）与水喷雾嘴相比，耗水量可降低一半左右。

5）喷嘴不易堵塞，可减少维护检修工作量。

（3）干式冷却。干式冷却在二冷区不向铸坯表面喷水，而是依靠导辊（其中通水）间接冷却的一种弱冷方式。在一般冷却方式中，导辊对铸坯的冷却作用很小，但在干式冷却时，其导辊为螺旋焊辊，冷却水在辊身与辊套之间流动，间接冷却铸坯这种方式比水冷喷嘴或气-水喷嘴的冷却能力差，使用时相应的要降低拉坯速度。由于铸坯表面温度高，会增大铸坯的鼓肚量，所以要选用较小的辊距和采用多支点的导辊。

6.5.4.3　二次冷却水的控制方法

目前二次冷却水的控制方法有仪表法和自动控制两大类别。

（1）仪表控制法。早期投产的连铸机多采用仪表控制二冷水量。它是将二冷区分成若干段，每段装设电磁流量计，根据工艺要求（如拉速、钢种、铸坯断面）每一段的给水量，通过调节器按比例调节。生产中，当工艺参数发生变化时，由人工及时改变调节器的设定值，相应地改变各段的给水量。图 6-11 所示为二冷水仪表控制系统，这种较低档次的控制方式多用于铸坯品种和尺寸单一的连铸机。

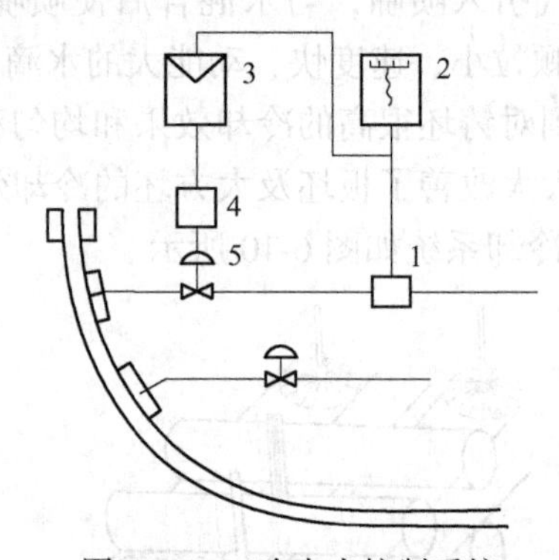

图 6-11　二冷水表控制系统

1—电磁流量计；2—流量记录仪；3—PJ 调节器；4—伺服放大器；5—调节阀

（2）自动控制。二次冷却水量自动控制有比例控制法、参数控制法和目标表面温度控制法 3 种。实际生产中，经常采用比例控制法来控制冷却水量的大小。

比例控制法的基本原理是：通过拉坯矫直机前装的测温计来测量铸坯二冷出口温度（铸坯进入拉矫机前的温度），然后将此值送入 PLC 或计算机，与工艺值相比较，并将该比较值反馈到最后一段的水量控制系统，用以补偿调节该段的水量，从而使铸坯表面温度达到设定值。

6.5.4.4　二次冷却耗水量及分配

二次冷却耗水量根据式（6-5）计算。

$$Q = WG \tag{6-5}$$

式中 Q——二冷区水量，m^3/h；

W——冷区冷却强度，m^3/t；

G——连铸机理论小时产量，t/h。

二冷区冷却水的分配主要是根据钢种、铸坯断面、钢的高温状态的力学性能等并通过实践确定的。实际生产中对二冷区水量的分配有以下几种方案：

（1）等表面温度变负荷给水。铸坯进入二冷区，即加大冷却强度以加快铸坯的凝固速度，使铸坯表面温度迅速降至出拉矫机的温度，即900~1100℃，然后逐段减少给水量，使铸坯表面温度不变。这种方案的优点是上部冷却强度大，铸坯凝固快，收缩也均匀，有利于减少铸坯的内部缺陷及形状缺陷。但是为了保持铸坯表面的温度恒定，必须及时获取表面温度的反馈信息，以便及时调整给水量。这一方案仅靠仪表检测和人工控制是难以实现的。

（2）分段按比例递减给水量。把二冷区分成若干段，各段有自己的给水系统，可分别控制给水量，按照水量由上至下递减的原则进行控制。这种方案的优点是冷却水的利用率高、操作方便，并能有效控制铸坯表面温度的回升，防止铸坯鼓肚变形和内部裂纹。

弧形连铸机内外弧的冷却条件有很大区别。当刚出结晶器时，由于冷却段接近垂直布置，因此内外弧冷却水量分配应该相同。随着远离结晶器，对于内弧来说，那部分没有汽化的水会往下流继续起冷却作用，而外弧的喷淋水没有汽化部分则因重力作用而即刻离开铸坯。随着铸坯趋于水平，差别越来越大。为此内外弧的水量一般作1∶1到1∶1.5的比例变化。

目前我国多数连铸机采用这一配水方案。图6-12是板坯连铸机二冷区分段按比例递减给水的实例。

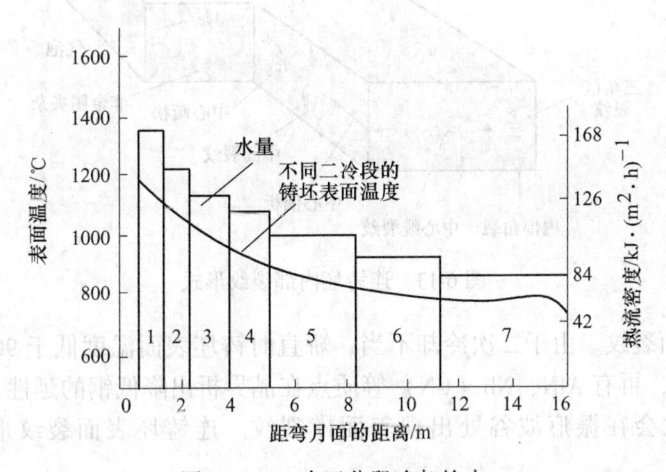

图6-12 二冷区分段冷却给水

（3）等负荷（等传热系数）给水。在二冷区的各段采用相同的给水量，保持传热系数不变。这种方法配水简单、操作方便。目前国内有部分小方坯连铸机采用这种方案。此方案的缺点是上段冷却强度不够而下段又过大，造成上段凝固时间延长而下段铸坯表面温度又偏低，使大量冷却水未得到有效利用。

6.5.4.5　拉速、断面与二次冷却水量关系

比水量是以铸机通过铸坯质量来考虑的。拉速越快，单位时间通过铸坯质量越多，单位时间供水量也应越大；反之，水量则减小。

(1) 起步拉坯，拉速为起步拉速，速度较低，二冷供水量小。

(2) 正常拉坯，拉速为工作拉速，二冷供水量较大。

(3) 最高拉坯，拉速为最高拉速，二冷供水量最大。

(4) 尾坯封顶，拉速减慢直至停止拉坯，二冷供水量相应减小。

断面与二次冷却水量的关系：

(1) 方坯断面较小，其二冷水量小，随断面增大其供水量逐渐增大。

(2) 板坯断面较大，其二冷水量也大，随断面增大其供水量逐渐增大。

6.5.4.6　二次冷却与铸机产量和铸坯质量密切相关

在其他工艺条件不变时，二冷强度增加，拉速增大，则铸机生产率提高；同时，二次冷却对铸坯质量也有重要影响，与二次冷却有关的铸坯缺陷有以下4种：

(1) 内部裂纹。在二冷区，如果各段之间的冷却不均匀，铸坯表面温度会呈现周期性的回升。回温引起坯壳膨胀，当施加到凝固前沿的张应力超过钢的高温允许强度和临界应变时，铸坯表面和中心之间就会出现中间裂纹。而温度周期性变化会导致凝固坯壳发生反复相变，这是铸坯皮下裂纹形成的原因。连铸坯内部裂纹形式如图6-13所示。

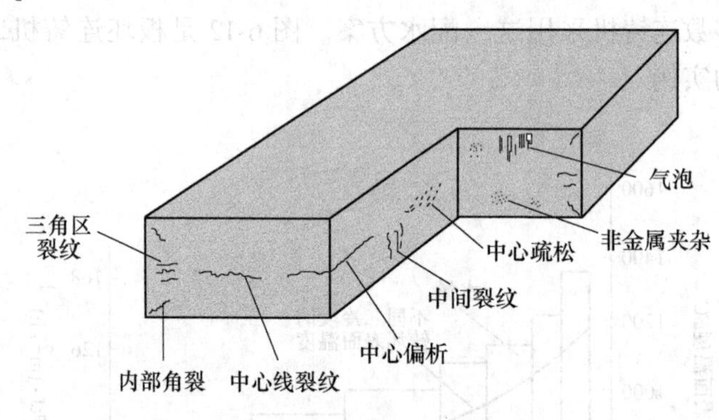

图6-13　连铸坯内部裂纹形式

(2) 表面裂纹。由于二次冷却不当，矫直时铸坯表面温度低于900℃，刚好位于“脆性区”，再有AlN、Nb（CN）等质点在晶界析出降低钢的延性，因此在矫直力作用下，就会在振痕波谷处出现表面横裂纹。连铸坯表面裂纹形式如图6-14所示。

(3) 铸坯鼓肚。如果二次冷却太弱，铸坯表面温度过高。钢的高温强度较低，在钢水静压力作用下，凝固坯壳就会发生蠕变而产生鼓肚。这种缺陷多产生在板坯连铸中，如图6-15所示。

(4) 铸坯菱变（脱方）。菱变起源于结晶器坯壳生长的不均匀性。二冷区内铸坯4个面的非对称性冷却，造成某两个面比另外两个面冷却得更快。铸坯收缩时在

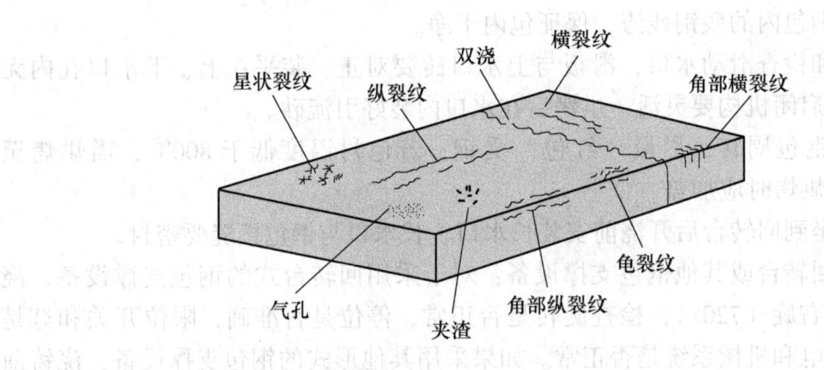

图 6-14 连铸坯表面裂纹形式

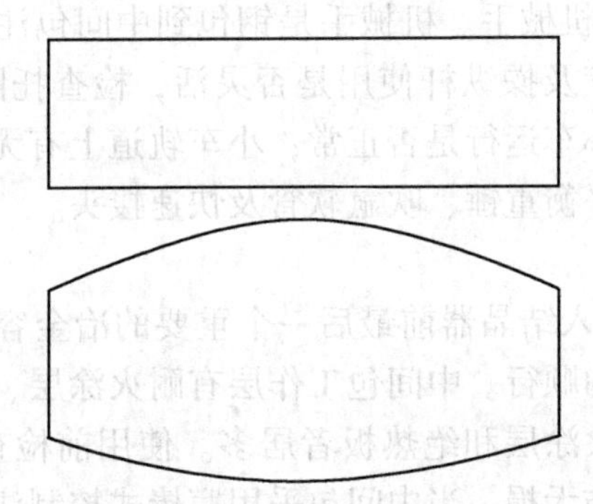

图 6-15 连铸坯鼓肚（板坯）

冷面产生了沿对角线的张应力，会加重铸坯扭曲。菱变现象在方坯连铸中尤为明显，如图 6-16 所示。

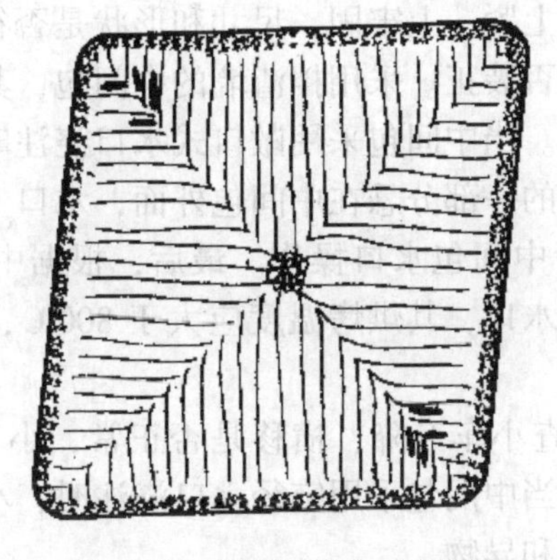

图 6-16 连铸坯菱变（方坯）

6.6 连铸操作工艺

6.6.1 开浇前的准备

（1）钢包的准备。钢包的准备包括以下工作：

1）清理钢包内的残钢残渣，保证包内干净。

2）安装和检查滑动水口，滑板与上水口砖要对正、装平；上、下水口孔内无堵塞；水口的启闭机构要灵活；烘烤后在水口内装好引流砂。

3）加快钢包周转，尽量“红包”受钢；若包衬温度低于800℃，需烘烤至1000℃以上，烘烤时应加盖。

4）钢包坐到回转台后开浇前安装长水口，长水口与钢包接缝要密封。

5）钢包回转台或其他钢包支撑设备：对于采用回转台式的钢包支撑设备，浇注前应左旋和右旋（720°），检查旋转是否正常，停位是否准确，限位开关和灯是否好用，有关电和机械系统是否正常。如果采用其他形式的钢包支撑设备，浇铸前应检查其设备是否能正常工作。

6）钢包注流保护的机械手。机械手是钢包到中间包注流保护浇注的一种常见形式。浇注前应检查旋壁及操纵杆使用是否灵活，检查托圈、叉头，要求无残钢、残渣，转动良好；检查小车运行是否正常，小车轨道上有无残钢异物，放置是否平稳且到位适中；准备好平衡重锤、吹氩软管及快速接头。

（2）中间包的准备。

1）中间包是钢液进入结晶器前最后一个重要的冶金容器，中间包状况直接影响钢的质量和连铸操作的顺行。中间包工作层有耐火涂层、绝热板组装和耐火砖砌筑等形式，当前使用耐火涂层和绝热板者居多。使用前检查其外壳是否变形开裂、有无焊钢，确保包内清洁无损。当中间包采用塞棒式控制注流时，要求机械操作灵活，塞棒尺寸符合要求，塞头与水口关闭严密，塞棒落位准确。当中间包采用滑板控制注流时，要求控制系统灵活，开启时上下滑板流钢眼同心，关闭时下滑板能封住上滑板流钢眼。采用伸入式水口浇铸时，使用前检查伸入式水口内外表面是否干净，有无裂纹缺角，是否上紧、上牢固，尺寸和形状是否符合要求，伸出部分是否和中间包底垂直及侧孔是否装正。采用挡渣墙的中间包，其挡渣墙的形状及安装位置应准确，同时安装牢固。当中间包采用敞口式水口浇注时，要用石棉绳堵住中间包水口下端，并使石棉绳的一部分悬在中间包外面，水口上部用预热过的路矿砂充填孔及周围封口，完成堵中间包水口操作。最后，根据中间包的砌筑情况进行烘烤。一般冷中间包只烘烤水口，其烘烤温度应大于800℃，热中间包烘烤包衬，其烘烤温度应大于1100℃。

2）中间包小车：检查小车升降、横移是否正常，小车上的挡溅板是否完好，小车轨道上有无障碍物。当中间包采用定径水口浇注时，小车上的摆动流槽应摆动正常，槽内无残钢、残渣和异物。

（3）结晶器的检查。

1）结晶器是钢液凝固成型的重要设备。铸坯在出结晶器下口时，应具有均匀的一定厚度的坯壳，以免拉漏。实践证明，裂纹、脱方等缺陷都是在结晶器内形成的，因此在浇注前做好结晶器的检查是十分必要的。检查结晶器上口的盖板及与结晶器配合情况，要求盖板大小配套，放置平整，无残钢、残渣，与结晶器口平齐，其盖板与结晶器接口处间隙用石棉绳堵好并用耐火泥料堵严、抹平。检查结晶器内壁铜板表面，要求表面平整光滑，无残钢、残渣、污垢，表面损伤（刮痕、伤痕）

小于 1mm；如果有残钢、残渣、污垢必须除尽，铜板表面轻微划伤用砂纸打磨，表面损伤大于 1mm 时，则应更换结晶器。检查结晶器的进出水管及接头，不应有漏水、弯折或堵塞现象。试结晶器冷却水压和水温，一般冷却水压为 0.6MPa 左右，进水温度不高于 40℃，且无漏水渗水现象，结晶器断水报警器工作正常。定期检查结晶器尺寸和倒锥度。

2）结晶器振动装置：结晶器振动不应有抖动或卡住现象，振动频率和振幅符合工艺要求。对于振动频率与拉坯速度同步的连铸机，要求振动频率随拉坯速度的变化而变化。

(4) 二次冷却区的检查。二次冷却区的任务是支撑、引导和拉动铸坯在矫直或切割前完全凝固。为此应对其进行检查。

检查结晶器与二次冷却装置的对弧情况，要求对弧误差不大于 0.5mm。检查二冷夹辊的开口度，使之满足工艺要求。采用液压调节夹辊时，液压压力正常。夹辊调节正常。检查二冷辊子，要求无弯曲变形、裂纹，无黏附物，转动灵活。检查二冷水供给系统，要求喷嘴均无堵塞，接头牢固，水量在规定范围内可调，喷嘴喷出冷却水形状及雾化情况满足要求。当采用冷却格栅时，要吹扫格栅内的残渣，观察格栅磨板有无断裂和烧伤情况，若有则及时处理。

(5) 堵引锭头操作。接到送引锭指令后，浇钢工通过连铸机平台上的操作板与引锭工保持联系，注意观察引锭上升情况，防止引锭头跳偏而损坏设备。当引锭头送到距结晶器下口 500mm 左右时，浇钢工目视引锭头进行点动送引锭操作，将引锭头送至距结晶器上口规定的距离停止，然后用干燥、清洁的石棉绳或纸绳嵌紧引锭头和结晶器铜壁之间的间隙，并在引锭头上均匀铺撒 20~30mm 厚的干净、干燥、无油、无杂物钢屑，最后放置冷却方钢块。

(6) 其他准备工作。准备好开浇及浇注过程所用材料及工具，并放到应放的位置，如保护渣、覆盖剂、捞渣工具、氧气管、取样器等。

1）准备好无水或无潮湿物的渣罐和溢流槽，能盛接钢包和中间包的残钢、残渣。

2）若采用保护管保护钢包注流，则准备在干燥炉内干燥好的保护管若干根。

3）准备一定数量的中间包覆盖渣、结晶器保护渣或润滑油，其品种、质量符合钢种和工艺操作要求。

4）采用冷中间包浇注时，准备好一定数量的水口引发剂，以防开浇时由于温度低而堵水口。

5）主控室内对各参数进行确认，如各段冷却水、事故水、电气、液压、切割机等。准备好浇钢及事故处理工具，如中间包塞棒压把、捞渣扒、推渣棒、取样勺、取样模、测温枪、铝条、氧气管、氧-乙炔割枪等。

6.6.2　浇注操作

连铸机开浇操作是指钢液到达浇铸平台直至钢液注入结晶器，拉坯速度转入正常这一段时间内的操作。开浇操作是连铸操作中比较重要的操作，对于稳定连铸操作、提高生产率、减少事故的发生都有现实意义。

6.6.2.1 钢包浇注

采用滑动水口控制钢包铸流时，其开浇有两种情况：一是自然引流，即打开滑动水口时，钢液自动从水口中流出；二是不能自然引流，采用人工引流，即用氧气将水口烧开。

钢包开浇过程要注意三点：

(1) 为了缩短引流时间，在进行自然引流时，要做好人工引流准备。一旦自然引流不成功，立即进行人工引流。

(2) 打开水口后要检查滑动水口关闭情况，进行试滑操作，如果发现水口关不死或打不开要及时处理。

(3) 钢包开浇后采用全开滑动水口浇注。

钢包浇注的具体操作为：

(1) 钢包坐到回转台（或钢包支架）上，转至浇注位置，并锁定。此时中止中间包烘烤，并关闭塞棒；若定径水口应堵上木塞或金属锥并填上引流砂。

(2) 中间包运至浇注位置，与结晶器重新严格对中定位，偏差不得大于1.5mm。

(3) 在中间包底均匀撒放一些Ca-Si合金粉，以保证“出苗”钢液的流动性。

(4) 调节中间包小车，将浸入式水口伸入结晶器到设定位置。水口距引锭头面50~100mm然后要多次启闭塞棒，再次检查其开启的灵活性和关闭的严密性。

(5) 要尽量缩短等待时间。从中间包中止烘烤到钢包开浇的时间越短越好。准备工作就绪后即可开浇。

(6) 敞开式浇注比较简单，操作人员直接观察注流情况及注入中间包的钢液。

(7) 采用保护浇注时，钢包就位后，安装保护套管。开启滑动水口，若水口不能自开，取下保护套管，烧氧引流；在水口全开的情况下钢液流出一定数量，即滑动水口吸收了足够的热量后，关闭水口，再将保护套管重新装上，立即开启滑板，调节到适当开度、控制中间包钢液到预定位置，并将接口重新密封好。

(8) 当中间包钢液面达到预定高度并没过保护套管，可向中间包内加覆盖剂和碳化稻壳保温。

6.6.2.2 中间包浇注

中间包开浇是指打开中间包水口，使钢液注入结晶器这段过程的操作。中间包开浇的主要目的是使钢液平稳注入结晶器，保证出苗时间和拉坯顺利进行。在正常情况下，中间包开浇操作尽量做到平稳，即钢液平稳注入引锭头沟槽，在结晶器内根据出苗时间的长短慢慢上升。中间包开浇不能过猛。开浇过猛，钢液易冲坏堵引锭头材料和冲熔引锭头，造成开浇拉漏和脱引锭困难。同时，开浇过猛，还易造成结晶器挂钢和出苗时间不能保证。

在掌握中间包开浇要稳的基础上，对于采用滑动水口或塞棒控制中间包注流的，还有进行“试滑”或“试棒”操作，检查控制系统是否灵活，防止开浇后注流控制不好而影响操作。

对于不正常情况，要想保证开浇成功，其中间包水口的控制就更重要。对于钢液温度低或水口烘烤不良的情况，中间包开浇时可将水口开得大些，增加水口处钢液的冲击力，防止钢液凝结冷钢，同时出苗时间可缩短，拉坯速度增快。如果钢液温度较高，中间包开浇时，水口要控制小些，增加出苗时间。

6.6.2.3 连铸机的起步

从钢液注入结晶器开始到拉矫机构的启动时间为起步时间。小方坯的起步时间为20~35s，大方坯是35~50s，板坯在1min左右。对于多流连铸机来说，各流开浇时间不同，所以起步时间也有差异，起步时间也称“出苗”时间。出苗时间是保证连铸在结晶器内凝固成足够厚度的坯壳所需要的时间。坯壳的凝固厚度与钢液温度、钢种、连铸坯断面等因素有关。当浇注的连铸坯断面较大或浇注的钢液温度较高时，采用出苗时间的上限控制；当浇注的连铸坯断面较小或浇注的钢液温度较低时，采用出苗时间的下限控制。出苗时间一般在30~90s之间。

起步拉速约0.3m/min，保持30s以上，然后缓慢增加拉速，1min以后达到正常拉速的50%，2min后达到正常拉速的90%，再根据中间包内钢液温度设定拉速。

6.6.2.4 正常浇注

正常浇注操作是指浇铸机开浇、拉坯速度转入正常以后，到本浇次最后一炉钢包钢液浇完为止，这段时间的操作。正常浇注操作的主要内容是拉坯速度的控制、保护浇注及液面控制、冷却制度的控制、脱锭操作和切割操作。

在中间包开浇5min后，在离钢包注流最远的水口处测量钢液温度，根据钢液温度调整拉速，当拉速与注温达到相应值时，即可转入正常浇注，即：

(1) 通过中间包内钢液重量或液面高度来控制钢包注流，同时要注意保护套管的密封性和中间包保温，并按规定测量中间包钢液温度。

(2) 准确控制中间包注流，保持结晶器液面距上沿在75~100mm；液面稳定，其波动最好在±3mm以内，最多不得超过±5mm。

(3) 浸入式水口插入深度应以结晶器内热流分布均匀为准。浸入式水口侧孔上沿距液面一般在200mm为宜。

(4) 正常浇注后，结晶器内的保护渣由开浇渣改换为常规渣。要勤加少添，每次加入量不宜过多，均匀覆盖，不得有局部透红，保持液渣层厚度在10~15mm。保护渣的消耗量一般在每吨钢0.3~0.5kg，并及时捞出渣条和渣圈。

(5) 主控室内要监视各设备运行情况及各参数的变化。

当转入正常浇注以后，实现多炉连浇操作。多炉连浇操作包括同钢种连浇、异钢种连浇、不同断面连浇（即断面调宽技术）等。多炉连浇是提高连铸机的作业率、提高连铸坯产量及连铸比、降低金属损失的重要措施，使连铸机的优点得到充分发挥。多炉连浇操作主要有更换钢包的操作、快速更换中间包的操作、异钢种连浇的操作。

6.6.2.5 浇注结束

停浇操作是指钢包钢液浇完，中间包钢液浇完，连铸坯送出连铸机及浇注完检查和清理的操作。停浇操作的主要内容是钢包浇完操作、降速操作、封顶操作、尾坯输出操作及浇注完的清理操作和检查。

（1）钢包浇注完毕后，中间包继续维持浇注。当中间包钢液量降低到1/2时，开始逐步降低拉速，直到铸坯出结晶器。

（2）当中间包钢液量降低到最低限度时，迅速将结晶器内保护渣捞干净，之后立即关闭塞棒或滑板，并开走中间包车，拉出尾坯，浇注结束。

6.6.2.6 铸坯精整

在连铸车间内，连铸坯切成定尺后，还需进行精整操作，以消除连铸坯的缺陷，满足轧制的工艺要求，提高连铸坯的成材率。连铸坯的精整操作包括连铸坯的冷却、打印检查和清理。

（1）连铸坯的冷却。连铸坯冷却的目的是使连铸坯的温度冷却到能进行输送或清理的温度。连铸坯的冷却方式有空冷、缓冷和水冷三种。

1）空冷。空冷是将输送出来的连铸坯，单块地或多块重叠地堆放在冷床（专门的冷却场或冷却装置）上，在空气中自然冷却。这种冷却方式，不但需要很长的时间，而且还需提供很大的车间冷却场地。一般认为全部普碳钢和低合金钢均是采用空冷方式进行冷却生产出的钢种。

2）缓冷。缓冷是将送出来的连铸坯，用缓冷罩盖起来，进行缓冷。缓冷的作用是减少冷却时的热应力和组织应力，避免或减少裂纹，便于连铸坯的精整处理。对冷却时裂纹敏感性强的钢种，必须采用缓冷的冷却方式。

3）水冷。水冷是用水喷淋在输送出来的连铸坯表面上，进行强制冷却。这种冷却方式，冷却速度快，冷却时间减少到30min以下，坯料能更快的进入下一流程，有利于生产的安排；减少冷却和堆放的场地，从而降低构筑物和车间费用；能获得表面干净、无氧化铁皮的钢坯；改善冷却区的工作环境；便于坯料的检查、清理连续化。水冷的方式，一般适用于不易产生裂纹的普碳钢及部分合金钢。

（2）连铸坯的打印检查。连铸坯冷却后，必须打印并及时检查连铸坯的缺陷。

1）打印。打印就是在连铸坯的头部或侧面准确无误地打下所需的标志。一般标志由以下几部分组成，如图6-17所示。

×	×	×	××××	×	××	×
炉号	年尾号	铸机号	熔炼号	固定号	坯号	分割号

图6-17 标志的组成部分

打印方法目前有以下四种：

①涂印法。这种方式是利用涂料或喷射金属的方法通过刻板涂印的。它可以标涂大型的字，易于辨认，但标涂部位必须除去铁皮，而且机械的维护也较困难。

②标牌法。这种方法是把预先标好的铭牌订到连铸坯上的方法。它比较简单，但标牌容易脱落，在下步进行加工时，还得进行处理，成本也较高。

③喷号法。这种方法是直接用涂料进行喷号。它简单易行，操作灵活，但不便于自动打印。

④打印法。这种方法是直接在连铸坯上刻印数字。它不需要前后处理工序，操作也比较简单，但比较小，难于辨认。

不管采用哪一种打印方法，打印前都应仔细检查打印装置能否正常工作，标志号是否正确。

2）检查。连铸坯的检查就是仔细观察连铸坯的各个表面，找出连铸坯的缺陷。检查后的连铸坯，如发现有缺陷，应根据缺陷分类，判断报废或进行清理。

（3）连铸坯的清理。连铸坯清理的目的是去除检查出来的连铸坯缺陷，避免加工后转变为钢材的缺陷。目前连铸坯的清理方法有火焰清理、风铲铲削、砂轮研磨和切割。

火焰清理的实质是利用天然气和氧气燃烧的高温火焰，熔化烧除有缺陷的板坯表面，也就是有缺陷部分板坯的氧化过程，进而达到消除板坯的表面缺陷、提高板坯的质量的目的。火焰清理可以分为在线火焰清理和离线火焰清理两种。

切割是指经过检查后的连铸坯，如有接痕、缺陷严重和需取试样等，把连铸坯切开的清理方法。切割方法有火焰切割、机械剪切和锯切三种。不管采用哪一种切割方法，切割时都应确保装置的正常运行。

随着连铸技术的不断发展和完善，钢液净化处理、注流保护浇注、性能良好的保护渣、合理的二次冷却制度、改进伸入式水口的材质和形状、结晶器的高频低幅等一系列措施被采用，对改善连铸坯质量，生产、无缺陷连铸坯，收到了显著效果，从而简化了精整操作，为连铸坯的热送、热装、直接轧制创造了有利的条件。

6.7 连铸操作常见问题与处理

连铸生产过程中，由于设备、操作或耐火材料质量不佳等方面的原因，往往会引起一些操作的异常或事故。这不仅会打乱正常的生产秩序，造成设备的损坏，而且还会危及操作人员的人身安全。连铸生产应该安全第一，预防为主。万一发生事故应及时有效地处理，将损失减少到最小。

6.7.1 钢包滑动水口故障

（1）滑动水口不能自动开浇。引起滑动水口不能自动开浇的原因很多，如引流砂填充松散；引流砂潮湿，接触钢液后，水分蒸发，钢液渗入烧结；填砂过于密实，钢液接触表面烧结；钢液温度偏低，水口处冷凝等都会引发水口不能自动开浇。

水口不能自动开浇，应急办法是烧氧引流。烧氧引流容易损坏水口内孔，影响注流形状，所以应选择配料合适的引流砂，烘烤干燥，填充适当。采用钢包烘烤达到规定要求，或“红包”受钢；选用质量良好的透气砖，实现包底吹氩等措施来提高钢包的自动开浇率。

（2）钢包注流失控。钢包注流失控可能是由于滑板某处有钢液渗漏，或者滑动水口无法关闭，或者滑动水口耐火材料质量不好，或者滑板安装间隙过大，或者浇注时间过长，或者液压机械事故所致。

倘若关闭水口仍有注流，但注流不大，在不损坏设备和保障人身安全的前提下，可通过中间包向溢渣盘溢流来平衡拉速，用以维持将本炉钢浇注完毕，否则立即旋转钢包离开浇注位置停止浇注。

“中间包事故”微课视频

6.7.2 中间包故障

（1）塞棒失控。浇注过程中控制不住注流，可能是由于塞棒与水口间有异物，或者开闭机构失灵，或者钢液温度偏低，水口附近有凝钢，或者浇注时间过长，塞头蚀损变形等。可以采取瞬时高拉速，关闭钢包水口，多次启闭塞棒，通过降低中间包液面来减小钢液静压力，维持结晶器正常液面高度，将本炉钢浇注完毕，倘若以上办法都不能奏效，可将中间包小车开走停浇，以防结晶器溢钢。

（2）浸入式水口穿孔或部分裂开。浸入式水口穿孔或部分裂开主要是由于耐火材料质量不佳，或者浇注时间过长等原因引发，可以用铝条或钢条堵塞裂口，同时降低中间包液面高度和拉速；若达不到预期效果，只能停浇此流。

6.7.3 水口堵塞

水口堵塞有两种情况。

（1）由于水口附近钢液温度偏低，水口内有冷钢被堵。此时可用氧气冲烧水口，或水口全开，保持一段时间，冷钢自然熔化，再转为正常浇注。

（2）钢液中含铝量较高，钢中脱氧产物或二次氧化产物 Al_2O_3 等高熔点化合物沉积于水口内壁，随浇注进程水口内壁聚集物越来越多，最终将水口堵住。此时可选用棒芯能够吹 Ar 的塞棒，通 Ar 吹扫，避免水口内壁夹杂物沉积；或采用过滤技术，滤去 Al_2O_3 等夹杂物。

“漏钢事故”微课视频

避免水口堵塞最根本的办法是选择合理的脱氧制度，必要的精炼手段，实行全程保护浇注，降低钢中 Al_2O_3 等夹杂物含量，改善夹杂物的形态，提高钢液的纯净度，保证连铸顺行。

6.7.4 漏钢

漏钢是连铸生产中的恶性事故。漏钢会造成被迫停机，钢液回炉，造成生产秩序的混乱，增加工人劳动强度，严重时还会损坏设备，伤害人身安全。

产生漏钢的根本原因是结晶器内坯壳薄且生长不均匀，当铸坯出结晶器下口后，承受不住钢液静压力及其他应力的综合作用，坯壳的薄弱处被撕裂，钢液流出，造成漏钢。漏钢有以下几种类型：开浇漏钢、角裂漏钢、夹渣漏钢、裂纹漏钢等。

6.7.4.1 开浇漏钢

将钢水自注入到结晶器到拉速转为正常之间的漏钢称为开浇漏钢。开浇漏钢又分为未起步漏钢和起步后漏钢。

（1）未起步漏钢。这种漏钢无疑是因为引锭未堵好造成的。发生这种情况的原因：一是堵引锭本身就未堵好，石棉绳松动，铁屑未撒均匀或未覆盖住石棉绳；二是引锭杆有下滑现象，使石棉绳产生松动；三是堵引锭石棉绳潮湿。

（2）起步后漏钢。起步后在结晶器发生漏钢有如下原因：“出苗”时间不够，起步升速过快，铁屑撒的太少或不均匀，堵引锭头钢板未放好，保护渣加得过早且大量推入造成卷渣；结晶器与二冷区首段不对弧等。

防止开浇漏钢的操作要点：

（1）检查结晶器铜板有无冷钢，角部间隙是否在规定范围，锥度是否合适。

（2）中间包水口及周围有无异物。

（3）浸入式水口与结晶器对中状态，水口吐出与结晶器宽面是否平行。

（4）结晶器和足辊区或零段通水试验，上下喷水均匀，喷嘴无堵塞。

（5）了解钢水的流动性、钢水温度状态。

（6）检查中间包和水口的烘烤状态。

（7）检查开浇渣和保护渣的质量。

（8）结晶器引锭头密实和冷钢堆放状况。

6.7.4.2　浇注中漏钢

浇注过程中发生的漏钢形式主要有角裂漏钢、黏结漏钢等。

方坯浇注过程中，漏钢主要是角裂漏钢。为减少和防止角裂量应采取以下措施：

（1）稳定操作，实现“二稳”，即实现中间包液面稳定和结晶器液面稳定，调节拉速要缓，液面波动要小，不能大起大落。

（2）稳定地降低钢水过热度。控制钢水过热度为15～20℃最好，最高不超过30℃。

（3）结晶器采取“弱冷”。

（4）提高结晶器倒锥度。

（5）控制钢中含碳量。

（6）加强二冷段对弧，特别是第一段对弧，防止偏振等。

（7）二冷段的均匀缓慢冷却或加强角冷。

（8）降低钢水含硫量。钢水硫含量最好是$w[S]<0.020\%\sim0.025\%$，$w(Mn/S)>20\sim25$，最高$w[S]<0.030\%$，$w(Mn/S)>15\sim20$。

黏结漏钢是由于结晶器液位波动，弯月面的凝固壳与铜板之间没有液渣，严重时发生黏结。当拉坯时摩擦阻力增大，黏结处被拉断，并向下和两边扩大，形成V形破裂线，到达出结晶器口就发生漏钢。

黏结漏钢的发生有以下情况：小断面发生在靠近窄面的区域；因铜板镀层粗糙，液渣不能均匀流入，漏钢倾向增大；保护渣耗量在0.25kg/t以下，漏钢几率增加。

发生黏结漏钢的原因是：

（1）结晶器保护渣Al_2O_3含量高、黏度大、液面结壳等，使渣子流动性差，不易流入坯壳与铜板之间形成润滑渣膜。

(2) 异常情况下的高拉速。如液面波动时的高拉速，钢水温度较低时的高拉速。结晶器液面波动过大，如吹氩量过大，浸入式水口堵塞，水口偏流严重，更换钢包时水口凝结等会引起液面波动。

在浇注过程中防止黏结漏钢的措施：

(1) 监视保护渣的使用状况，确保保护渣有良好性能。如测量结晶器液渣层厚度经常保持在10~15mm，保护渣消耗量不小于0.4kg/t，及时捞出渣中的结块等。

(2) 提高操作水平，控制液位波动。

(3) 确保合适的拉速，拉速变化幅度要小。

(4) 采用漏钢预报。

6.7.5 二冷设备冷却漏水和二冷喷淋系统异常漏水

凡设备冷却水流量或水压异常，在正常浇注过程中铸坯局部过度冷却，在正常浇注过程中或准备调试过程中二冷区有异常水流股出现，则可判断有可能存在二冷设备冷却漏水或二冷喷淋系统异常漏水。

在浇注前发现上述现象，必须找出漏水根源采取措施修复。

在浇注过程中发现上述现象，必须找出漏水根源，如喷淋在铸坯上造成局部过度冷却，则可设法用适当大小的钢板隔断漏水流股对铸坯的冷却，隔断有效可继续浇注。

在浇注过程中发现上述现象，但铸坯未发现有局部过度冷却，铸坯表面质量又没有异常，铸机可继续浇注。

在浇注过程中发现上述现象，又找不到漏水处，或漏水流股无法阻隔，从而造成铸坯冷却异常，表面质量异常，则该铸流或铸机作停浇处理。

注意事项：

(1) 在浇注过程中发生设备漏水（结晶器、二冷、二冷设备等）千万不能降低供水或停止供水，否则会造成更大事故。结晶器停水即结晶器断水，其结果是结晶器烧坏或爆炸事故；二冷区停水则铸坯可能漏钢，或烧坏设备等。

(2) 结晶器内漏水（渗水）很有可能造成结晶器内爆炸，所以必须通知附近操作工注意避让，铸流或铸机必须立即停浇。

(3) 在浇注过程中紧固螺丝，必须注意其他事故的发生造成人身伤害，或钢液飞溅的人身伤害，所以必须在做到万无一失的情况下（没有事故迹象、其他操作正常、操作点又有避让后退可能等）才可操作。

"结晶器事故"
微课视频

6.7.6 结晶器故障

6.7.6.1 结晶器振动中断

结晶器振动中断的原因有：

(1) 结晶器振动装置电气系统跳闸；

(2) 拉坯阻力突然增大；

（3）电力系统突然停电等。

处理措施为：当结晶器振动中断时，摆入摆槽，拉速调零，通知电工处理，若恢复振动可继续浇注，否则停止该流浇注。

预防措施为：只有加强设备管理，定检和点检相结合，确保设备状态良好，才能减少，甚至杜绝此类事故。

6.7.6.2　结晶器变形

结晶器变形的原因有：

（1）结晶器内外壁在浇注过程中温度梯度大，停浇期间结晶器因冷却会迅速变形。

（2）弯月面处液面波动，温度波动大，变形严重。

（3）结晶器使用后期，磨损严重，变形倾向大。

（4）水压、水量不足，冷却不良，结晶器内壁产生再结晶。

使用变形严重的结晶器，会造成严重的连铸坯缺陷，如凹坑、纵裂等。预防结晶器变形的措施有：建立结晶器使用维护档案，确定合理的使用周期，严格浇注前的检查确认工作。

6.8　连铸钢水的温度和质量控制

炼钢提供合乎连铸要求的钢水是连铸顺利浇注和保证铸坯质量的前提。所谓连铸钢水质量主要是指：合适的钢水温度、成分稳定并最大限度降低有害杂质含量、脱氧和纯净度的控制，以满足钢水的可浇性和不同用途产品质量的要求。

6.8.1　连铸钢水温度控制

合格的钢水温度是连铸工艺稳定和获得合格铸坯最重要的工艺参数之一。对连铸钢水的温度要求为：

（1）相对高温。由于增加了中间包热损失，中间包水口小，浇注时间长，因此正常浇注时，浇注温度（中间包内钢水温度）比液相线温度高20~30℃为宜，出钢温度的确定按照式（4-8）计算。

（2）均匀。实际钢包内钢水温度的分布为上下偏低、中间高，不利于浇注过程的控制，因此要做好吹氩、钢包加盖和加覆盖剂保温，以保证钢包内钢水温度均匀。

（3）稳定。连浇时供给的各炉钢水温度不要波动太大，保持在10~20℃范围内。

要取得适宜的浇注温度，必须研究和掌握钢水过程温度变化规律。生产过程中，钢水注入钢包后，随着时间的推移，其温度逐渐降低。要确定不同钢种的合理浇注温度，必须确定出钢至浇注各个阶段的温度损失。

控制钢水温度首先要尽可能减少钢包过程温降以降低出钢温度；其次尽可能稳定炼钢操作，提高出钢温度的命中率，避免高温出钢；第三，应加强生产调度和钢包周转。

浇注温度是指中间包内钢液温度。开浇钢液温度比正常浇注温度高 20~30℃；中间包开浇温度应在钢种液相线以上 20~50℃为宜。

根据钢种质量的要求控制较低的过热度，并保持均匀稳定的浇注温度。为此在浇注初期、浇注末期、换包时，可采用中间包加热技术，补偿钢液温降损失；在正常浇注过程也可适当加热，以补偿钢液的自然温降。

6.8.2　连铸钢水质量控制

连铸钢水质量控制主要包括以下几个方面：

（1）钢水温度：温度要合适、稳定、均匀。

（2）钢水纯净度：最大限度地降低有害杂质（如 S、P）和夹杂物含量，以保证铸机的顺行和提高铸坯质量。

（3）钢水的成分：保证加入钢水中的合金元素均匀分布，且把成分控制在较窄的范围内，保证产品性能的稳定性。

（4）钢水的可浇性：要保持适宜的稳定的钢水温度和脱氧程度，以满足钢水的可浇性。

采用保护浇注能有效地降低钢水被二次氧化，减少钢中的夹杂物，提高钢水的纯净度。广义上讲，浇注过程中钢水与空气、耐火材料、炉渣之间的相互化学反应生成氧化产物，使钢水重新被污染的过程称为二次氧化。连铸过程中钢水二次氧化的来源有：

（1）钢包注流和中间包注流与空气的相互作用。

（2）中间包钢水表面和结晶器钢水表面与空气的相互作用。

（3）钢水与中间包衬耐火材料的相互作用。

（4）钢水与浸入式水口相互作用。

（5）钢水与中间包、结晶器保护渣相互作用。

这些作用使钢水中的铝、硅、锰等元素发生氧化，生成的氧化产物是连铸坯中大颗粒夹杂物的主要来源。

6.9　连铸坯质量控制

连铸坯质量决定着最终产品的质量。连铸坯质量的含义包括以下几方面：

（1）连铸坯的纯净度。连铸坯的纯净度主要是指钢中夹杂物含量、形态和分布。它取决于钢水的原始状态，即进入结晶器之前钢水是否干净。当然，钢水在传递过程中还会被污染。为此，应根据钢种和产品质量，把钢中夹杂物降到所要求的水平。最根本的途径是：尽量减少外来夹杂物对钢水的污染；设法促使已存在于钢水中的夹杂物排出，以净化钢液。因此，必须在出炉到钢水进入结晶器之前，采取下列措施：

1）控制好出钢时的脱氧操作。

2）出钢时采用挡渣操作，防止钢包下渣。

3）采用保护浇注，防止二次氧化。

4）采用钢包处理或炉外精炼新技术。

5）使用大容量深熔池的中间包，促使夹杂物上浮。

6）采用性能适宜的保护渣。

7）采用形状适宜的浸入式水口。

8）采用高质量的耐火材料。

9）对钢包、中间包要清扫干净等。

（2）连铸坯的表面质量。连铸坯的表面质量包括连铸坯表面是否存在有裂纹、夹渣和皮下气泡等缺陷。这些缺陷主要是钢水在结晶器内，坯壳形成与生长过程中产生的。这与钢水的浇注温度、拉坯速度、保护渣性能、浸入式水口倾角与浸入深度、结晶器振动以及结晶器内钢液面是否稳定等因素有关。提高连铸坯表面质量的措施：稳定结晶器液面；结晶器振动正常，采用高频小振幅振动；初生坯壳均匀；保护渣性能良好；结晶器钢液流动稳定。

（3）连铸坯的内部质量。连铸坯的内部质量包括连铸坯是否具有正确的凝固组织结构，内部裂纹、偏析、疏松等缺陷的程度。铸坯经过热加工后，有的缺陷可以消失，有的则变形保留下来，对产品性能带来不同程度的危害。铸坯内部缺陷是受二次冷却区铸坯凝固过程控制的。改善铸坯内部质量的措施有：

1）控制铸坯结构，采用钢水低过热度浇注、电磁搅拌等技术。

2）合理的二次冷却制度，铸坯表面温度分布不均匀，在矫直点表面温度高于900℃，采用计算机控制二次冷却水量分布、气-水喷雾冷却等。

3）控制二次冷却区铸坯受力与变形，采用多点弯曲矫直、对弧准确、辊缝对中、压缩浇注技术等；控制液相穴钢水流动，采用电磁搅拌技术、改进浸入式水口设计等。

（4）连铸坯的外观形状。连铸坯的外观形状包括连铸坯的形状是否规矩，尺寸误差是否符合规定要求。结晶器更换是否及时、二冷是否均匀，是控制好连铸坯的外观形状关键。

6.10 连铸工艺技术发展

连铸的技术水平是衡量一个国家钢铁工业现代化程度的重要标志。对于连铸生产来说，在满足产品品种和质量的前提下，提高连铸机的浇注速度和作业率，意味着提高产量、增加效益。高效连铸技术就是以高拉速为核心，以高质量、无缺陷的铸坯生产为基础，实现高连浇率、高作业率的连铸系统技术。目前连铸技术的开发与发展，主要是从提高连铸机生产率和提高连铸坯质量两方面着手。

6.10.1 提高连铸机生产率

连铸机生产率的提高，实际上是在保证铸坯质量的前提下，浇注速度、铸机作业率、连浇炉数的全面提高。我国钢材生产结构是长型材较多，板材比较少（约40%）。对于小方坯连铸机，提高生产率的核心是提高拉速。对于板坯连铸机，提高生产率的核心是提高连铸机作业率。这是因为板坯连铸机的拉速受铸机匹配条件及铸机本身冶金长度的限制，过高拉速所造成的漏钢危害对板坯连铸机的影响远远高于小方坯连铸机。

目前在钢铁工业发达国家，现代化大型板坯连铸机的作业率已达90%以上，方坯连铸机的作业率也在90%以上，有的甚至达到了95%。

6.10.1.1 提高连铸机作业率的措施

(1) 提高连浇炉数。国外钢厂板坯连浇炉数在1500炉以上，方坯在1000炉以上。

(2) 提高结晶器的使用寿命。在日本，结晶器寿命由200~300炉提高到了1000~3000炉。

(3) 结晶器下部钢板采用多层电镀，先镀Ni再镀磷化物和Cr，并改变镀层范围和厚度。

(4) 改变结晶器冷却槽的形状和间隔，铜板表面弯月面附近温度可降到100℃左右，寿命大大提高。

(5) 将板坯连铸结晶器厚度改为33~40mm，冷却水缝宽为5mm，冷却水流速达9m/s以上，防止黏结性漏钢。

(6) 漏钢预报技术。将多个热电偶埋设在铜板内，使之形成网络布置，根据各个热电偶测得的温度变化进行预报，拉漏率在0.4%以下。

(7) 异钢种接浇技术。在结晶器内插金属连接件并放入隔层材料，防止钢液成分混合，缩短连铸辅助作业时间，提高金属收得率。

(8) 钢包、中间包和浇注水口的快速更换技术。快速更换中间包浸入式水口已获成功，更换时间1~2min，最快的仅使钢流断流3s。

(9) 中间包热态循环使用技术，日本达450次。

(10) 防止浸入式水口堵塞，塞棒和浸入式水口吹Ar，中间包设挡渣墙和陶瓷过滤器，中间包加Ca处理等，可保证多炉连浇。

(11) 提高辊子使用寿命，如在锻造辊上焊接耐磨性CrB型材料，或使用衬套式复合辊。在板坯机上可使弯弧部分的辊子寿命达到6000~9000炉，水平部分辊子寿命达1.2万~2.8万炉。

(12) 缩短非浇注时间，如上装引锭杆；铸机采用整体快速更换；采用各种自动检测装置，提高自动化控制水平；加强铸机设备维护。

6.10.1.2 提高连铸机拉速技术

现代化小方坯连铸机拉速已达4.0~5.0m/min（130mm×130mm），板坯连铸机拉速已达2.5m/min（220mm×(700mm×1650mm)）。当连铸机作业率超过80%时，再提高连铸机产量就必须提高拉速。提高拉速的关键在于确保结晶器均匀的坯壳厚度、液相穴的长度和铸坯的冷却强度。因此，可采用的提高连铸机拉速的技术有以下几种：

(1) 结晶器锥度的改进。方坯连铸机多采用抛物线锥度、三锥度，在弯月面处最大，为2.3%/m，冷却水流速提高到12m/s，提高了散热能力。结晶器的几何形状适应了其收缩变化过程。因此，模壁与坯壳始终能和中部坯壳一样均匀地生长，抑制了裂纹和漏钢及菱度缺陷，拉速当然提高。板坯结晶器可以增加铜板厚度，冷却水水缝变窄为5mm，冷却水流速提高到9m/s，寿命和拉速均提高。

（2）结晶器液面波动控制技术。目前，通过同位素法（^{60}Co或^{137}Se）、热电偶法、电磁涡流法、浮子法、红外线法等，常用的是同位素法和电磁涡流法，可将液面波动控制在±3mm以内，最好的已经达到1mm。

（3）结晶器振动技术。高拉速要求结晶器振动装置负滑脱时间稍短些，以控制振痕深度；正滑脱时间稍长些，以增加保护渣消耗量。这样，传统的正弦振动形式难以奏效，而非正弦振动就显示出了优势。非正弦振动的最大特点是上升速度小而移动时间长，下降速度大而移动时间短。

（4）结晶器保护渣技术。高效连铸结晶器保护渣应具有低黏度、低结晶温度、低软化及熔融温度、合适的碱度及较快的熔化速度。日本学者提出，不宜经常加CaF_2和Na_2O等助熔剂来降低保护渣的黏度和熔融温度，否则会引起尖晶石等高熔点物质析出，破坏熔渣的玻璃性，使润滑条件恶化；可适当加入Li_2O、MgO、BaO、K_2O等助熔剂，这对降低保护渣黏度和软化温度，抑制晶体析出、增大保护渣消耗量具有一定作用。

（5）铸坯强化冷却。铸坯二次冷却的冷却水比水量达2.5~3.0L/kg，并广泛采用计算机动态控制的铸坯冷却技术。

（6）铸坯矫直技术。目前多采用带液芯的多点矫直、连续矫直以及压缩浇注技术。

（7）生产自动化控制技术。高效连铸技术比传统连铸生产的生产节奏明显加快，生产效率大大提高，这就必须采取合理的工艺操作，同时要求连铸设备处于最佳运行状态。国外许多施行高效化连铸生产的厂家，为了使浇注过程稳定、顺行、高效，减少人为因素对生产过程的影响，纷纷开发和应用了高度自动化的连铸生产控制系统。日本钢管公司福山厂在其5号板坯连铸机上实现了生产过程的电子计算机动态控制，中间包内的钢水量和结晶器内的钢液面实现了高精度的自动控制，连铸板坯实现了无人操作的自动切割。

6.10.2 提高连铸坯洁净度技术

用连铸方法生产洁净钢，一方面是去除液体钢中氧化物夹杂，进一步净化进入结晶器的钢水，另一方面是防止钢水的再污染。

液体钢中夹杂物的去除主要决定于夹杂物形成、夹杂物传输到钢-渣界面和渣相吸附夹杂物。

连铸过程钢水再污染的防止主要决定于：钢水的二次氧化；钢水与环境、钢水与空气、钢水与耐火材料的相互作用；钢液流动与液面稳定性（渣-钢界面紊流、涡流）；渣-钢浮化卷渣。

提高连铸坯洁净度的主要控制技术有：

（1）保护浇注技术。常用的钢水密封保护如：中间包密封、钢包→中间包采用注流长水口+吹氩保护，中间包→结晶器采用浸入式水口，保护浇注以及小方坯中间包→结晶器采用氩气保护。

（2）中间包冶金。增加钢水在中间包的平均停留时间，使夹杂物有充分时间上浮。中间包向大容量、深熔池方向发展，中包容量可达80t，深2m。改变钢水在中间包内的流动路径和方向，消除死区，活跃熔池，缩短夹杂物上浮距离。

（3）中间包覆盖渣。常用的覆盖剂有：碳化稻壳，中性渣（$R=w(CaO)/w(SiO_2)=0.9\sim1.0$）可形成液态渣但不保温，碱性渣（$R=[w(CaO)+w(MgO)]/w(SiO_2)\geqslant3$）易结壳。根据需要，也可采用碳化稻壳+中性渣或碱性渣。注意随着SiO_2含量的增加，钢水$w[TO]$会增加。

（4）防止下渣和卷渣，在长水口装设下渣探测器，发现下渣及时关闭；在中间包内砌挡渣墙及采用H型中间包等用以防止卷渣。

（5）结晶器钢水流动控制技术，如在板坯结晶器中采用电磁制动（EMBr）技术、电磁流动（FC）结晶器、双边行波磁场的M-EMS、全幅一段磁场的LMF、电磁水平加速器的EM-LA、电磁水平稳定器的EMLS等。

此外，还有一些减少铸坯产生裂纹的技术措施：

（1）弧形连铸机采用多点矫直或连续矫直技术。

（2）对弧准确，防止坯壳变形，可采用辊缝仪测量、调整，使支承辊间隙误差小于1mm，在线对弧误差小于0.5mm。检测铸坯开口度（实际是板坯厚度）的误差约为0.5mm，不得大于1mm。

（3）采用“I-Star”多节辊技术，防止支承辊变形。

（4）采用喷雾冷却和气水冷却的二冷动态控制系统，优化二冷区水量分布，使铸坯表面温度分布均匀。

总之，重要的连铸工艺技术涵盖了高拉速技术中均匀强冷结晶器、保护渣、液压振动、电磁制动、拉漏预报、辊道冷却和优质洁净钢铸坯生产技术中大包下渣监测、大容量中间包、保护浇注、中间包多重堰、过滤器、浸入式水口防堵塞、结晶器液面控制、防卷渣、FC结晶器、电磁搅拌、中间包加热、亚包晶钢铸坯表面裂纹防止、多点矫直、二冷动态控制、喷嘴堵塞自动监测、二冷喷水宽度控制、压缩铸造、轻压下，以及高生产率连铸技术中高拉速连铸技术、连铸坯热装轧制技术、结晶器在线高速调宽技术、正常速度终止浇注技术、拉漏预报技术、浸入式水口防堵塞技术、结晶器辊道长寿技术、热中间包循环使用技术等。

发展至今，我国大板坯的实际工作拉速在1.8m/min以下，150mm×150mm方坯平均拉速尚未超过3.0m/min，薄板坯连铸的拉速大都为5m/min，只有日照钢铁达到了6m/min。而日本JFE福山钢厂板坯的拉速为2.3~2.5m/min，韩国浦项光阳钢厂的拉速为2.5~2.7m/min，通钢量达到了9t/min；意大利达涅利150mm×150mm方坯连铸机拉速达到了6m/min；韩国浦项薄板坯连铸机拉速稳定达到了7m/min。

随着连续铸钢过程本质的认识及相关技术的发展，特别是超导技术和现代控制技术的飞跃发展，传统连铸机将向着超高效率、高品质方向发展；新型连铸机向着近终形、电磁连铸方向发展。

课后复习题

6-1 名词解释

连铸；拉坯速度；冶金长度；基本圆弧半径；连铸机流数；比水量。

6-2 填空题

（1）水喷雾冷却喷嘴根据喷出水雾的形状可分为______、______、______、______等。

（2）现在世界各国使用的连铸机有______、______、______、______、______和______等多种类型。

（3）______是连铸工艺稳定和获得合格铸坯最重要的工艺参数之一。

6-3 判断题

（1）结晶器的倒锥度过大会使坯壳过早地脱离结晶器内壁形成气隙，影响结晶器的冷却效果致使坯壳过薄出现鼓肚甚至拉漏。（ ）

（2）钢包是通过滑动水口的开启和关闭来调节钢水注流的。（ ）

（3）保护浇注能有效的降低钢水被二次氧化，减少钢中的夹杂物，提高钢水的纯净度。（ ）

6-4 选择题

（1）结晶器的主要振动参数是（ ）。

A. 振幅 B. 振频 C. 振幅和振频 D. 倒锥度

（2）铸坯的内部质量主要由（ ）控制。

A. 二冷区 B. 结晶器 C. 拉矫机 D. 上台温度

（3）中间裂纹一般产生在二冷（ ）。

A. 上段 B. 中段 C. 下段 D. 上、中段

6-5 简答题

（1）影响拉坯速度的因素有哪些？

（2）简述提高连铸坯洁净度的主要控制技术。

（3）连铸的优点有哪些？

参考文献

[1] 包燕平，冯捷．钢铁冶金学教程［M］. 北京：冶金工业出版社，2019.
[2] 雷亚，杨治立，任正德，等．炼钢学［M］. 北京：冶金工业出版社，2020.
[3] 高泽平．炼钢工艺学［M］. 北京：冶金工业出版社，2013.
[4] 郑沛然．炼钢学［M］. 北京：冶金工业出版社，1994.
[5] 张士宪，赵晓萍，关昕．炉外精炼技术［M］. 北京：冶金工业出版社，2013.
[6] 高泽平，贺道中．炉外精炼操作与控制［M］. 北京：冶金工业出版社，2019.
[7] 徐曾啓．炉外精炼［M］. 北京：冶金工业出版社，2005.
[8] 李建朝，齐素慈．转炉炼钢生产［M］. 北京：化学工业出版社，2011.
[9] 冯捷．转炉炼钢生产［M］. 北京：冶金工业出版社，2005.
[10] 朱苗勇．现代冶金学：钢铁冶金卷［M］. 北京：冶金工业出版社，2005.
[11] 王社斌．转炉炼钢生产技术［M］. 北京：化学工业出版社，2008.
[12] 王雅贞．氧气顶吹转炉炼钢工艺与设备［M］. 北京：冶金工业出版社，2001.
[13] 赵沛．炉外精炼及铁水预处理实用技术手册［M］. 北京：冶金工业出版社，2004.
[14] 汪庆国，郭雷，王权．350t 转炉炼钢车间工艺设计简介［J］. 中国冶金，2017，27（9）：58~66，69.
[15] 中户参，石峥．鱼雷罐内铁水的脱硫处理［J］. 武钢技术，1994（8）：17~23.
[16] 肖龙鑫，李晶，闫威，等．合理的转炉废钢比探析［J］. 有色金属科学与工程，2019，10（5）：46~53.
[17] 代海军，甦震，张建平．浅谈我国转炉炼钢技术的发展与展望［J］. 中国金属通报，2019（10）：9~10.
[18] 刘勇，龙川江，战东平，等．铁水包喷吹 Mg+CaO 粉剂脱硫技术［J］. 炼钢，2009，25（3）：1~4.
[19] 刘超．中国转炉炼钢技术的发展、创新与展望［J］. 特钢技术，2013，19（4）：6~9.
[20] 沈彩琴．AOD 除尘器滤袋烧坏事故分析与处理［J］. 使用与维护，2013，31（4）：4~5.
[21] 黄会发，魏季和，郁能文，等．RH 精炼技术的发展［J］. 上海金属，2003，25（6）：6~10.
[22] 刘浏．RH 真空精炼工艺与装备技术的发展［J］. 钢铁，2006，41（8）：1~11.
[23] 李相臣，贺庆．RH 真空精炼法浸渍管结构形式的发展［J］. 钢铁研究，2012，40（2）：59~62.
[24] 李凤喜，喻承欢，周子华，等．对 KR 法与喷吹法两种铁水脱硫工艺的探讨［J］. 炼钢，2000，16（1）：47~50.
[25] 贺道中．连续铸钢［M］. 北京：冶金工业出版社，2009.
[26] 陈雷．连续铸钢［M］. 北京：冶金工业出版社，1993.
[27] 李殿明，邵明天，杨宪礼，等．连续结晶器保护渣应用技术［M］. 北京：冶金工业出版社，2008.
[28] 卢盛意．连铸坯质量［M］. 2 版．北京：冶金工业出版社，2000.
[29] 冯捷，史学红．连续铸钢生产［M］. 北京：冶金工业出版社，2007.
[30] 时彦林．冶炼设备维护与检修［M］. 北京：冶金工业出版社，2006.
[31] 时彦林，李建朝．连续铸钢生产［M］. 北京：化学工业出版社，2011.
[32] 戴云阁，李文秀，龙腾春．现代转炉炼钢［M］. 沈阳：东北大学出版社，1998.
[33] 冯聚和．铁水预处理与钢水炉外精炼［M］. 北京：冶金工业出版社，2006.